本书系 2014 年国家社会科学基金项目
"中国家训文化传承中的家庭德育创新研究"
（项目编号：14BKS045）主要研究成果

本书受甘肃农业大学马克思主义理论研究文库
出版计划资助

甘肃农业大学马克思主义理论研究文库

中华家训文化
传承与创新

马建欣◎著

中国社会科学出版社

图书在版编目（CIP）数据

中华家训文化传承与创新／马建欣著．—北京：中国社会科学出版社，
2019.9

ISBN 978 - 7 - 5203 - 5096 - 9

Ⅰ.①中…　Ⅱ.①马…　Ⅲ.①家庭道德—文化研究—中国　Ⅳ.①B823.1

中国版本图书馆 CIP 数据核字（2019）第 201634 号

出 版 人　赵剑英
责任编辑　喻　苗
责任校对　赵雪姣
责任印制　王　超

出　　　版　中国社会科学出版社
社　　　址　北京鼓楼西大街甲 158 号
邮　　　编　100720
网　　　址　http://www.csspw.cn
发 行 部　010 - 84083685
门 市 部　010 - 84029450
经　　　销　新华书店及其他书店

印　　　刷　北京明恒达印务有限公司
装　　　订　廊坊市广阳区广增装订厂
版　　　次　2019 年 9 月第 1 版
印　　　次　2019 年 9 月第 1 次印刷

开　　　本　710×1000　1/16
印　　　张　23
插　　　页　2
字　　　数　301 千字
定　　　价　99.00 元

前　言

中华民族素来以"有家教"而著称于世，我国不仅有着数千年传承不弃的重视家庭德育的优良传统，而且在历史的长河中逐渐积淀发展成为一种传统家训文化。它通过家庭教育的日常训育和生活实践环节，将特定社会的基本道德规范和价值原则内化为接受教育者道德品性的同时，还在现实生活中一以贯之地外化为一个人稳定的行为方式和内心定力。换言之，家训作为古代社会对中国人成长、成才具有永续习染和人格型塑作用的民间教化方式，经过"学而时习之"的家庭德育反复实践，与"修身、齐家、治国、平天下"的普世理想一脉相承，成为中国人治家教子的育人长效机制——家长们殷切希望后世子孙世代传承家教思想、遵从家长教诲、自觉践履家训遗规而逐渐养成的不坠家风，成功地训育出一代代中国人的德性和人格（见图0—1）。

纵观中华文明的演进历史，可以清楚地看到，我国的传统家训，随着家庭的产生而出现，在家庭德育实践中逐步成熟和完善；随着以儒家思想为核心的中华文化社会化而推延普及民间大众，最终发展成为中华传统文化的重要方面和普通百姓的生活规范。由于社会地位和家庭贫富的不同，决定了不同家庭或家族的文化存在着差异，我国历史上最早制作和运用家训来治家教子的人，大多都是皇亲国戚或世家大族，正如学术界多数人所认为的，是周公开启了

图 0—1

帝王将相与仕宦家训的先河。即使到了宋代，个人制作和运用家训也只是少数有知识、有地位、有实力的门宦显族之事，普通民众因为无力制作专门家训，往往只能简单地通过口耳相传的祖训遗规教育自己的家人子弟，其中最通用的教育形式莫过于以身示范。但毋庸置疑的是，中国古代家国一体的社会构造，决定了萌芽于三皇五帝而生发于先周时期的家训及其家庭德育活动，原本就是植根于教成于家而行成于国的育人理念，让千千万万个家长念兹在兹、无日或忘。宋代以降，我国传统的文献家训逐渐走出了由少数家庭垄断的处境，由贵族家训时代转向社会大众家训时代。家训的制作者既有帝王将相和社会贤达，也有名士乡绅和平民百姓，不论社会地位和贫富差别多么悬殊，中国古代的先民们无不重视家庭教育和对子弟的人格涵养，无不积极地制作家训来教诲家人子弟，也使家训成为传播中华传统文化的一条重要途径。

传统家训，一方面是指中国古代社会形成和繁盛起来的关于治家教子的训诫之词；另一方面则是施行于一家一族之内的家庭教育活动。我国历史上浩若繁星的传统家训资源，主要以文本或祖训的形式存在，其表象往往是静态的文字或实物，而保证家训思想精华得以传承的家庭德育则是家训文化生动的育人活态。众多的家长们为了整齐门内和护佑子孙而制作的家训，无不成为集中反映中国人固有的崇德遵礼、孝亲友爱等伦理道德思想和修身处世立德、塑造子弟人格的家长追求，自然而持久地通过家训文本和家教训诫生动地存续于千家万户，成为古代社会中华传统文化的家庭（家族）传承方式。当然，家训文化的这一家庭传承方式，不仅有效地促进了中华传统文化的社会化，而且，传统家训的历史功绩现实地表征着我国古代家庭德育的特有价值。

首先，家训文化的早教思想与训育实践，成为中华民族塑造个体人格的起步学校。乡土中国的社会特性，很大程度上决定了中国古代的家庭实际上就是一个人成长的早教学堂，而且所有的传统家训及其训教活动都非常重视对子弟家人的早期道德教育，所谓"少成若天性，习惯如自然"，强调的就是这个方面。直到今天，我们仍然有十分自信地认为，一个家庭的早期教育包括时兴的胎教活动，最重要的意义是在每个生命体进入学校教育之前，就已经作为接受启蒙教育的前置奠基性训育活动，深深地烙印到了幼小儿童对自我与外部世界的早期认知和初级理解当中，成为教化婴、幼儿成人，抚育其实现社会化人生目标的起步环节。

其次，生活常态化的道德训教，对人的教育影响潜移默化而深刻持久。家训及其文化熏陶的突出功效，在于亲情家长施教活动的生活化和常态化。作为家训文化活态，除了举行专门的家训活动和特定的家教仪式集中教导子弟家人外，通行于一家一族之内的家长或族内长辈对子孙后代的德行教诲，往往表现为随时随地都可以施与的日常导示，这种出于亲情舐犊的训育教戒易于理解和接受。由于这种同为生活实践的家庭教育同人的成长密切相关，它无时无刻不在真切地影响着人的思想和行为，加之施教方法不拘一格、教勉结合，富有感情、言真意切，很少空泛地讲大道理，更多的则是潜行于进退洒扫和生活劳作当中，完全成为家庭（家族）日常生活的自然组成部分，历久不衰而发展成为可以被人感知的育人家风。

再次，家长施教以身垂范，道德楷模与范型诱导始终不离左右。如果说家庭教育是孩子人生的第一个课堂，那么父母便是孩子的全科启蒙老师。中国人自古以来崇德修身的家教理念，造就了亿万家长率先垂范而身教于家。"君子之德风，小人之德草。草上之风，必偃"①的教育箴言，体现在传统家教活动当中，家长们始终模范地践行着以身作则的施教理念与方法。事实上，家教家风对一个人的熏陶和影响作用之所以明显，最有效的保障便是榜样就在身边，受教子弟只需"听其言而观其行"，不论咿呀学语还是亦步亦趋，其范导教化子弟家人的家训功夫自然见效，孩子们正是在看似平淡的日常惯习当中，无意间塑造出自己的德性人格。

最后，家训文化的生命力，体现在专门训示和日常教戒相结合的家庭德育接续传承。作为传统家训文化的载体，家训文本包含着丰富深刻的人生哲理，反映了中国传统社会通行的伦理道德和价值原则，是古今家庭教育的优秀教科书；而作为生活化和常态化的家训实践活动，则成为传统家训文化传承不竭的生命之源。因此，不论在古代还是现代社会，主动制作或修订家训，不仅是家长们全面阐释自己治家教子理念的过程，也是直接训导和昭示子弟如何做人做事的专门活动，因为家训文化的生命力，就在于"苟日新、日日新、又日新"的专门训示和日常教戒相结合家庭德育的生生不息。

中国人深信，"家教门风金不换"，给儿女留金钱，不如给其留家传，大家普遍认同"其家不可教，而能教人者无之，故君子不出家而成教于国"②。我国古代的先民们在自觉与不自觉地接受着传统家训文化熏陶的同时，精心培育并细心呵护着自己业已形成的良好家风，为我们留下了无比丰厚的家训文化遗产。今天的中国同世界

---

① 《论语卷六·颜渊第十二》。
② 王国轩译注：《中庸·大学》，中华书局 2006 年版，第 26 页。

一道进入了网络与知识经济时代，但家或家庭作为人类自身成长和生产生活不可或缺的单位，依然是当代中国社会构造的基本单元，家庭具有的生产人的自然生命和造就人格的德育功能并没有改变。虽然说只有学校教育、社会教育与家庭教育相结合，才能培养出全面发展的优秀人才，但家庭教育的先期基础特性，决定了只有以优质的家庭教育做铺垫，才能保证国民素质的整体提高，保证社会的安定和谐。然而，在教育技术和德育手段高度发达的现代社会，我们的家庭教育及其人格塑造却出现了许多问题，其中很重要的原因，就在于中国新文化发展和教育现代化过程中忽视了以家训育人和家训文化传承为代表的传统家庭教育对中国人德性人格养成的重大作用和现实意义，早已引起了当今社会的普遍关注。

我们开展本题研究，目的就在于坚持与时俱进，在培育和践行社会主义核心价值观的伟大实践中，正确处理好对传统家训文化的继承与创新关系，针对现代家训文化传承中存在的家庭德育乱象，探索切实有效的家庭德育创新路径，推广和实施符合现代家庭教育实际、能够体现时代特色且合理可行的家训模式，开启现代家庭教育和家训文化传承的新篇章，开创现代民间化家庭德育工作新局面。

目　　录

第一章

绪　　论

家训作为中国古代家庭教育①的优良传统和德育范式，是我国民间化个体人格培育内容中最有特色的一部分，也是中华优秀传统文化的瑰宝。一方面，它表现为古代众多贤明的家长为后代子弟计从长远而制作家训，从而搭建起传统文化走下圣坛、广被民间的文化桥梁，将传统经典中晦涩难懂的大道理转化为日常行为规范，使儒家学说和伦理思想步入了寻常百姓人家，很多人作家训"正欲其浅而易知，简而易能，故语多朴直。使愚夫赤子，皆晓然无疑"。因而很多家训文本通俗易懂，在社会民众中流传广泛，成为古代人格培育和社会教化的家庭德育教科书。另一方面，这些家训现实地活化展现为通过制作、修订、重刊等家训昭示活动，伴以家庭尊长日常教戒的反复施为而将家训理念生活化、常态化、民间化，最终通过世传淳厚浓郁的家训门风熏陶渐染等家训教戒实践。众多的家长们为了整齐门内和护佑子孙而制作的家训，无不成为集中反映中国人固有的崇德遵礼、孝亲友爱等伦理道德思想和修身处世立德、

---

① 1999 年版《辞海》对家庭教育的定义是：家庭教育是父母或其他年长者在家庭对儿童和青少年进行的教育。在中国，对儿童和青少年的教育任务虽然主要由学校承担，但确认家庭是教育后代的重要阵地，父母是儿童最早的"教师"。家长与教师密切配合，统一教育影响，能使儿童、青少年在德、智、体等方面都获得发展［辞海编辑委员会编：《辞海》（缩印珍藏版），上海辞书出版社 1999 年版，第 1235 页］。

塑造子弟人格的家长追求，自然而持久地通过家训文本和家教训诫生动地存续于千家万户，成为古代社会中华传统文化的家庭（家族）传承方式。

第一节　研究缘起

中华民族素来以重视家训家教和修德于家而闻名于世，我国不仅有着数千年来传承不弃的重视家庭建设和家庭道德教育的优良传统，而且在漫长的历史长河中自然而逻辑地发展积淀为一种传统家训文化，成为中华优秀传统文化不可分割的重要组成部分。弘扬中华民族精神，批判地继承和发扬传统家训文化，创新现代家庭德育，对于搞好现代家庭建设、公民道德建设和社会主义核心价值体系建设，意义十分重大。

家训是中国人千年沿袭传承和历练成熟起来的训诫家人、教育后代的民间大众化德育范式，它现实地表征着古代家庭教育乃至家庭生活的真实样法。这一对培育中国人成长具有直接影响和熏陶教化作用的家庭德育范式，开辟了民间化培育子弟和后人德性人格的一条教育成功之路，为我们留下了无比丰厚的文化遗产。然而，在教育技术和德育手段高度发达的现代社会，我们的家庭教育及其人格塑造却出现了比较严重的问题，其中很重要的原因，就在于中国新文化快速发展和教育现代化过程中，忽视了传统文化特别是家训文化对中国人德性人格养成的重大作用和现实意义。弘扬中华民族优秀传统文化，批判地继承和创新传统家训文化精神，剔除其封建性糟粕，吸收其科学性精华，把中国传统家训中民间大众有效培育德性人格的理念和方法传承到我们今天的家庭教育和思想政治工作当中，坚持将中国家训文化传承与现代家庭德育创新相结合，开创现代民间化德育工作新局面，必将丰富和发展我们的德育理念与方法。

继承家庭德育传统，弘扬优秀传统家训文化，为创新现代家庭德育和增强思想政治教育的实效性提供有益的借鉴，是选作本题的主观愿望。我国是世界著名的文明古国，不论从重视对幼儿的启蒙教育，还是对家人终生提携的养成教育，都突出强调家训和保持良好家风，要成功做事，先要修身成人，为"治国，平天下"打好必要的基础，这是中华民族文化传统中的一个重要方面，也是中国家训文化中一份不可多得的珍贵遗产。中国先民们深切地认识到，在整个成人的教育过程中，家庭教育处于初始与基础的地位，一切道德教育和人格品质培养，如果在其幼稚之时就能够有效地进行训诫诱导，使其"习与智长、化与心成"，那么，在他们成人之后，就能很好地遵守社会既定的道德规范，不会有所谓的"扞格不胜"之患。① 这也是中国古代思想家们从无数的经验教训中总结出的一个重要道德教育规律。

文化传承是人类社会始终面临的重大问题，只有社会文化得到合理传递，一个民族的社会生活才能继续和发展下去。从一个个独立的社会个体的角度看，一个人只有接受和继承社会文化，才能适应社会生活和发展自己，最终使自己成为文化的结果而被社会认可和接纳。教育对人类文化的传递作用和功能，是教育自始至终的本质属性，因为人是文化的存在基础，文化是人的生存标准，教育是人的文化存在形式。所以，在普遍重视家训及其文化传承的中国，每个人无一例外均是家训文化的元素。

随着家庭规模的小型化和结构的核心化，家庭伦理中心下移，现代家庭关系也由传统的人身依附或等级隶属关系转化为现代的民主平等关系，加之家庭成员的主体意识觉醒，在吸收和借鉴西方现

① 徐少锦、陈延斌：《中国家训史》，陕西人民出版社 2003 年版，第 1 页。

代流行思想后，自由、平等和民主观念增强。与此相对应，现代家庭教育与传统家庭教育中的绝对等级家长制不同，现代的家长在孩子的管教方面能够做到先做朋友，后做父母，因而更能够尊重孩子生命发展中的独特规律、尊重孩子的成长需要、尊重孩子的各项权利、尊重孩子的人格尊严，能够民主、平等地对待孩子，这一切都更加有利于孩子个性的自由发展。如何客观地看待社会道德与文化发展的新特征，怎样成功地将家训文化传承与家庭德育创新结合起来，继承和发展好中华优秀传统家训文化，是德育工作者和理论探索者必须面对的急迫问题。"社会结构转型时期的杂乱及其杂乱感，虽然本身不等于就是历史发展、文明进步，但是它们却是历史发展、文明进步的征兆。在这种杂乱与杂乱感受中，社会经过痛苦的心灵历程，会产生一种新的社会精神与公民德性，从而实现民族精神的现代化，公民心灵的现代化。"① 正因如此，人们对社会道德状况和现代家庭教育尽管褒贬不一，但对加强道德建设，加强家庭、家教、家风建设的必要性与紧迫性认识却是高度一致的，人们都在积极探索新理念、新方法、新途径，以加强新时代的公民道德建设。通过反观我国古代家训成功的史实，挖掘传统家训文化的精神实质，为当代家训和家庭教育创新提供有益启示，是本题研究的出发点和归宿。

第二节　国内外研究述评

　　针对中国家训文化传承中的家庭德育创新研究这一问题，围绕学界对本题的研究现状，我们仔细查阅了"超新电子图书""中国期刊全文数据库""中国博士学位论文全文数据库""中国优秀硕

---

① 高兆明：《社会失范论》，江苏人民出版社 2000 年版，第 241 页。

士学位论文全文数据库",认真阅读了相关经典和著述,涉及家训文化传承及家庭道德教育创新的研究不少,但缺乏从文化传承视域针对中国目前家训文化活动中家庭德育创新问题的专门研究。

一 国外研究现状

有关中国家训文化传承中的家庭德育创新研究,除受中华传统文化影响较深的日本、朝鲜、韩国以及新加坡等东南亚一些国家重视家训传承,注意保护和发扬家训文化以提携子孙成长成人外,西方绝大部分国家由于社会制度和政治意识形态的冲突,虽然也有针对家庭教育的专门文献,如《哈佛家训》《犹太家训》等,但是,由于文化更多地涉及意识形态领域,故而针对中国家训文化传承中的家庭德育创新研究罕有涉足。对影响中国人成长成才极深的传统家训文化,仅仅局限于对我国社情民风的描述和对家庭人际交往关系的表象分析等。例如,日本学者井上彻的《中国的宗族与国家礼制》,在整理归纳已有宗族研究的学术史、阐述宗法主义主要内容的基础上,以与清政府保持密切关系的江南为例,考察按宗法主义理念建构起来的我国古代宗族的稳定状况,以及部分边陲地区宗族的宗法主义普及状况,对产生于宋代的宗法主义理念被后代继承的情况进行验证。[①] 中国港、澳、台及海外学者对中国家训及其家庭德育的研究,主要有日本和中国台湾的部分学者,但研究所涉及的领域比较狭窄,很多著述沿袭和应用费孝通的《乡土中国》所揭示的社会差序格局,研究中国古代家族发展或乡村生活状况,其中简略述及家训(家庭教育)活动。比较有影响的成果主要集中在对中国传统女训的一般研究方面,如日本山崎纯一的《关于唐代两部女训书(女论语女孝经)的基础研究》,缺乏针对家训文化传承中的

---

① [日]井上彻:《中国的宗族与国家礼制》,钱杭译,上海书店出版社 2008 年版。

家庭德育及其创新路径等方面的研究。

1949 年后的家训文化传承创新在海峡两岸的际遇差异明显，大陆从全面学习苏联到"文化大革命"，其文化体系中的传统元素几乎消失殆尽，而台湾却比较好地保留着中华传统文化包括家训文化的核心内容，对家训文化的研究，虽然存在社会制度差异导致的错失与偏废，但相较于大陆则明显重视。今天重拾家训文化重新提振家训精神则意味着我们必须从家庭和个人做起，大陆民众尤其是年轻一代，可以从台湾社会及其文化传承中学习很多大陆缺乏或不足的东西。

二 国内研究动态

通过超星发现系统检索，共找到以"家训文化"为主题的著述 3472 条。其中，图书有 369 部、期刊论文 1725 篇、报纸文章 633 篇、研究生学位论文 281 篇、会议论文 36 篇、年鉴 364 种。按出版或发表的年度数量分析，1989 年以前仅仅有 58 条文献记录，1990—1999 年仅有 99 条文献记录，说明截至 20 世纪末，中国人对家训文化的研究和讨论并不是很多。进入 21 世纪以来，随着国学热的逐步升温，人们对家训及其生活化的训育实践的研究开始快速增多，2000—2009 年有 498 条文献记录，2010 年 138 条、2013 年 177 条、2015 年 513 条、2016 年 688 条、2017 年 725 条、2018 年超过 800 条。

我国古代著述及研究。重家教和端蒙养是中华民族的优良传统，中国古代的确建立起了一个相对完整和切实有效的家庭德育机制。但是，先民们对他们世代遵奉的家训就其在家庭德育过程中的作用机理和文化传承却鲜有进行专门研究的，往往因循旧制一代代照着做得很好，其间也不乏新出的家训，但言明就里讲清沿袭和创新道理的很少，所能查找到的文献更少。家训是家庭教育的重要载体，家训教化对中国社会发展和中华民族文化传承产生了重要而深远的影响。传统家训文献的涌现和大量刊行是在唐代以后，而以明、清和民国前期最盛。民国及以前基本没有家训研究，中华人民共和国成立后只是一些教育史、思想史、哲学史、文化史专著或教材中涉及少量家训内容。改革开放以来家训整理、出版增多，家训研究取得了前所未有的成就。学者们对家训内涵、家训思想史分期和发展历程、规律、基本思想内容都进行了系统研究。在继承和弘扬传统家训文化方面，学者们在倡导建立"中国家训学"、利用传统家训资源价值等方面做了较为深入的研究。国外对中华传统家训思想的研究成果极少。当前亟须进行系统的文献搜集与整理，加强对传统家训思想史深层次探讨和横向交互研究，在开发利用传统家训史料资源、创建新的家训文化等领域也亟待拓展深化。

改革开放以来，随着中国特色社会主义理论体系的提出和不断完善，国人对中华文化的自信日渐加强。对家训及其文化的研究在我国逐渐得到重视，取得了许多成就。大家通过历史典籍筛选整理出大量的传统家训著作，同时也出版了一批家训研究专著，发表了很多研究文章，对家训的产生发展历史、家训文化的内容和实践范式均有了较为全面的梳理。回溯本源，很多探寻中华传统文化这一精神血脉的文人志士日渐将目光投向光辉灿烂的家训文化宝藏，自20世纪90年代起到21世纪初，学界对家训文化的研究热情正式被点燃，这一时期关注家庭、重视家教、收集梳理传统家训资料成为当务之急，也开启了新一轮家训文化研究的大幕。由于近代以来的新文化运动，导致我们对包括家训在内的中华传统文化丢弃太多，因而对家训文化的初始研究，人们不得不从收集整理已有的家训及其相关文化资料入手。通过梳理中国家庭教育史，总结我国各民族共同积累的大量家教实践经验，阐明中华民族勤劳俭朴、正直勇敢、爱国爱民、廉洁清白、见利思义等家教的优良传统，及爱予以德、以身垂范、宽严有度、因材施教、不违天资、随才成就、因机设教、激励诱导等家教的原则和方法，充分展示我国特有的运用家训家书、诗文词曲等方式教子育人的家教实践，以及近代中国发生的家教革新、提倡将竞争意识与高尚道德相结合、德智体全面发展、坚持平等民主与教子报国相统一的新型家教，比较全面地反映了我国数千年家庭教育的经验教训，为现代家庭教育提供了可贵的历史借鉴。① 通过认真梳理极具范导型塑作用的家范（家训）发展历史，解读家训家教范导内涵和相关特性，系统研究中国传统的家范族规。通过对历史上有影响、有代表性的家范族规的考察，叙述家范的萌芽、成立、繁荣和蜕变经历，概括出从上古到民国时期家范发展不同阶段特征，查找出家范产生及繁荣的原因和作用发挥等。② 从家训实践的视角，精选从先秦到清末几千年中两百多位典型人物，将其训育子女的理论基础、主要内容与原则、具体方法等进行系统介绍，旨在描绘家训实践的历史轨迹，即自古以来父母对子女如何进行耳提面命式的训导规诫的，而子女又是怎样在家风的熏陶与家规的约束下成长的。③ 这些以专著呈现在世人面前的家训文化研究成果，不仅拓宽了中国教育思想史和中国伦理思想史研究的领域，而且对于社会主义精神文明建设，特别是家庭美德、公民道德、个体品德建设，无不具有极强的启发借鉴意义。

进入 21 世纪以来的短短十多年时间，伴随着民众对家训文化的积极实践，学界迎来了对家训及其文化现象展开学理性研究的发展时期，不仅研究成果丰富，而且研究形式也多种多样，既有涵盖全面和微观解剖的学术专著、论说精当的高水平学术论文，也有受众广泛的报刊影像普及和宣传资料。

---

① 马镛：《中国家庭教育史》，湖南教育出版社 1997 年版，第 3 页。
② 徐梓：《家范志》，载《中华文化通志》第 5 卷，上海人民出版社 1998 年版，第 7 页。
③ 徐少锦、陈延斌：《中国家训史》，陕西人民出版社 2003 年版，第 1 页。

一是家训综合研究工作卓有成效，为后续分类研究打好了基础。陈延斌在其《中国古代家训论要》一文中，系统地阐述了传统家训所蕴含的治家、教子、立身、处世等十六个方面的丰富内容，同时剖析了其中的糟粕及局限性，较全面地分析归纳了在长期的历史发展演变中传统家训的五个鲜明特点。提出批判地继承这笔丰富的伦理文化遗产，对于我们今天的家庭教育及道德建设都具有重要的启迪和借鉴价值。① 四川大学博士朱明勋的学位论文《中国传统家训研究》，从发展史的角度勾勒出我国传统家训发生、发展、成熟、兴盛、转型的大致轮廓，基本将家训在各个历史阶段的数量、表现形式、思想内容等相应的特征揭示了出来。在反思传统家训历史的基础上，提出了家训文化的当代地位与特征。② 徐秀丽在《中国古代家训通论》一文中，分析了家训产生的历史背景，通过对中国历代流行的各种家训进行系统的考察和分门别类的概述，提出家训作为中华传统文化中的一种重要现象，古代家训的产生和存在不是偶然的，"家""国""天下"三位一体的统治机制、传统家庭中成员的社会化过程、家族的生存竞争、家庭内部的人际矛盾和家务的繁杂，是这种特殊文化现象数千年绵延不绝的历史根据。家族性与社会性的统一，经验性与规范性的统一，劝导性与强制性的统一以及历史性与代传性的统一，则是这种文化现象的显著特征。③ 显然，这些成果已经成功地突破了研究初期资料的不完整性制约，虽然存在对家训总体研究较少的缺憾，但针对个案的研究却较为突出。

二是断代家训研究成绩明显，反映出我国古代传统家训的时代特征。家训文化既是特定时代的产物，也是家庭教育历史长河中的

① 陈延斌：《中国古代家训论要》，《徐州师范大学学报》（哲学社会科学版）1995 年第 3 期，第 125—129 页。

② 朱明勋：《中国传统家训研究》，博士学位论文，四川大学，2004 年。

③ 徐秀丽：《中国古代家训通论》，《学术月刊》1995 年第 7 期，第 27—31 页。

文化传承现象，某一社会历史时期的政治、经济和制度建设特征必然反映在包括家训在内的文化领域，并通过家训教戒实践贯穿于其时对人的家庭培育和家教形塑当中。因此，按照历史时段划分，聚焦特定时期的家训教戒活动，能够准确揭示家训文化的时代特征，解开家训文化在历史传承当中的家庭存续模式，有利于提高家训文化在家庭教育特别是家庭道德教育实践中的发展变革规律。三皇五帝及其社会时代主要存在于神话传说之中，没有留下可据考证的训诫文字，更遑论著作。但是，通过流传很广的神话传说，可以理解他们以自身的榜样和言行轨物范世的良苦用心。智慧超群的圣人尧舜出于公心，先后禅让"王位"给贤者；大禹为治水不避艰险、不畏劳苦，舍身忘家、三过家门而不入，这些都可以看作无言之教"家训"。① 郑州大学张静的硕士学位论文，对先秦两汉家训展开研究，揭示出在礼乐文明高度发展的西周时期，家训较"五帝"禅让选任式训诫开始有了新的突破，这一特征着重表现在西周王室特别是周公家训当中。春秋战国时期，诸侯并起，《左传》《国语》《战国策》等史籍在很大程度上反映了其时的家训状况；儒、墨、道、法诸家站在各自的政治和学术立场上，围绕如何教养子弟提出了不同见解。儒家仁爱、墨家慎染、道家主张行不言之教、法家倡导四民分业、孟母母训颇具特色。"五经"及先秦其他文献中亦有家训思想，《周易》关于家庭关系的阐述多为后人征引。秦朝统一天下后，焚书坑儒影响的不仅仅是儒家思想的传播，对于极具大众基础的家训及其训教实践活动也造成沉寂状态。其后历经四百余年的汉代有大量家训涌现，据考，两汉时期的家训作者有 59 位，制作家训作品 75 件，东汉较西汉时期增加明显且呈现儒道互补的特点。从历史传承的脉络看，先秦时期训主以王室及社会上层贵族为主，

---

① 卢美松：《中国古代家训溯源》，《福建史志》2017 年第 5 期，第 6—9 页。

两汉时的家训则呈现训主向社会下层移动的倾向，先秦家训总结出的好经验及规范多为两汉及后世家训所阐发或宣扬。① 唐代的帝王家训，在体系上已远远超越了前人，产生了完整的著作，并应用"亲情感化、以物喻理、以古为鉴"等值得借鉴的教育方法；唐代士族家训的主要内容包括品德修养、读书治学、齐家治家、处事处世、为官道德标准等；唐代的母训，立足前人又有所进展，对女子的教育观念有所进步，体现了唐代女子社会地位相对提高。通过系统研究，总结出唐代家训具有巩固封建统治和加速儒学社会化两大社会功能，同时也存在保守性、重农轻商观念和功利主义思想等局限。深入研究唐代家训文化，注重它在教育后代、传播文化及维护社会稳定中所起的作用，对于创立具有新时代精神的家训文化，并发挥其伦理教化、传承文化与维护社会稳定等功能，有着重要的现实意义。②

三是单一家训研究知微见著，极具推广和应用价值。随着人们对家训文化的探究日益广泛，整理古代优秀家训文本，挖掘传统家训文化资源成为近些年研究的重点之一。通过知网搜索《颜氏家训》，共找到431条结果；搜索《袁氏世范》，共找到23条结果；搜索《朱子家训》，共找到69条查找结果；搜索《曾国藩家训》，共找到740条结果。说明学界对我国古代有代表性的著名家训文献，虽然阐释的角度或视域有所不同，但对这些家训文本单独进行研究的已经不少。其中，对南北朝时期颜之推制作的《颜氏家训》研究最为集中，因为它是中国传统家训中第一部条例完备的家训专书，体系庞杂，内容宏富，除教育学知识外，还包括社会学、文学、生物学、音韵训诂学等方面的知识，因而引起了众多学者的关注，学者对它的研究是既全面又丰富。例如，兰州大学马云志等通

---

① 张静：《先秦两汉家训研究》，硕士学位论文，郑州大学，2013年。
② 陈志勇：《唐代家训研究》，硕士学位论文，福建师范大学，2004年。

过论说《颜氏家训》，指出《颜氏家训》作为中国古代第一部系统完整的家教文献，它将为人处世的智慧涵容在日常的家庭教育之中，其中修德进业的家庭教育理念、知行结合的家庭教育方法、重教崇化的家庭教育诉求等，均体现了传统知识分子的家国情怀。当今时代，我们应重视汲取《颜氏家训》家教思想的精华，实现古今转化，为现代家庭教育服务。① 符得团通过研究，打通了《颜氏家训》对古代个体品德培育基本道德规范的具体化，提出《颜氏家训》是中国家训之祖，古代家庭道德教育之所以有效，就在于以其为代表的古代家训作为将一般道德规范和价值原则渡向个体品德的逻辑和实践中介，通过采取与人们的日常生活密切相关的生活化、生动化和形象化文化表达方式，成功地实现了对以儒家思想为指导的个体品德培育基本道德规范的具体化。② 对于素有《颜氏家训》之亚的《袁氏世范》的研究，今人在家训作者袁采的同窗好友、南宋淳熙年间权通判隆兴军府事刘镇"思所以为善，又思所以使人为善者，君子之用心也。（袁采）所为书三卷……是可以厚人伦而美习俗……为人如此，则他日致君泽民，其思所以兼善天下之心，盖可知矣"③ 评价的基础上研究提出，《袁氏世范》包含有丰富的家庭伦理教化和社会教化思想，在许多方面都将中国古代家庭教育和训俗的内容、方法提高到一个新的高度。研究《袁氏世范》，对我们今天的道德文明建设具有很好的借鉴意义。④ 山东大学的陈松林，通过其学位论文《曾国藩家训思想研究》，提出曾国藩的处世哲学，贯穿于他给家人兄弟写的一千五百余封家书当中，其一生寿命只有

① 马云志、王永祥：《〈颜氏家训〉论说》，《理论学刊》2017 年第 1 期，第 151—156 页。

② 符得团：《〈颜氏家训〉对古代个体品德培育基本道德规范的具体化》，《甘肃社会科学》2011 年第 4 期，第 44—48 页。

③ （宋）刘镇：《〈袁氏世范〉序》，载袁采《袁氏世范》，刘云军校注，商务印书馆 2017 年版，第 1—2 页。

④ 陈延斌：《〈袁氏世范〉的伦理教化思想及其特色》，《道德与文明》2000 年第 5 期，第 40—42 页。

短短的六十余年，但是他苦修家书数以千计。我们阅读《曾国藩家书》，会发现其字里行间充溢着对家人的教育、指点、规劝、关爱和对乡里乡亲的关心、帮助、扶持，我们也能看到他的家道得以传承至今，而其后辈子侄在各个不同领域几乎都能够成名、成才、成功，成为社会上有用的栋梁之材。当然，由于时代的局限性，曾国藩家书中的家训内容不免会打上时代的烙印，但是值得注意的是，虽然时代在改变，但是曾国藩家书中的教育方式和处世哲学，我们完全可以借鉴学习来为现代家庭和社会道德伦理思想建设服务。……中华优秀传统文化是我们传承数千年的中华文明的源头活水，曾国藩家训作为努力践行中华优秀传统文化的一员，走上了清代家训史上的巅峰，是研究我国家训文化不可或缺的一环。要梳理曾国藩家训当中对于当今家庭教育的有利元素，进行创造性转化和创新性发展，更好地为当今社会服务。①

四是家训主题研究不拘一格，为当今以家风建设为主的社会主义核心价值观教育提供了有益的借鉴。虽然传统家训及其文化的内容十分广泛，但家庭道德教育却始终是其主题所在。为此，近年来学界对传统家训道德思想的研究，成果是最丰富最集中的部分。特别是自习近平总书记在2015年春节团拜会上发出"注重家庭、注重家教、注重家风，紧密结合培育和弘扬社会主义核心价值观，发扬光大中华民族传统家庭美德"②的号召以后，学界迅速掀起了"家风建设与社会主义核心价值观"研究的热潮，一时间"传统家训与社会主义核心价值观"成了新时期理论研究的一个主旋律。不论是对传统家训道德教育内容的研究、对传统家训德育方法的研究，还是针对传统家训的教化特色的研究、对传统家训德育思想价

---

① 陈松林：《曾国藩家训思想研究》，硕士学位论文，山东大学，2017年。
② 习近平：《在2015年春节团拜会上的讲话》，http://www.people.com.cn/2015-02-18。

值的研究，都涌现出许多颇有见地的理论成果。由笔者和符得团所著《古代家训培育个体品德探微——以〈颜氏家训〉为例》一书，通过分析以精神传播和精神再生产为活动内容的家训训育过程，在探明中国古代个体品德培育的价值目标及其实现理路的基础上，以《颜氏家训》为个体案例，厘清家训在古代个体品德培育中的作用机理，探究和解析古代家训采取什么样的文化载体、通过哪些途径、凭借何种手段、以什么样的活动方式展开从而有效地培育了个体品德的这样一些理论和实践问题，揭示出在我国漫长的社会演进中，古代家训历史地发展成了一种文化，它现实地表征着古代家庭德育生活的样法。弘扬中华传统文化，期冀利于古为今用，为当今个体道德品质的培育乃至整个公民道德建设提供有益的启示。① 纵观历代家训，既有精华又有糟粕，其积极方面包含着丰富的道德教育资源。中国古代家训中包括了多方面的思想，但核心始终是围绕着治家教子、修身做人展开的。虽然家训在今天已经衰落了，但其中有价值的部分对于现代的家庭教育、道德建设、社会的精神文明建设乃至构建和谐社会都有一定的启迪和借鉴作用。② 于浩宇则致力于探寻《古代家训及其现实意义》，提出儒家伦理观念一向认为，家与国是同构的，家是缩小了的国，国是放大了的家。在传统士大夫心目中，修身齐家与治国平天下之间有着逻辑的内在联系。修身齐家是前提、基础，治国平天下是方向、是目标。也就是说，只有做到修身齐家，从加强自身的修养做起，进而治理好家庭和家族，教育好子孙后代，然后才谈得上治国平天下，才可能干出治国平天下的大业。③

---

① 符得团、马建欣：《古代家训培育个体品德探微——以〈颜氏家训〉为例》，中国社会科学出版社 2012 年版，第 1 页。

② 王双梅：《中国古代家训中德育资源探析》，《船山学刊》2005 年第 5 期，第 63—65 页。

③ 于浩宇：《古代家训及其现实意义》，《紫光阁》2007 年第 2 期，第 52—54 页。

第三节　研究的理论与实践价值

一　选题的理论价值

从社会文化的视角来看，家训不仅现实地表征着古代家庭生活的样法，而且历史地发展积淀成了一种传统家训文化。作为亿万家庭生存与发展社会生态，这一家训文化经过世代积累和实践创新，自然形成了它特有的文化氛围和育人环境，一方面反映着社会文明的进步程度；另一方面也是中华传统文化产生和发展的重要条件。不仅如此，中国传统的家庭主义文化特征，除去中国是以家庭和家族为构造单位的社会结构形式所决定外，还在于长久天然地存在于家庭和家族内部的家庭训教实践。尤其在中国古代，以家训为标志的家庭教育可以说是最原始、最真切、最持久、最有效的教育形式，以至于通过这种家庭教育协调各种关系和培养民众人格，而且对于社会的稳定和发展也具有十分重要的作用。可见，以家训文化为标志的家庭建设在我国传统文化体系中具有极其重要的基础性地位，而家训就是家庭文明特别是家庭道德文明建设中最为灿烂的文化形式。

中华民族最为重视家庭道德教育，在古代社会数千年的长期历史发展演进中，家训毫无疑问地成为教育作用发挥范围最大、对人教化影响力最为直接和深刻的民间德育范式，它通过家庭教育的说教和生活实践体验，将特定社会的道德原则和价值规范成功地内化为一家人的道德品质的同时，也便外化和表现为一个个家庭成员特别是幼小子弟相对稳定的道德言行方式，最终成功地塑造出一代代有德后世子孙。针对现代家庭德育面临的诸多问题与困境，探明中国家训文化的精神实质和家训对中华传统文化的社会化路径，挖掘传统家训文化的主要德育价值，在认真分析现代家庭德育面临的问题和困境的基础上，提出传承家训文化、创新现代家庭德育的理论和实践路径，显然具有十分重要的理论价值。

二 选题的现实意义

纵观历史，家训这一没有被古代官方正式教育系统纳入、却成为数千年来对国人成长培育具有直接影响和教化作用的非正式教育制度，早已成为在日常生活习作状态下塑造个体人格的生动活体，它通过家庭教育的实践环节，教育子孙后代尊崇忠孝节义、教导家人遵从和践行礼仪廉耻等道德规范，以细致入微而又深入持久的教化手段，将社会普遍的儒学理念和价值原则内化为受教个体的心性品质，塑造出一代代子弟的理想人格。

今天的中国同世界一道进入了知识和信息技术时代，科技进步为人类提供了充足的物质财富，信息共享使人们的精神消费丰富多彩。然而，家或家庭作为人类自身生产生活不可或缺的单位之一，其教育培养子女如何立身处世，以及保证生命个体实现社会化的作用依然不可或缺。虽然时代变迁造成了家的巨大变化，但从现实的角度看，家或家庭的意义绝不仅仅在于延续着人的生命，还在于它通过家训文化能够造就出具备德性的人格。中国的父母们自古以来最为重视子女教育的传统，成为时下望子成龙、望女成凤家长们的强烈企愿。传承创新中华家训特别是家庭德育文化，发挥民间化家庭育人功能，在探明家训机理及其发展演变规律的基础上，针对现代家庭德育面临的困境，探索家训文化的德育创新路径，为当今社会的家庭教育和公民道德建设提供可资借鉴的家庭道德教育新理念、新方法、新模式，其现实意义不证自明。

第四节 研究思路与方法

一 研究思路

培育新人是人类的突出特征，也是所有社会文明永恒的主题。中华民族历经数千年积淀而成的家训文化，就是以儒家成人亦即德性人格塑造思想为核心结晶而成的中国传统人生智慧。它天然地利用和挖掘家庭对人性教化的一切要素和可能，在解决培养什么样的人和怎样培养人的现实问题方面，探索出一条各具时代特性的民间化培育子弟和后人德性人格的成功之路。因此，传承中华家训文化不能停留在诠释经典和回味过去，更重要的在于厘清家训文化和家庭德育等基本理念的基础上，明确中国家训文化的精神实质和时代价值，立足消除和化解现代家庭德育所面临的困境，为当今家庭教育及其人格塑造提供理论支持和可行性实践方案。我们开展研究的思路和推延逻辑如图1—1所示。

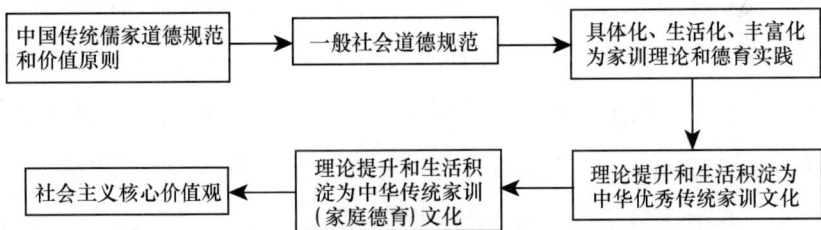

图1—1

二 研究方法

（一）文献法

研究家训文化传承中的家庭德育创新，需要探明中国家训文化的精神实质，考察中国古代家训及其文化的传承脉络，才能提出基于家训文化传承的家庭德育创新路径。对这些问题的梳理，主要依赖于对已有文献资料的占有和把握。因此，文献法是主要的研究方法。

（二）历史与逻辑相一致的方法

传统家训文献是丰富而繁杂的，其家庭德育实践无不带有浓厚的时代特征，传承家训文化、创新家庭德育除探明家训文化的发展规律和历史经验，必须坚持历史与逻辑相一致的方法，这实际也是一种动态的历史过程分析法。

（三）田野调查与问卷法

为了探寻中国传统家训的历史流变和在当今社会的遗韵，为创新当今家庭德育探寻途径，田野访问和科学的抽样问卷调查不可或缺。

第五节　相关概念界定

一　家训的定义

"家训"[①] 一词的含义比较丰富，其中，《辞海》对家训的定义是："①父母对子女的训导。《后汉书·边让传》：'鬈龀凤孤，不尽家训。'②父祖为子孙写的训导之词。如北齐颜之推撰有《颜氏家训》。"[②]《辞源》对家训这样定义："家训言居家之道，以垂训子孙者。颜之推撰家训二十篇。"[③]《中华百科全书》所下的定义是："家训，本治家立身之言，用以垂训子孙者也。《后汉书·边让传》：'鬈龄凤孤，不尽家训。'正谓此也。"[④] 段玉裁《说文解字

----

① 中国历代家训内容涉及人生的方方面面，按照霍松林教授的划分标准，将举要者概述为六端，"其一，熔铸光明伟岸的道德人格；其二，重视正确积极的教子方法；其三，培养功业理想和淡泊襟怀；其四，妥善掌握好交友接物之道；其五，明确读书治学的目的和方法；其六，针砭人生各种心理痼疾"（翟博：《中国家训经典》，海南出版社2002年版，第1页）。

② 辞书编辑委员会：《辞海》（缩印珍藏版），上海人民出版社2000年版，第1236页。

③ 辞源编辑委员会：《辞源》，商务印书馆1964年版，第1068页。

④ 张其：《中华百科全书（台湾）》，台北文化大学、台北学术院编行，1982年版，第411页。

注》对"家"的注疏是："'家'，象形会意字，从'宀'从'豕'。内像屋之形，屋下养豕。其内谓之家，引申之天子诸侯曰国，大夫曰家。"其所引申的意义明显包含着我国古代家国一体的原始政治构造基础，说明家训与国教的志趣本然一理。而对于"训"字则是这样注释的："训，说教也。说教者，说释而教之，必顺其理，引申之凡顺皆曰训。"① 从字面结构上讲，训，从言从川，"言"旨在劝说、说教，"川"本指归向深泽、湖、海的水流，"言"与"川"组合成"訓"，意在用言辞劝教，使人的思想和认识贯通如河，川流顺畅。从词源意义上讲，"训"字的含义是比较丰富的，与家训关联性比较强的含义主要包括：（1）训示，表示上级或长辈对下级或晚辈的训导（包括训导之词和训示活动）。"皇祖有训：民可近，不可下；民惟邦本，本固邦宁。"② 此处主要指皇祖的训教之词，而"皇帝躬圣，既平天下，不懈于治。夙兴夜寐，建设长利，专隆教诲，训经宣达，远近毕理，咸承圣志"③。这里则侧重于表达皇帝的训示活动，以及由此取得的训教效果。（2）训词，表示官员教导民人或家长教导某人的言辞。孔安国《尚书序》有言曰："教导之文曰训。"如"弟子规，圣人训；首孝悌，次谨信；泛爱众，而亲仁；有余力，则学文"④。在古代社会，人们习惯于将帝王训词称作"大训""圣训"，指先王圣哲的教言。"昔君文王、武王，宣重光，奠丽陈教则肆，肆不违，用克达殷集大命。在后之侗，敬迓天威，嗣守文武大训，无敢昏逾。"⑤ 又如，"成汤既没。太甲元年，伊尹作伊训，肆命祖后"⑥。该训在古代社会成为以

---

① （清）段玉裁：《说文解字注》，上海古籍出版社 1981 年版，第 91、337 页。
② 《尚书·五子之歌》。
③ 《史记·本纪·秦始皇》。
④ 李逸安译注：《弟子规》，中华书局 2009 年版，第 179 页。
⑤ 《尚书·顾命》。
⑥ 《尚书·伊训》。

下戒上之训词典范。（3）训导，意为教训开导。"颛顼氏有不才子，不可教训，不知话言，天下谓之梼杌。"① 自古以来，人有不可教训者，也有违拗师训者。"天作孽，犹可违；自作孽，不可逭。既往背师保之训，弗克于厥初。尚赖匡救之德，图惟厥终。"② （4）训育，多指继承先辈传统，顺应身心发展之需，训示晓喻以使自己或受教者向预设的方向不断生长发展。"凡牧民者，使士无邪行，女无淫事。士无邪行，教也。女无淫事，训也。教训成俗，而刑罚省，数也。"③ （5）顺承，继承遵循前人或先辈训示和教导。"尔惟训于朕志，若作酒醴。尔惟曲蘖，若作和羹。尔惟盐梅，尔交脩予，罔予弃。"④ （6）训勉，表示教诲勉励。"高宗祭成汤，有飞雉升鼎耳而雊。祖己训诸王，作高宗肜日。"⑤ （7）训令，成文或不成文的命令，作为公文，多指帝王或上级对属下带有命令性的指示。"皇极之敷言。是彝是训，于帝其训。凡厥庶民，极之敷言，是训是行，以近天子之光。"⑥ 对帝王所定的皇极法则，要像顺从上天的旨意一样加以宣扬。凡是把天子宣布的训令当作最高法则的臣民，就会接近天子的光辉。（8）训诫，为防止他人犯过越界而拟制的诫词或有针对性的训教告诫活动。"周公曰：呜呼！我闻曰，古之人，犹胥训告，胥保惠，胥教诲，民无或胥诪张为幻。此厥不听，人乃训之，乃变乱先王之正刑，至于小大。民否则厥心违怨，否则厥口诅祝。"⑦ 即便是古代先民，仍然需要互相告诫、关爱和互相教育，这样才能保证民众不会有欺瞒诳骗者，否则将会变乱先王之正刑，使民心生怨，甚至出口诅咒。（9）训迪，表示教诲开导。

---

① 《史记·本纪·五帝》。
② 《尚书·太甲中》。
③ 《管子·权修第三》。
④ 《尚书·说命下》。
⑤ 《尚书·高宗肜日》。
⑥ 《尚书·洪范》。
⑦ 《尚书·无逸》。

"明王立政，不惟其官，惟其人。今予小子，祗勤于德，夙夜不逮，仰惟前代时若，训迪厥官。"① 意为坚持用祖训教诲开导众多官员。（10）训话，指上级对下级、尊长对卑幼进行的口头教导和训诫。"病日臻，既弥留，恐不获誓言嗣，兹予审训命汝。"②（11）训练，教导和操练子弟族人或家臣兵士，使其练就一定的行为方式或技能。"公其惟时成周，建无穷之基，亦有无穷之闻。子孙训其成式，惟义。"③（12）训蒙，"髫龀夙孤，不尽家训"。④ 此外，"训"还有训斥、训诱之义，也有训诂、训释之意。⑤ 但是，作为家中族内之训育教戒，家训涵盖了上述训字的绝大部分含义，而且其内涵更多地指代基于亲情关怀的训育之词和立身处事的教戒生活实践，虽然有上行下效和自上而下的教育发动差序结构，但实际运用于训教现实生活当中，却很少有居高临下和盛气凌人的训斥或攻击。否则，即如孔子所言："内不相训，而外相谤，非亲睦也。"⑥

　　纵观中国社会的历史，由于中国古代社会在政治上的家国同构设计，形成家国一体，家是小小国，国含千万家，作为皇朝主宰，历代君王无不注重发挥家庭对于社会稳定和国家长治久安的基础性作用，不仅自己身体力行制作家训教育子孙后嗣、发布训令条教百

---

　　① 《尚书·周官》。

　　② 《尚书·顾命》。

　　③ 《尚书·毕命》。

　　④ 《后汉书·边让传》。

　　⑤ 关于训诱，《管子·九变第四十四》有言："凡民之所以守战至死而不德其上者。有数以至焉曰：大者，亲戚坟墓之所在也；田宅富厚足居也。不然，则州县乡党与宗族足怀乐也。不然，则上之教训习俗慈爱之于民也厚，无所往而得之。"《史记》卷一最后有太史公司马迁对五帝史实的评论："学者多称五帝，尚矣！然《尚书》独载尧以来。而百家言黄帝，其文不雅驯，荐（缙）绅先生难言之。"其中正义注疏曰："驯，训也。谓百家之言皆非典雅之训（见《史记·本纪·五帝》）。"《淮南子·人间训》意为训释："人或问孔子曰：'颜回，何如人也？'曰：'仁人也，丘弗如也。''子贡，何如人也？'曰：'辩人也，丘弗如也。''子路，何如人也？'曰：'勇人也，丘弗如也。'"《藏书·儒臣传德行门·德业儒臣·扬雄》意为训诂："扬雄，字子云，成都人也。雄少而好学，不为章句，训诂通而已。"

　　⑥ 《孔子家语·观周第十一》。

官、颁行训诰教育民众，而且积极传布和旌表嘉奖士庶百姓制作家训范家教子，敦化民风，使得家训及其训教活动由原初归帝王专属，继而经由贵族士大夫传播流布到普通百姓人家，最终成为各家各户普遍奉行的家训门风和社风。究其原因，分明是那些统治者和有识之士看到了家训对修身齐家和治国平天下的重要意义。因而不论是身居高位者在庙堂之上训示子民，还是位卑农夫在家训育子孙，都在积极地用家训劝勉教戒，使人心思贯通，意见一致而通达顺畅。

在中华传统文化热逐渐升温的时代背景下，随着社会关注程度的不断提高和理论研究的不断深入，虽然学界对家训的理解至今尚未完全形成统一标准，但是对家训的内涵外延及其训教活动的认识在不断明晰。时至今日，由于学界对家训的研究还不是很充分，发表的观点还比较分散，对家训的理解和认识也是见仁见智，对家训的含义及其训育实践活动有各种各样的注释和界定，现实当中的家训生活也是异彩纷呈。霍松林在《中华家训经典》序言里提出："中国古代进行家教的各种文字记录，包括散文、诗歌、格言等等，通常称为家训，它是古人向后代传播修身治家、为人处世道理的最基本的方法，也是我国古代长期延续下来的家长教育儿女的最基本的形式。"① 1994 年 6 月 13 日光明日报刊发张艳国的理论文章："传统家训，是指在中国传统社会里形成和繁盛起来的关于治家教子的训诫，是以一定社会时代占主导地位的文化内容作为教育内涵的一种家庭教育形式。就其内容而言，是用宗法专制社会的礼法制度、伦理道德规范、行为准则指导人们处理家庭关系，教育子女成长的训诫；就其表现形式而言，主要是训诫者与被训诫者的对话（包括书面的东西）。根据中国传统家训所表达的内容，可将它们归

----

① 翟博：《中国家训经典》，海南出版社 2002 年版，第 1—2 页。

结为家庭、家政、修身养性、勉学几大门类。家庭和家政讲的是处理家庭关系；修身养性和勉学讲的是教育子女成长的问题。"① 徐少锦、陈延斌在他们出版的《中国家训史》前言中提出："家训主要是指父母对子孙、家长对家人、族长对族人的直接训示、亲自教诲，也包括兄长对弟妹的劝勉，夫妻之间的嘱托，后辈贤达者对长辈、弟对兄的建议与要求。它属于家庭或家族内部的教育，随着家庭的产生而出现的一种教育形式，它随着家庭的发展而不断丰富、完善。其教育除了包含一般的社会要求之外，还带上了家庭、家族的独特内容，并在世世代代延续、演进的过程中，不断沉淀下来，累积起来，形成了各具特色的家训、家约、家风，家规、家法、家范、家诫、家劝、户规、族规、族谕、庄规、条规、宗约、祠约、公约等等。"② 对于家训所涉及的主要内容，该书概括为以下十六个方面：孝亲敬长，睦亲齐家；治家谨严，勤劳节俭；糟糠不弃，寡妇可嫁；贵名节，重家声；勤政谦敬，安国恤民；清廉自守，勿贪勿奢；抵御外侮，维护统一；依法完粮纳税，严禁乱砍林木；立志清远，励志勉学；习业农商，治生自立；崇尚科技，贬拒迷信；审择交游，近善远佞；宽厚谦恭，谨言慎行；和待乡邻，善视仆隶；救难济贫，助人为乐；洁身自好，力戒恶习。谢宝耿在其出版的《中国家训精华》一书中提出，家训"主要指父祖对子孙、家长对家人、族长对族人的训示、教诲，也包括兄姐对弟妹的告诫，夫妻之间的嘱托，以及后辈贤达对长辈、弟妹对兄姐的希望、要求"③。对于家训的文字记录，该书概括为家书、家教、家规、家法、家诫、家范、家风、家订、家礼、家道和遗训等十多种形式；对于家训的文学体裁，该书总结家训有书信、散文、诗词、格言、座右铭

① 张艳国：《中国传统家训的文化功能及其特点》，《光明日报》1994 年 6 月 13 日第 4 版。
② 徐少锦、陈延斌：《中国家训史》，陕西人民出版社 2003 年版，第 2—9 页。
③ 谢宝耿：《中国家训精华》，上海社会科学院出版社 1997 年版，第 1 页。

等文学表现形式；对于家训所涉及的内容，该书将其概括为讲修养、谈立志、话人生、言德行、剖处世、说治学、论人才、评风物、述文学、诲尊师、教理财、议从政等方面。可见，学界对家训的内涵和外延界定，由于研究的视角不同而存在差异，但是，对家训推崇忠孝节义和礼仪廉耻等中华传统美德、教导子孙后代遵从传统与和合族众的立身处世目标定位高度认同，均承认并主张家训对一个人的人格修养和一个家庭（家族）的和谐美满具有习染形塑作用，因而成为中华优秀传统文化的重要方面，是家庭（家族）建设中不可或缺的重要组成部分，也是维护社会稳定、保证国家文明富强的社会细胞和基础单元。

习近平总书在2015年春节团拜会上发表讲话指出："不论时代发生多大变化，不论生活格局发生多大变化，我们都要重视家庭建设，注重家庭、注重家教、注重家风。"[①] 再一次掀起人们对我国自古以来重家庭、重家教、重家风传统的回归，重新燃起对家训、家教、家风问题的关注热情，也再一次引发人们对于家训问题及家风传统的大讨论。

家训的相关含义主要有：（1）家训是一家之内父母对子女的训导；（2）家训是家族内部父祖辈对子孙辈自上而下的训导，（3）家训不仅是家庭或家族内部尊长辈对卑幼辈的训导，还有家庭或家族内部尊长卑幼辈之间以及同辈之间的相互训勉；（4）家训是家法族规；（5）家训是一种乡规民约。由此可见，家训的内涵的确比较丰富，可做狭义和广义的区分与理解。对家训狭义的理解，认为家训是家庭或家族内部父祖辈对子孙辈、兄辈对弟辈以及夫辈对妻辈、家长对奴卑教育怎样为人处世的言论，以及现实的训示和教戒活动。其中，最狭义的理解认为家训即是指我国古代的传统家训著

---

① 习近平：《在2015年春节团拜会上的讲话》，http：//www.people.com.cn/2015－02－18。

作，主要记载一个家庭或家族内部长辈对晚辈的训示、教戒或一家一族内部的有关家法族规等的文字载体。例如，早在秦汉时期就已有的《太公家教》、马援的《诫长子严教书》、诸葛亮的《诫子书》和杜预的《家训》等言简意赅的训世著作。这些家训著述作为传统家训的典型代表，它们如一颗颗璀璨的明珠，映射出先人对于良好思想道德风尚的弘扬。[①] 这些家训文献虽然后来流传很广，但作者制作家训的初衷却是出于规范自己家庭的目的，而不是范世，如《颜氏家训·序致篇》言：

> 吾家风教，素为整密。昔在龆龀，便蒙诱诲；每从两兄，晓夕温清。规行矩步，安辞定色，锵锵翼翼，若朝严君焉。赐以优言，问所好尚，励短引长，莫不恳笃。年始九岁，便丁荼蓼，家涂离散，百口索然。慈兄鞠养，苦辛备至；有仁无威，导示不切。虽读礼传，微爱属文，颇为凡人之所陶染，肆欲轻言，不修边幅。年十八九，少知砥砺，习若自然，卒难洗荡。二十已后，大过稀焉；每常心共口敌，性与情竞，夜觉晓非，今悔昨失，自怜无教，以至于斯。追思平昔之指，铭肌镂骨，非徒古书之诫，经目过耳也。故留此二十篇，以为汝曹后车耳。[②]

从广义的角度来看，家训的内容虽然以规制家庭伦理为主，适于在家庭或家族内部普遍流传，对其成员的人身塑造和家庭伦理的规范起到明显的作用，然而有些家训诸如《袁氏世范》："岂唯可以施之乐清，达诸四海可也；岂唯可以行之一时，垂之后世可也。"[③] 如果说家训随着分家合居而发展成为族规，是老百姓自发而

---

① 任国征：《古代文言家训在今天的意义》，http：//www.china.com.cn/2010 – 01 – 29。

② 《颜氏家训·序致第一》。

③ 刘镇：《袁氏世范》，载《丛书集成初编》第974册，中华书局1985年版，第1页。

为的结果，那么将家训推延扩展越出家族范围而成为乡规民约，在很大程度上是那些胸怀天下的士大夫们借助于官府力量传播的结果。

综上所述，在前人研究的基础之上，笔者试着对"家训"下这样的定义，以商方家：家训是某一家庭、家族或聚族而居的同姓村落中父祖辈对子孙辈、兄辈对弟辈、夫辈对妻辈、尊长辈对卑幼辈所进行的训示、教戒，以及同辈、不同辈之间的相互训勉；其存续形式包括口头家训（不成文家训）和书面家训（成文家训）两种形式；其文献形态具有广义和狭义两种，文化载体有家训专著、书信、散文、诗词、格言、座右铭、规条等；其制作范本既可以是施教者自己制定的，也可以是取材于祖上的遗言和家法族规、俗训或乡约等文献中的相关条规；其作用或者具有教化劝谕性，或者具有惩戒约束性，或者两者兼具；其名称选取各具特色，主要有家训、族规、家规、家法、家范、家诫、家劝、家风、家道、家约、户规、族谕、庄规、条规、宗式、宗范、庭训、祠仪、乡约、劝言等；其教戒内容涉及人生的方方面面，包括讲修养、谈立志、话人生、言德行、剖处世、说治学、论人才、评风物、述文学、诲尊师、教理财、议从政等；家训实际上还是传统家谱的重要组成部分，它对传统宗族教育起了很大的作用，在古代皇权止于县的政治制度下，尤其在国家不安定和国法不明确之际，家训通过齐家教子建立维系着民间道德伦序，实际上还发挥了稳定基层社会秩序的作用。

族规。家训的作用范围超出核心家庭而用于规范同姓家族子弟，家训便自然地演变为族规。族规是同姓家族为了维护本宗族的生存秩序和公共发展所制定的公约，性质相当于我国古代宗法制度下的家族法规。与家训的作用发挥不同的是，族规的存在和作用发挥，一般有宗法嫡长子继承的宗长，或有族众推选出的族长，或有因年龄、资历、学识、官职、功德等因素确立的宗族家长族长主导，有宗庙、宗祠、宗府等庄严肃穆的族规陈列保存和教戒仪式场所，有保障族规世代延续和训育劝勉所需的族田或分摊各户缴纳的固定收入，有官府旌表或默许的施行于宗族之内的奖罚措施，因而在古代封建宗法制社会条件下，族规实际上通过宗族组织的强制力来约束本家族成员①，以家族为单元并借助于家族力量教育族众，旨在建立家族血缘关系的尊卑伦序，维护家族内部长期和平共处、聚族而居的习惯性、自律性秩序，对于我国古代个体成长、家庭和合、族众和洽、民众祥和、社会安定发挥着十分重大的作用（见图1—2）。

在中国数千年古代社会历史上，族规毋庸置疑地成为家族对其成员（族众）进行教化的"传世宝典"。这种源于家训，将家训的作用范围和施教效力放大后的族规，它的产生与发展有着深刻的社会背景。一方面，随着社会的发展和家庭人口数量的增加，家庭规模不断增大，族规的制定首先是家庭人口规模发展的结果。人类学研究结果表明，父权制家庭的产生使家庭成员身份和相互关系（早期父权制家庭成员之间是人身依附的关系）得以确定，当家庭成员

---

①　作为举行族众教戒的专门仪式场所，古代宗祠（家族祠堂）的主要功能，一是用来供奉和祭祀祖先、举办家族集会；二是族长行使族权、教育族众和处罚犯过族人的地方。一般而言，凡有族人违反族规，往往选择在祠堂接受训教或动用家法进行惩处，所以中国人公认为祠堂是封建家庭运用道德标准、家族规范、国家法律制裁族人违规犯过行为的公堂（法庭）。按照惯例或族规，如果族内有较大的事端发生时，族长一般会鸣鼓聚众到宗祠，"众告祠堂，鸣鼓声罪"。族众人等到齐后，族长端居正位，其余族长幼依序分列于祠堂两旁。其时的祠堂便成了家族公堂，成为族长"设公案，听断一族之事"的审判场所，到场族众为陪审员，有的还可能担当处罚的执行者。当然，作为民间传统习惯和制度，族规的实施一般不像国法那样有严格的程序，但为了体现宗族家法的尊严，以及出于公断是非和警示族人的目的，许多族规都制定了通过祠堂公质审理裁断的家法程序。例如，湘乡七星谭氏祠规对祠堂公质这一家法裁断的典型程序就做了详尽的描述："祠堂公质，礼法必严。族长、房长、族尊坐于上之中偏，族中兄弟子侄，序以昭穆，东西两列坐，人多两层、三层，公众静听。原告、被告跪着陈述，不得抢白。凡处断，但听族长、房长、族尊吩示，无论原告、被告及列坐的族众均不得喧哗咆哮。……或有末言可参者，须俟族长等吩示后方可徐进一说，不许众口啸啸，违者将予以处罚。"这与常见的公堂审判要求别无二致。

图1—2 福建"客家土楼"，表征着客家人聚族而居、和睦相处的家族传统，生活于土楼的人无须族谱便能娓娓道出家族的源流

的数量和辈分关系延长增加到一定数量时，分家另户便成必然。这些新分离组成的新家庭有的迁居异地独立生活，有的新家分而不离，以核心家庭为中心异居分处、聚族共居，在同一地区演化为宗族。从《尚书》有三十多处提到"王家""邦家"和"大夫之家"等记载可知，我国先秦时期就已经有了宗族，与此相适应，族规也应当形成。其次是制定族规出于管理族人的现实需要。家族的产生是家庭的发展和族人兴旺的结果，家族实际上还是一种松散的大家庭，那些以孝悌原则和血缘亲疏关系构建起来的古代家庭，一般都包含有两代以上血亲关系的生活共同体，与西方国家只有父母—子女两代血缘关系构成的小家庭相比，我国传统的家庭就是家族，更何况是聚族共居的大家族。因此，族规制定的目的，仍然是为了使子孙后嗣能世世代代修身齐家，不至于在艰难未卜的世道中沉沦甚至灭绝，并能在维持香火的基础上兴盛发达，光耀祖宗。① 说明族

---

① 费成康主编：《中国的家法族规》，上海社会科学院出版社1998年版，第205页。

规制定的目的依然朴素实际，更加关注族人的生命和生活现实，与
每个族众个体的成长和单个家庭的发展休戚相关。最后是族规的制
定和执行是为了收族所需。华夏民族经过上古三代的奴隶制社会繁
衍生息，由早期的部落逐渐演变成父权制族落，大一统汉王朝建立
以来相对稳定的社会秩序和宽松向上的儒教环境，给宗族的强大和
族规的发展注入了活力，其时社会上已经出现了"连栋数百，膏田
满野，奴婢千群，徒附万计"的贵族大户，形成"或百室合户，或
千丁共籍"的聚族而居景象。① 在家族人口众多、辈分与血缘关系
已经疏远复杂的情况下，要管理这样一个超级大户，没有规矩和权
威显然是不可能的。而且，随着家族势力的不断扩大，会有大批的
佃农、奴仆和异性民人依附加入，不遵守家规、犯上作乱、不服从
家长命令的行为时有发生，制定族规实为"收族"。另一方面，族
规的制定和实施，是对其时国法的家族化。同宗族的发展延续得到
统治阶级的认可乃至获得褒掖一致，族规的存续和有效是与当时的
国法基本相适应的，有的族规还通过了地方政府和当地主政官吏的
审核颁行。因此，从社会治理的角度看，族规在管理宗族事务、惩
罚族人过错、治理宗法社会等方面所具有的组织结构和能够发挥作
用的方式，与国法政令十分相似。宗祠是拘问审理和照章处罚的场
所，宗长（宗子、族长、族正）就是法官，族众是陪审员和旁听群
众，族规是成文或不成文的规条，合乎情理与秩然宗族是裁判和执
行的目的。在"皇权止于县"的广袤乡村，由于官府失缺或不能有
效地对偏远农村控制，古代族规实际上就是对国法的家族化。受此
社会环境的影响，有些大家庭制作的家训，从拟制家训的志趣意
图、训导目标、作用范围、教化方式等均与原初范家教子的家训要
求发生了根本的转变，尤其是家训的作用范围，由立意训诫子弟，

---

① 房玄龄等编著：《晋书》卷 127，中华书局 1974 年版，第 3161 页。

发展为指向训俗。例如，南宋地方官吏袁采于南宋淳熙五年（公元1178 年）任乐清县令时制作的《袁氏世范》这部家训，"其言精确而详尽，其意则敦厚而委屈，习而行之，诚可以为孝悌、为忠恕、为善良而有士君子之行矣"①。在书成之时便取名为《俗训》，明确表达了该书"厚人伦而美习俗"的宗旨，不仅可以行之一时，而且可以"垂诸后世""兼善天下"，成为"世之范模"，因而建议更名成为《袁氏世范》。

二　文化

（一）文化概念

文化（culture）一词源于欧洲，其含义最早在拉丁语和中古英语中有所定义，通常表示为"耕耘"的意思。其实，文化是一个含义非常广泛，最具有人文意蕴的概念和范畴。如果按照词面意义解释，文是纹饰、描述或表达，化是改变、化育或练达。《现代汉语词典》对文化的定义是：（1）人类在社会历史发展过程中所创造的物质财富和精神财富的总和，特指精神财富，如文学、艺术、教育、科学等。（2）考古学用语，指同一个历史时期的不以分布地点为转移的遗迹、遗物的综合体。同样的工具、用具、制造技术等是同一种文化的特征，如仰韶文化、龙山文化。（3）运用文字的能力及一般知识，如学习文化、文化水平。②《辞海》对文化的定义是：（1）广义指人类社会实践过程中所获得的物质、精神的生产能力和创造的物质、精神财富的总和。狭义指精神生产能力和精神产品，包括一切社会意识形式，即自然科学、技术科学、社会意识形态；有时又专指教育、科学、文学、艺术、卫生、体育等方面的知识与

① 刘镇：《袁氏世范》序，载《丛书集成初编》第 974 册，中华书局 1985 年版，第 1 页。
② 中国社会科学院语言研究所词典编辑室编：《现代汉语词典》（修订第 3 版），商务印书馆 1996 年版，第 1318 页。

设施。作为一种历史现象，文化的发展有历史的继承性；在阶级社会中，又具有阶级性，同时也具有民族性、地域性。（2）泛指一般知识，包括语文知识，如"学文化"即指学习文字和求取一般知识。又如，对个人而言的"文化水平"，指一个人的语文和知识程度。（3）中国古代封建王朝所施的文治和教化的总称。南齐王融《曲水诗序》："设神理以景俗，敷文化以柔远。"①

　　中国汉语言当中的文化原义乃是"人文化成"一词的简称，此语最早出自《易经·贲卦》彖辞："刚柔交错，天文也；文明以止，人文也。……观乎天文，以察时变，观乎人文，以化成天下。"②所谓文，是指一切现象或形相，天文便是指自然天象，是由阴阳、刚柔、正负、雌雄等两端力量交互作用而形成的错综复杂、多姿多彩的自然世界；人文是指人类社会的各种文化现象，是人类实践活动所获得的具有先进性、科学性、积极性的风俗习惯、道德规范、法律制度、思想观念等精神世界。这一文化的引申含义为："治国家者必须观察天道自然的运行规律，以明耕作渔猎之时序；又必须把握现实社会中的人伦秩序，以明君臣、父子、夫妇、兄弟、朋友的等级关系，使人们的行为合乎文明礼仪，并由此而推及天下，使之为大化。"③把"文"和"化"二字合在一起而作为一个词来使用的，最早见于西汉刘向的《说苑·指武》："圣人之治天下，先文德而后武力。凡武之兴，为不服也；文化不改，然后加诛。夫下愚不移，纯德之所不能化而后武力加焉。"④在刘向看来，"文"即文德，"化"乃教化，文化旨在经教育而使人转化。因此，"文化"在古汉语中就有以伦理道德教导世人的意思，其本义就是"以文教化"，表示通过对人

①　辞海编辑委员会：《辞海》，上海辞书出版社 2000 年版，第 1858 页。
②　《东坡易传·卷之三》。
③　宋祚胤注译：《国学基本丛书·周易》，岳麓书社 2000 年版，第 112 页。
④　《说苑·卷第十五》。

性情的陶冶、品德的训育，使人们在思想、观念、言行和举止上合乎特定文明礼仪规范之义，自此以来，这种解释一直沿用到现代汉语关于"文化"词义的解释之中。梁启超在《什么是文化》中说："文化者，人类心能所开释出来之有价值之共业也。"梁漱溟在《中国文化要义》中亦表达了"文化，就是吾人生活所依靠之一切。……文化之本义，应在经济、政治，乃至一切无所不包"等观点。毛泽东在《新民主主义论》一文中指出："一定的文化（当作观念形态的文化）是一定社会的政治和经济的反映。……至于新文化，则是在观念形态上反映新政治和新经济的东西，是替新政治新经济服务的。"① 可见，随着时间的流变和空间的变换，"文化"逐渐扩展成为一个内涵丰富、外延宽广的多维概念，也成为众多学者立足不同学科加以探究、阐发与争鸣的对象。美国经济学家斯特恩（H. H. Stern）根据文化的结构和范畴把文化分为广义和狭义文化两种概念。广义的文化即大写的文化（Culture with a big C），狭义的文化即小写的文化（Culture with a small C）。按照他的这种划分标准，可以将文化大致表述为两个方面：（1）广泛的知识并能将之活学活用；（2）内心的精神和修养。人类学家汉默里（Hammerly）把文化分为信息文化、行为文化和成就文化。信息文化指人类所掌握的关于社会、地理、历史等具体知识；行为文化系指人的生活方式、举止行为、态度、价值等社会交际的重要因素；成就文化是指艺术和文学成就等方面。②

　　给文化一词下明确定义的西方学者，首推英国人类学家泰勒。他在1871年出版的《原始文化》一书中提出："文化或者文明，是包括知识、信仰、艺术、法律、道德、风俗以及作为一个社会成员

---

① 毛泽东：《新民主主义论》，《毛泽东选集》第3卷，人民出版社1967年版，第655—656页。

② Hammerly Hector, *Synthesis in Second Language Teaching*, Blaine：Simon Fraser University，1982，p. 21.

所获得的能力与习惯的复合体。"① 揭示出文化或文明是一个复杂的整体，涵盖了作为一个社会成员的人通过学习而获得的任何其他能力和习惯。这一概念后来被英国人类学家马林诺夫斯基所发展，在他《科学的文化理论》一书中，认为文化是指那一群传统的器物、货品、技术、思想、习惯及价值而言的一切物质和精神的产物，包括"已改造的环境和已变更的人类有机体"两种主要成分。美国文化人类学家克罗伯和科拉克洪在 1952 年发表的《文化：一个概念定义的考评》中，分析考察了 160 多种文化定义后，对文化下了一个综合定义："文化存在于各种内隐的和外显的模式之中，借助符号的运用得以学习与传播，并构成人类群体的特殊成就，这些成就包括他们制造物品的各种具体式样，文化的基本要素是通过历史衍生和由选择得到的传统思想观念和价值，其中尤以价值观最为重要。"② 这一文化定义为现代西方许多学者所接受。

（二）人文教化

文化实际是"人文教化"的简称，"人文教化"的前提是有"人"才有文化。从这个意义上讲，文化是专属于人类社会而言的。"人文"是基础、工具和外显，包括语言和文字；"教化"是文化这个词的真正重心所在，既包括人类精神活动和物质活动的共同程序与规范，也包括这种共同程序规范产生、传承、传播和获得认同的过程与手段。汉语言当中的"人文教化"反映着文化的进程特性，表明文化不是静止的结果呈现，而是过程性的实践活体，只是有时限的以物质或精神的存在方式反映其时所达到的文明程度。

文化作为人类社会的现实存在，具有与人类进化同样古老悠长的历史。人类从茹毛饮血，茫然于人道的直立之兽繁衍进化而来，

---

① ［英］爱德华·泰勒：《原始文化》，连树生译，广西师范大学出版社 2005 年版，第 1 页。

② 陆扬、王毅编：《文化研究导论》，复旦大学出版社 2012 年版，第 3 页。

逐渐明于天人合一、古今之变，既遵从天道，又体悟出人道，走出了一条"人文教化"之路，也创造出了光辉灿烂的文化。在这个文化创造与发展的历史过程中，文化创造和文化收益主体是人，客体是自然，文化则是人与自然、主体与客体在实践活动中的结合体。在文化演进和文化创造过程中，人作为实践主体是具有生产力的一方存在，文化的出发点和归宿均指向从事改造自然、改造社会、改造人类自身的实践着的人；作为文化创造对象或客体，"自然"不仅指存在于人身之外并与之发生作用的自在世界，也指人类所属的本能和人的各种生物属性等自然存在。人不仅创造了文化，同样文化也创造了人。因此，文化就是"自然的人化"。文化的实质含义是"人化"或"社会化"，是人类超越本能的、通过有意识地作用于自然界和社会的一切社会实践活动，所获得的认识和改造自然客体而不断提升和实现自身价值的所有成果。

（三）文化分类

第一，由于"文化"概念的内涵、外延差异很大，所以，人们按照内涵的大小将文化划分为广义文化与狭义文化。按照传统的观念理解，广义文化是一个包含所有人类创造物的概念，指人类在社会历史发展过程中所创造的物质财富和精神财富的总和；狭义文化则仅仅指一种社会现象，是由人类长期创造获得的产物，文化同时又是一种历史现象，是人类活动历史的积淀物，表现为人类在历史上基于一定的物质生产方式所获得和发展起来的社会精神生活形式的总和。从这个意义上讲，文化是凝结在物质之中又游离于物质之外，是能够被人类传承接续的特定地域之中或民族所属的史地风物、生活方式、文学艺术、行为规范、思维方式和价值观念等，它是人类相互之间进行交流所必需的、为人们所普遍认可的一种能够传承的意识形态，是对客观世界感性上的知识与经验的升华。第二，根据存在方式的不同，一般可以将文化划分为物质文化、精神文化和制度文化三个方面。物质文化指人类创造的一切物质成就，包括交通运输设施及工具、日用百货及市场、声光电气及建筑等，是一类可见的显性文化；精神文化和制度文化则分别指知觉想象、心理思维、宗教审美和价值原则、道德规范、社会制度等，它们均属于主观意识范畴的不可见隐性文化。第三，根据不同学科的语词表达方式，将"文化"表述为各具特色的范畴，对"文化"一词的解释千差万别。哲学语境的文化定义：文化是相对于经济、政治而言的人类全部精神活动及其产品，它是智慧群族的一切群族社会现象与群族内在精神的既有、传承、创造、发展的总和。教育学语境的文化定义：文化是传播社会经验的重要手段，是教育和培养人的载体、手段和结果。社会学语境的文化定义：文化是针对一个人或一群人的存在方式而言的，所以，文化是指人们在特定的时空存在过程中的言说表述、交往行为、意识认知的方式描述。人类学语境的文化定义：文化就是指自然现象经过人的认识、点化、改造、重组的活动，也称为人文活动。考古学语境的文化定义：文化指同一历史时期的遗迹、遗物的综合体，同样的工具、器物、制造技术等具有同一种文化的特征。第四，根据整体和局部的差异性，许多学者主张应当对文化从总体上给予理解，而不是就某一单向度进行把握，都认同可以把"文化"分为高级文化、大众文化和深层文化三个层次界定。其中，高级文化（high culture）一般包括哲学、文学、艺术、宗教等；大众文化（popular culture）一般包括生活习俗、仪式禁忌、衣食住行、人际交往等生活领域；深层文化（deep culture）则主要指真、善、美的价值定义、存在的时空概念、人类社会的生活规律、大脑的思维方式以及与人的性别、阶层、职业、亲属关系等相关的角色区分与认同等。就三者的关系而言，高级文化和大众文化必须植根于深层文化，深层文化的某一概念往往是以一种特定的习俗或生活方式反映在大众文化之中，继而以一种艺术或文学形式展现在高级文化当中。第五，根据时间先后，将"文化"划分为史前文化、上古文化（古希腊、罗马文化，古波斯文化，古印度文化，古代中国文化）、中古文化、近代文化、现代文化、后现代文化、未来文化。第六，按照地域分布，将"文化"划分为黄河流域文化、河姆渡文化、半坡文化、玛雅文化、尼罗河流域文化、两河流域文化、印度河流域文化等。第七，按宗教信仰的不同，将"文化"划分为基督教文化、伊斯兰文化、印度文化、儒家文化。第八，按照社会制度的不同，将"文化"划分为社会主义文化、资本主义文化、帝国主义文化、殖民地文化。第九，根据经济文化发达程度不同，将"文化"划分为第三世界文化、发达国家文化、发展中国家文化、最不发达国家文化。标准不同，可以划分为对应的多种文化。

总之，文化是人类智慧和创造力的体现，是人类一切创新活动永恒拓展的载体、创新水平提升的工具和创新成果传播的手段，也是人文化成的过程与结果。不同种族、不同民族的人创造出不同的文化，但作为文化的创造者和人文化生者，人创造了文化，也享受着文化，既受文化约束，又在不断改造文化。对于由人类实践创造而又一刻不离的文化范畴，给文化下一个准确的定义，的确是一件非常困难的事。对于文化概念的理解，由于文化本身具有的多样性和复杂性，很难对文化给出一个准确清晰的界定标准，因而自古以来人们的说法始终不一。因此，已有的这些对文化的划分努力，也只是站在某一个特定的视域来分析的，只能是一种尝试。虽然在思想认识和价值取向等方面存在巨大差异，但是东西方学界在辞书或百科全书中对文化却有一个共同的解释和意义界定，那便是认为文化是相对于政治、经济而言的人类全部精神活动及其活动产物。

（四）文化作用

文化作为一种精神力量，能够在人们认识世界、改造世界的过程中转化为物质和精神生产力，对社会发展和人类进步产生深刻而直接的推动作用。这种作用，不仅表现在个人的成长过程中，表现在民族和国家的历史发展中，而且使文化发展与社会进步成正比关系。说明文化作为人的实践创造物，它一旦形成就对作为社会关系总和的人产生反作用。正如文化是一定社会政治的反映一样，文化也是一定社会经济的反映，并给予一定社会政治、经济以巨大的精神动力和智力支持，从而通过文化的能动作用推动经济的发展，这是文化的又一价值所在。人类社会发展的历史证明，一个民族，物质上不能贫困，精神上也不能贫困，只有物质和精神都富有，才能自尊、自信、自强地屹立于世界民族之林。

首先，文化能够促进人的全面发展和解放。纵观人类发展的历史可以清楚地看到，人类最早是从发展阶梯的最底层开始起步，通过不断认识自然、改造自然所获得的实践经验知识（文化）的缓慢积累，逐步从蒙昧时期发展上升到文明社会的。在这一漫长而基础性的发展过程中，文化的积累不仅为人的解放提供了手段和工具，而且文化本身具有不断促进人的才能和潜力提升来塑造人的功能。

其次，文化深层次影响社会政治制度。文化对人类的反作用，虽然更多地集中于精神领域，但特定时期生发于既定区域的文化，却能够借助文化载体超越具体的历史时代和个性心理而形成一种社会文化环境，从而对生活其中的每个人产生同化作用，培养出民众对某种社会制度的心理归属感和认同感，不仅可以调和各种社会矛盾，而且有利于促进社会和谐稳定。

最后，文化推动社会经济发展。不论在什么样的政治制度条件下，经济发展的质量和速度，总是取决于生产力的状况和水平，而生产力的决定因素取决于同期社会的科技水平。无论科学还是技术都属于文化的范畴，人类巨大精神能量的释放与创造力的爆发往往与某种文化的激化有着密切的关联，一部人类社会的发展历史，就是以科学技术这一文化的进步和发展，来推动经济发展的实践史。

三　家训文化

（一）家训文化的含义

家训文化是中国人通过家训进行"人文化成"新民育人的社会实践过程中，所获得的物质和精神教育的生产能力，以及由此所创造的物质和精神家训资源的总和。与文化的内涵有广义、狭义之分相一致，也与家训的内涵可以做广义、狭义的理解同理，家训文化的含义也有广义、狭义之分。广义的家训文化即人类在"人文化成"的家庭教育社会历史过程中所获得的一切物质和精神教育的实践能力与文化积累；狭义的家训文化则仅仅指一种家庭教育的精神现象与文化产物。总体而言，家训文化绝不仅仅存在于口耳相传、刊印于书面上、记录在书信中或刻画于门楣石壁上，为人们所能看得见、听得懂的器物之中，家训文化的实质则游离于这些器物之上，表现为能够被人类传承接续的中华民族特有的家庭教育风物、居家处世生活、育人价值观念等思想认识范畴。由于我国古代小农经济条件下家庭的作用和地位十分重要，加之古代社会教育、学校教育极端贫乏，使得以家训为代表的家庭教育受到人们特别是社会普通民众的高度重视，成为我国古代社会教化子孙后代学以成人的民间化教育范式，在看似平常的家训所涉及的励志、劝学、修身、处世、治家、教子、孝悌、睦邻、为政、婚恋等方面育人生活样法当中，自然而精深地生发出了中国家训文化，内容精深宏富，价值弥足珍贵。

家训文化的产生与形成，一方面从灵魂深处强化了家训的道德教化作用，"我铭父母之教于灵台，与生俱生，与死俱死，而不忘者也。天高地下，日照月临，有违家训，雷其殛之！"① 类似的誓言符咒或表态，能够让每一个中国人对家训刻骨铭心，传达着人们对家训文化的自觉认同与尊崇，也体现着家训教戒作用的深刻与持久；另一方面，家训文化的产生，在将抽象的社会一般价值原则渡向平民大众之间架起了一座思想沟通与价值认同的桥梁，成为中国古代社会上层精英与基层民众在思想观念领域达成一致认识的重要媒介，将以儒家思想为核心的中国古代社会价值观润物无声地下嫁穿透到社会最底层的平民农夫心田，成功地实现了儒家思想的社会化。

（二）家训文化与中华优秀传统文化的关系

家训文化是中华优秀传统文化的重要组成部分，这是家训文化产生和发展的渊源同一性所决定的。一是家训文化产生于中华传统文化育民造士的价值追求，"古之欲明明德于天下者，先治其国，欲治其国者，先齐其家，欲齐其家者，先修其身，欲修其身者，先正其心，欲正其心者，先诚其意，欲诚其意者，先致其知。致知在格物。物格而后知至，知至而后意诚，意诚而后心正，心正而后身修，身修而后家齐，家齐而后国治，国治而后天下平"② 。家训文化的主旨，毋庸置疑地与修、齐、治、平的中华优秀传统文化精神一脉相承。二是家训文化生长于"其家不可教，而能教人者无之。故君子不出家而成教于国"③ 的中华大地，因为修身才能齐家，所以，身修有德者才可能成功地施教于家，并经由上行下效的范导推延而成教于国。三是家训文化繁盛于"之子于归，宜其家人。宜其家人，而后可以教国人"的家训实践，各美其美、美美与共。孟子提出的"天下之本在国，国之本在家，家之本在身"④ 论断，不仅呼

---

① 《郑思肖集·中兴集二卷》。

② 《礼记·大学》。

③ 同上。

④ 《孟子·离娄章句上》。

应"自天子至于庶人，壹是皆以修身为本"的家国情怀和家教认同，也真切地反映了"天下国家"的古代大众家庭教育生活实际。

家训文化成为中华优秀传统文化的重要组成部分，是家训文化产生于我国古代社会的小农生产经济所决定的。由于生产力水平的限制，即便是古代太平盛世，庠序太学辟雍等官学设置往往仅及于公卿大夫之元士嫡子，不可能像今天的义务教育一样，惠及全体士庶民众子弟。与中国古代社会自然经济条件下自给自足的小农生产方式相一致，以家庭生产生活为单位的古代先民，不论是出于教会子弟最起码的生存之道，还是为子女计从长远教以成人成圣，以家训为代表的家庭教育无一例外地成为亿万家长的自觉选择，加之中国人固有的早教理念，历史地成为每一个家庭长辈苦口婆心教育子弟成长成人的行为自觉。正如习近平总书记指出的："孩子们从牙牙学语起就开始接受家教，有什么样的家教，就有什么样的人。家庭教育涉及很多方面，但最重要的是品德教育，是如何做人的教育。"[1] 事实上，包括古代圣王在内的先贤圣哲，除了"正官名，定服色，兴庠序，设选举"外，很多人都很乐意开展家训教戒活动，使家训成为中国古代社会的流行时尚。例如，武王妃、成王母为了使胎教之法能世代相传，周工室更是将"胎教之道，书之玉版，藏之金柜，置之宗庙，以为后世戒"。[2] 不论在形式的严整还是实际功效的发挥方面，都强化了家训在中华传统文化系统中不仅仅是一种文化载体，其本身蕴含着丰富的传统文化元素。

中国家训文化是沟通精英思想与普通民众的媒介，承担着重要的教育职能，内容十分丰富。历代家训中的合理成分可以从以下几方面启示当代的家庭教育，即爱与教的关系、智与德的关系、气节

---

[1]　习近平：《在会见第一届全国文明家庭代表时的讲话》，http：//news. china. com. cn/ 2016 – 12 – 13。

[2]　（汉）贾谊：《新书·胎教》。

与利益的关系、律己与教子的关系、为己与为国的关系，成为创建新的家训文化的背景和起点。家训中包含了古代主要的伦理要求，不仅有"孝顺父母""三从四德"等体现"三纲五常"的伦理纲常，更有大量对子孙在持家、交友、经商、从政等的品行方面的教诲与劝导，如"勤俭自强""诚实守信""和睦乡邻"等道德要求。家训可以说是对后代全方位的道德教育。

家训文化是中华优秀传统文化的重要组成部分，应当批判地继承家训文化精神，克服传统家训存在的不足和弊端，弘扬中华优秀家训文化。"传统不仅表示已逝去的历史，同时也构成正在发展的现实，它不是一种只具有考古价值的东西，而是绵延在活人心中的心理气质与性格。那些合理的、对现实生活具有指导意义的传统就具有存在的价值，就应该使其融入主导时代的文化主体。"① 随着近些年中华传统文化热的不断升温，家训传统及其家庭教育等大众文化育人的作用再一次被唤醒，提振家训精神，围绕增强中国文化自信和提高公民道德建设水平，各种弘扬家训文化的活动与创新实践，不仅纳入各级党和政府工作范围，也成为新时代亿万好家庭建设的自觉追求。进入新时代，要继承和发扬优秀传统家训文化，使其成为中国特色社会主义核心价值观的重要组成部分，则必须采取扬弃的科学态度，有所取舍，有所发扬光大。一要摒弃古代传统家训中存在的腐朽没落的旧理念、旧规矩，对过去相对普遍存在于家训家规当中的诸如规范家庭伦序的男尊女卑、限制女性权利的三从四德、施行于一家之内的家法私刑、影响婚丧嫁娶的门户贵贱等思想和戒律加以祛除。二要克服和防止古代传统家训文化的封闭性。家训的产生及其文化繁盛，最初的目标指向和功能定位仅限于一家一族，这是与中国古代社会政治、经济、文化发展对家训的需要相

① 丁青、刘东：《华魂高扬——中国传统文化的现代转换》，四川人民出版社1991年版，第261页。

一致的，也是保证家庭及其家族成员生存繁衍的现实选择。然而，在社会高度一体化的今天，我们需要的家训及其文化，不论是治家教子、崇德扬善，还是友好睦邻、维护稳定，在训教内容和功效定位方面均发生了根本的改变，虽然家庭具有私密而封闭的性质，我们应当尊重家庭当有的权利空间，但是，与新时代亿万好家庭建设需要相一致，现代的家训及其文化生活，绝不是不可外显的禁地，相反，现代家训应当是可以被人们感知、可以相互借鉴相互学习和交流沟通的精神财富。三要彻底打破家训及其文化是上流社会、上层家族专属的错误认识，大力倡导和积极推广那些为世人容易接受，接地气、合时宜、好推广的大众家训及其训教范式，努力打造民风清朗的新时代中国特色社会主义优秀家训文化。

第 二 章

中华家训文化概述

　　家训是中华民族千年沿袭传承和历练成熟起来的训诫家人、教育子女、昭示后代的民间大众化德育范式，它不仅现实地表征着古代家庭教育和家庭生活的基本样法，而且历史地发展积淀成了一种传统家训文化。因为中国古代家庭（家族）是以父家长制为主体的血缘宗法等级制结构，其特征突出地表现为："家或家族通过立子立嫡的继承法而代代相传，家训则是家庭、家族得以代代延续的文化基础。……家训不仅是一个家庭、家族代代延续的文化基础，而且也是治国安邦的基础文化。"① 所以，家训这种对中国人成长成才具有直接影响和熏陶教化作用的家庭德育模式，不仅开辟了一条百姓大众培育子弟和后辈德性人格的教育成功之路，也成为我国古代社会家庭（家族）存续、社会安定与国家繁荣，以及华夏民族昌盛不衰的文化基础。

第一节　家训文化探源

　　中华民族是伟大的民族，具有无比顽强的生命力和非凡的创造力。2018 年 5 月 28 日，国务院新闻办公室专门召开新闻发布会，

---

① 朱贻庭：《今天，重建家训文化何以可能》，《文汇报》2014 年 10 月 13 日。

通过公布"中华文明探源工程"对浙江良渚、山西陶寺等众多遗址开展大规模考古发掘研究成果，以丰富的考古资料，实证了中华五千多年文明史。① 虽然，中华文明的起源和早期发展是一段没有被文献直接记载下来的历史，但是，中华民族历经五千多年绵延发展，不仅绘就了波澜壮阔的人类历史画卷，而且创造了博大精深的中华文化，为人类的文明进步做出了不可磨灭的贡献。源远流长的中华文化，积淀和反映着中华民族最深层的精神追求，表征着中华民族独特的心理基因。其中，以孔子创立的儒家思想为主脉，在中国先秦诸子百家争鸣和两汉独尊儒术的基础上，经过魏晋南北朝玄学衍生阐发、隋唐儒释道三教勃发并育、② 宋明理学启发心智等漫长历史时期的理论创新与实践探索，最终纯粹积淀为中华优秀传统文化。中华优秀传统文化鲜明突出的人文精神、丰富玄妙的哲学思想，"途之人皆可为禹"的成人成圣教化理念，以及尊卑有序的等级礼仪制度和崇高普适的仁、义、礼、智、信道德观念等，共同孕育出中华民族独有的德性人格，一如《周易》提出的"自强

---

① 《中华文明探源成果公布　考古实证中华 5000 年文明》，http://news.cctv.com/2018 - 05 - 29。国务院新闻办专门召开新闻发布会，向全世界公布了中华文明探源研究成果，内容主要包括：一是距今 5800 年前后，黄河、长江中下游以及西辽河等区域出现的文明起源迹象；二是距今 5300 年，中华大地陆续进入文明阶段；三是距今 3800 年前后，中原地区形成更为成熟的文明形态，并向四方辐射文化影响力，成为中华文明总进程的核心与引领者。该新闻发布会还发布说："中华文明的起源和早期发展，是一个多元一体的过程。多元一体作为一种历史趋势，奠定了日后'夏商周三代文明'基础，也成为多民族国家形成的远因和源头。中华文明在自身发展过程中，广泛吸收了外来文明的影响。源自西亚中亚等地区的小麦栽培技术、黄牛和绵羊等家畜的饲养，以及青铜冶炼技术，逐步融入中华文明之中，并改造生发出崭新的面貌。"

② 从上古时期到 19 世纪中叶，中华传统文化一直延续着儒、释、道三家共存并进的发展演进格局，绝大多数封建王朝的统治者都强调三教并用，坚持"以佛治心，以道治身，以儒治世"（刘谧《三教平心论》卷上）的原则。所以，完全可以说中华民族的人文精神是在儒、释、道三教共同培育下形成的，儒、释、道三家文化也成为中华优秀传统文化不可或缺的重要组成部分。"三教是甚么教？一是儒家：乃孔夫子，删述《六经》，垂宪万世，为历代帝王之师，万世文章之祖，这是一教。一是释家：是西方释迦牟尼佛祖，当时生在舍卫国刹利王家；放大智光明，照十方世界，地涌金莲华，丈六金身，能变能化，无大无不大，无通无不通，普度众生，号作天人师，这又是一教。一是道家：是太上老君，乃元气之祖，生天生地，生佛生仙，号铁师元炀上帝……生下地时，须发就白，人呼为老子。有传世《道德经》。"（《警世通言》第四十卷）

不息""厚德载物"和孔子主张的"仁民爱物""遵祖崇德"等
思想，早已成为中华民族最深沉最基础的精神追求，支撑着中华
民族生生不息和发展壮大，成为中国人永远不可别离的精神家园
（见图2—1）。

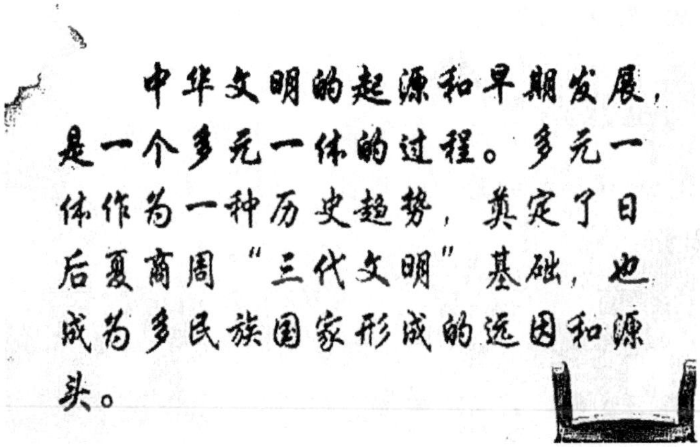

中华文明的起源和早期发展，是一个多元一体的过程。多元一体作为一种历史趋势，奠定了日后夏商周"三代文明"基础，也成为多民族国家形成的远因和源头。

图2—1

纵观中华民族发展的漫长历史，中华优秀传统文化的源头，绝
不像某些西方学者或西化人士所说的，起源于所谓的非洲或者欧洲
大陆，中华文化本来就植根于我们世世代代所生活的中华大地。事
实确凿的考古发现一次次证明，中华文化的发祥地也不像过去有人
所说的仅限于黄河流域，而是像满天星斗一样分布于我国960万平
方千米神州大地的东西南北中。其中，世人特别是学界普遍认可和
推崇的人文始祖——黄帝，其所创立的具有中华民族文化源头地位
的"黄帝文化"，就以其洞见世事万物的智慧和极具包容精神的文
化特性著称，并一直影响和启示着后人。

黄帝者，少典之子；姓公孙，名曰轩辕。生而神灵，弱而
能言，幼而徇齐，长而敦敏，成而聪明。轩辕（黄帝）之时，

神农氏世衰。诸侯相侵伐，暴虐百姓，而神农氏弗能征。于是轩辕乃习用干戈，以征不享，诸侯咸来宾从。……轩辕乃修德振兵，治五气、艺五种，抚万民、度四方，教熊罴貔貅貙虎，以与炎帝战于阪泉之野。……迁徙往来无常处，以师兵为营卫。官名皆以云命，为云师。置左右大监，监于万国。万国和，而鬼神山川封禅与为多焉。获宝鼎，迎日推策。举风后、力牧、常先、大鸿以治民。顺天地之纪，幽明之占，死生之说，存亡之难。时播百谷草木，淳化鸟兽虫蛾，旁罗日月星辰水波土石金玉，劳勤心力耳目，节用水火材物。有土德之瑞，故号黄帝。①

轩辕黄帝执掌天下时，对周围众多的氏族部落普遍采取团结怀柔政策，敞开大门让黄河流域中下游的众多部族能够融入进来，不仅初创了华夏民族政治共同体，也确立了不同民族文化交流融合的基本格局。中华文化的发展与演进路向，更不像旧有的认识，仅考虑生存环境的制约而简单判断是由西向东逐水草下流，而是四面八方交汇融合、荟萃精华，最终在二千五百多年前的那个文明觉醒的"轴心时代"②，通过以孔子为代表的中国思想先驱们共同铸造了东方人的精神家园。这些先哲们的世界观、价值观、人生观以及睿智的思维方式，为后世中华文明的演进提供了一张框架路线图。如果

---

① 《史记·本纪·五帝》。

② 以德国哲学家雅斯贝尔斯论述历史的起源与目标时提出的观点为代表，学界普遍认可前800—前200年，尤其是前600—前300年，是人类文明生发的童年时代，雅斯贝尔斯将其定义为"轴心时代"。这是一段人类精神文明取得重大突破的时期，也是一个大师辈出和不同文明类型破茧而出的时期。各种文明都出现了伟大的精神导师——古希腊有苏格拉底、柏拉图、亚里士多德用思辨哲学开辟了西方文明，以色列有犹太教的先知以神示准确预言宇宙和人类社会的发展大势（事），古印度有释迦牟尼在苦思冥想中启发了印度文明，古代中国有孔子、老子在世界的东方写下中华文明的遗传密码……他们开始用理性思维和道德立论来审视这个世界，超越和突破了原始文化，提出的思想理念不仅塑造了不同的文化传统，而且至今影响着人类的生活与文化发展。

说这幅图在理论上能够告诉人们，世界是什么样的？家国天下怎样治理？一个人何以安身立命？那么针对春秋战国的时局和最后由秦统一全国的历史现实，儒家在治国方略上顺势应变而提出的主张"以德服人"，反对"以力相征"的政治路线，便最终成功地获得了儒术独尊的社会地位。"凡为天下国家有九经。曰修身也，尊贤也，亲亲也，敬大臣也，体群臣也，子庶民也，来百工也，柔远人也，怀诸侯也。修身则道立，尊贤则不惑，亲亲则诸父昆弟不怨，敬大臣则不眩，体群臣则士之报礼重，子庶民则百姓劝，来百工则财用足，柔远人则四方归之，怀诸侯则天下畏之。"① 自此以降，一方面，为儒学这一家学说上升成为当时社会占统治地位的普遍文化价值和道德原则提供了制度保障；另一方面，为儒学这种原本极具个体性、地域性的思想理念传播普及全体民众并最终实现社会化奠定了政治和文化基础。② 数千年以来，中华大地上生生不息的各民族经过不断辗转迁徙、杂居通婚，间以不同形式的往来交流、征伐兼并，在文化习性方面互相学习，在生活血统方面交汇融合，最终积淀形成了你中有我、我中有你的中华民族共同的文化基因和心理特征。

家训必有源，有家才有训。作为人类社会特有的文化现象，家训的存续是以家庭的产生为前提的；家训的功能和意义，除了训育后生和整齐门内，还在于通过家庭尊长的日常施教和言行规范，致力于建立维护其时通行的家庭和社会差等秩序。在生产力极其低下的原始社会，虽然存在部落幼小跟随成年长辈学习必要的生存和社会交往知识的成长过程，而且不同部族之间还存在着明显的生活偏好、独特的生存技能、族众性情差别和不同的育儿方法等，但由于相对稳定的家族关系以及维持家庭利益的制度尚未建立，家训所需

---

① 《礼记·中庸》。
② 符得团：《论儒家思想的社会化》，《甘肃社会科学》2010 年第 4 期，第 115—118 页。

的相对稳定的差等家族血缘关系以及人们生活交往和育人的社会环境尚未建立，因而不是真正意义上的家训，氏族部落内普遍日复一日进行着的生存训练，更多的目标指向是为了满足族人生存所需的技能传习而已。

人类学和社会学研究结果表明，我国具有相对独立和完整意义上的家庭是父权制家庭，因为在父权制家庭里才开始有了"君臣上下之义，父子兄弟之礼，夫妇匹配之合"①。根据徐少锦、陈延斌的《中国家训史》研究，这种父权制家庭产生于古老的黄帝时期，从此也有了比较正式的家庭教育，源远流长的中国传统家训，正是在帝位禅让制度中初现端倪的。② 因为在华夏民族发展的初始阶段，为了保证族群成功延续和发展下去，将皇权传位于谁，用一个什么样的选择标准确定继位者，不仅是禅让制的关键与核心，也是民族大家庭选育后辈的众望之所归。

总之，家训文化是以儒学为主体的社会主流意识形态在家庭教育和家庭（家族）生活实践当中的具体文化体现，是中华优秀传统文化的重要组成部分。历经数千年风雨传承，家训文化不仅表现为一家一族长期持守的不坠家风，固化为各个家庭成员稳定而惯常的行为准则，而且外在地表现为各个家庭（家族）特有的生活风范和每个家庭（家族）成员所具有的文化心理。从文化生成的源头上讲，家训文化作为中华传统文化的重要组成部分，在其形成和发展的漫长历史过程中，必然（实际上是）深受中华民族源头精神的化育和滋养。其中，《周易》作为群经之首和万化之源，更是深刻启

---

① 《经学通论·〈易经〉》。

② 徐少锦、陈延斌：《中国家训史》，陕西人民出版社 2003 年版，第 44—45 页。另，颜师古注《汉书》中之"夫妻之际，王事纲纪，安危之机，圣王所致慎也。昔舜饬正二女，以崇至德；楚庄忍绝丹姬，以成伯功"所引"昔舜饬正二女，以崇至德"典故时，颜师古注曰："《虞书·尧典》云'釐降二女于妫汭，嫔于虞'。谓尧以二女妻舜，观其治家，欲使治国，而舜谨敕正躬以待二女，其德益崇，遂受尧禅也。"（见《汉书·列传·谷永》）通过选贤任能，昭示出家庭教育的决定作用。

迪和全面影响了中国家训文化。从文化生成的社会现实看，作为中国古代社会上层精英与基层民众在培育新人这一思想观念领域达成一致而形成的家训文化，更是深受包括《周易》在内的元典生存智慧的启迪与涵养。"半亩方塘一鉴开，天光云影共徘徊。问渠那得清如许？为有源头活水来。"① 正如宋代著名的理学家朱熹的这一诗句所描写的，数千年来繁盛不衰的中国传统家训以及由此衍生的家训文化，一定是深深植根于中国精深宏富的传统文化之源，并保持着与时俱进和推陈出新。本书权且以《周易》为主要蓝本，以探寻中华家训文化之源。

第二节　家训文化的精神内涵

一　天人合一的世界观

在华夏民族生活的这片中华大地上，孕育出的中华文明，所走的生发路向与西方文化的产生截然不同。中华文化的起源一开始就不存在神赐的所谓伊甸园，而是在混沌的现实中通过探索和创造性实践得来。中国人认识世界、认识自我和感悟人生是法天则地而后获取人间正道：自从盘古开天地，那些轻而清的东西，缓慢上升变成了天；那些重而浊的东西，慢慢下降变成了地；人类要生活在天地之间，就必须法天法地、法自然，依靠自己的双手创造出生存与发展的必备条件，开动脑筋，问天问地问虚灵掌握决定人类命运的生存智慧。这是华夏始祖生存环境所迫，也是中华源头文化生发的物质条件。因为在这个人类赖以生存的自然世界中，我们的祖先要活下来，就得自己动手钻木取火、依靠自己构筑巢穴、需要自己织网捕鱼，也必须通过自己制作耒耜刀耕火种、需要依赖自己的智慧

---

① （宋）朱熹：《千家诗·七言绝句·观书有感》。

去解决生存所面临的一切问题，更需要将先辈积累下的人生经验通过氏族家庭的教育训导一代代传承下去。"天地变化，圣人效之。"① 于是，神话传说与实践探索相得益彰，中国先民在以自己的双手和勤学善思化解各种生存与发展矛盾的同时，还从本源出处的角度，给人类赖以生存的万物世界赋予了人性化存在的意义：盘古这个创造生存环境的人类始祖，担心天地分开后还可能会合在一起而头顶着天、脚蹬着地，最后累得倒下后，以他的身体发肤和气息声音等化生出山川河流、日月星辰、风雨雷电与春夏秋冬，神圣而自然地开启了"天人合一"的世界观。

考察中华文化生发的源头和起点，分明可以看出，中国自古以来不乏智慧贤哲，但从来没有创造和决定一切的万能之神，甚至没有神灵的创造，有的是天地人神的心志感应与默契，反映在人们的精神和认识领域，中国人的所有文化和精神成果都是人类世代实践探索的智慧积淀与道德体悟。与此相适应，中国古代先哲在考察和思考人与外在事物的关系、认识世界认识人类自身时，"观乎天文，以察时变；观乎人文，以化成天下"②。道家学派张陵注疏《道德经》时，解释了老子为何将思想认识的源头概念界定为"道"："有物混成，先天地生，家漠独立不改，周行不殆，可以为天下母。"人所效法的"自然者，与道同号异体。令更相法，皆共法道也，天地广大，常法道以生，况人可不敬道乎！"③ 而且，中国的先哲们在探讨天人互动关系时，没有站在人与天地自然、人与人、人与家国社稷等相依互生关系的对立面，通过认识和改造自然、征服和左右人类社会的革命手段或对抗途径来把握人的本质，而是坚持"上律天时，下袭水土。辟如天地之无不持载，无不覆帱；辟如四

---

① 《周易·系辞上》。
② 《周易·贲·象传》。
③ （汉）张陵著：《老子想尔注》。

时之错行，如日月之代明。万物并育而不相害，道并行而不相悖"①，逐渐形成了反映人与自然、人与社会何以和谐相处的"天人之学"。这是中华文化的启发基点，不承认这一基点，就无法接近真正的中华文化。不承认这一基点，就无法用中国智慧正确回答"我是谁？从哪里来，到哪里去"，就可能在启发心智以教育后代、调适物我关系以安顿人类的灵魂等终极问题上迷失方向。

在认识世界和把握人类自身发展规律的精神探索过程中，中国古代先哲还智慧地创立了偶对平衡的辩证思维方法。以"天地万物之理，无独有对"的对立统一原则，坚持全面客观地考察一切现实问题，而不是片面独断地审视自己周围的世界。老子提出以"万物负阴而抱阳，充气以为和"的偶对理念，通过《易传·系辞》所提倡的"一阴一阳之谓道，继之者善也，成之者性也"的逻辑推延，普遍而深刻地成为中国古代先民认识世界，把握人生发展规律的世界观和方法论，指导中国古代先哲采取"易与天地准，故能弥纶天地之道。仰以观于天文，俯以察于地理，是故知幽明之故。原始反终，故知死生之说"②。然而，"道心惟微"，要认识和把握事物的本质，只有知微才能见著，就周遭世界万象而言，在人微者，在天则显，故圣人知天以尽性；在天微者，往往在人则显，故君子知性以知天。要其显者，在天则因于变合，在人则因于情才。"古者包羲氏之王天下也，仰则观象于天，俯则观法于地……于是始作八卦，以通神明之德，以类万物之情。"③通过掌握太阳变化的周期、月亮变化的周期和北斗星变化的周期，来推延认识其他星宿变化的周期；掌握天地变化与气候变化之间的对应关系、掌握气候变化与万物生长的关系、掌握了气候变化与飞鸟走兽的迁徙运动关

---

① 《礼记·中庸》。
② 《周易·系辞上》。
③ 《周易·系辞下》。

系，"以近知远，以一知万，以微知明……以道论尽"①。中国古代先哲分明掌握了通过天之显以征人之微的认知法门，坚持"人法地，地法天，天法道，道法自然"②的认识理路，以存养省察的真功夫，见微知著，成功地实现了洞见世界和人类发展规律的诚然之实。"中国古老哲学体现在《易》图之中，它以阴阳简明自然的方法表示了所有科学原理。"③采用取象比对和触类旁通的方法论，坚持尚象制器的创造精神，伴以道器并重和力命同源的思想方法，中国智慧便由此生发开来。

　　基于偶对平衡理念和对立统一的辩证思维方法，中国古代先哲为中国人认识世界和把握人生创建起了"和合"思想，对中华传统文化特别是大同社会的构建有着深远的影响，成为中华优秀传统文化讲仁爱、重民本、守诚信、崇正义、尚和合、求大同等核心价值观的重要思想源泉，历来被以家训为主的家庭教育所看重。最早的史书性质著作《尚书》，记述大禹不仅是中国古代的治水英雄和最早的水利学家，还是我国历史上最早的国家政权创建者，自然也是华夏民族大家庭的好家长。他临危受命，治水除患，协和万邦，创建了中国历史上第一个和谐安定的奴隶制统一国家政权，功比天高，大禹也被千古传颂。其时的万邦，就是别姓氏族，是人口多少不等的大家庭。协和万邦，便是和合家庭、和谐氏族与家族。中国古代信史《史记》，记述"造父幸于周缪王。造父取骥之乘匹，与桃林、盗骊、骅骝、绿耳，献之缪王。缪王使造父御，西巡狩，见西王母，乐之忘归"④。虽然，古代王者巡狩，实际为防止诸侯自专一国，威福由己，担心各诸侯君王拥遏皇帝敕命，使朝廷的恩泽不

---

① 《荀子·非相》。
② 《道德经·第 25 章》。
③ 胡阳、李长铎：《莱布尼茨二进制与伏羲八卦图》，生活·读书·新知三联书店 2006 年版，第 2 页。
④ 《史记·世家·赵》。

能下流惠及民众百姓，所以帝王巡行问人疾苦，以整齐制度，和谐万邦。实际上，《史记》讲述周穆王西巡以和合万邦的历史故事，发生地点大约止于今天甘肃东部泾川县的回山。这一古老的事件，如果从文化建构的角度看，反映了周穆王与西戎部落重归于好，并非缘于周朝初年多次西征讨伐西戎，而是周穆王与西戎女酋长以礼相见、守职有度，最终使西部冲突动荡的氏族部落和众多家庭得以安定下来，也促进了其时各氏族部落得以友好往来，故而被传为历史佳话。不仅如此，据《穆天子传》和《竹书纪年》记载，周穆王西巡以和睦天下，走的路途更长（直至昆仑山）、涉及的氏族部落更多、获得拥护实现安定团结的范围更广：相传周朝的第五代皇帝周穆王，在其执政期间由造父驾八骏到昆仑山地区会见西王母，虽然故事有明显的神话传说色彩，但是，通过《史记》和《山海经》《竹书纪年》等元典文献佐证，以及后世的文字记述，不仅符合史前的民族迁移实际，而且在一定意义上反映着历史的真实脉络。周穆王西巡的目的之一，就是要联络远方的氏族部落，通过与周边的西戎、俨犹等氏族首领会面与和谈，实现与周围邻居的和睦相处，这便是自古以来和睦邻里最有效的明证。由于西地特别是渭河上游一带，其时生活的都是后稷的后代，出于同祖同宗的血缘关系，都有和睦相处的意愿，因而周穆王一路上很受拥戴和欢迎，成功地开启了西部各民族和睦相处、合舟共济的和谐发展局面，也实现了和合族众、敦睦人伦的家训目的。从国家治理的角度看，周穆王是以实际行动向世人传递出追求和崇尚和谐的人文价值观念，不仅促进了不同部族的融合团结，为中国大一统的疆域版图和治国方略提供了雏形，也为中华各民族的统一团结打下了源头性基础，开启了中国古代数千年家国同构、主权统一与各部族融合共存共荣的历史进程。

与大一统主权和家国同构的政治体制演进路向不同，中华文化的产生与发展奇迹般地走出了一条"百家争鸣、百花齐放"的繁荣共生之路。中华优秀传统文化的集大成者、阐发华夏民族集体智慧的中国先哲孔子，在对待文化传承方面积极倡导"和而不同"，不强求各种文化不论在内容上还是形式上的相同与一致，而是承认和张扬各种文化各自具有的不同特色。这一科学原则和明智的主张，到今天为止依然具有十分重要的指导意义，也是中国文化自信的重要体现，只要坚持"和为贵"的原则，采取宽容的态度，坚持和而不同、兼容并包，不仅能够传承和保护已有的文化精髓，启迪和激发国人在文化领域万众创新，而且能够保护和发展当今世界各族人民的文化传统，从而避免世界文化的单一性和趋同化，保持世界多元文化共存共荣。与此相适应，作为中华文化主要源头的儒、释、道三教，在其产生和发展过程中，同样是在竞长争高而又互相涵化；即使在三教各自内部，也一样是派别林立，历经百家争鸣、霞蔚云蒸，通过多维互动、激励勃发，最终积淀形成了独具特色的中华优秀传统文化。

"天人合一"的世界观，并不是一味地从大处着眼。相反，"道心惟微"的认知功夫，往往体现在见微知著方面。观乎天文以察时变，动静参于天地以明事理，观乎人文以化成天下，中国先哲力图"与天地合其德，与日月合其明，与四时合其序，与鬼神合其吉凶。先天下而天弗违，后天而奉天时。天且弗违，而况于人乎？况于鬼神乎？"① 如果说"天人合一"的世界观、自然观为中国人提供了"道法自然"的生存法则，那么，出于敬天尊地的敬畏思想而在家庭乃至在国家中以"孝"② 齐家、治国、平天下，便是自然推延出来的人伦差序原则。因为"敬天"与"尊祖"，在中华文化体系中，是本

---

① 《周易·第一卦乾乾为天乾上乾下》。
② "孝"字最早出现在3300多年前殷墟甲骨文中，由上面一个"老"字，下面一个"子"字组成。后来写时把"老"字的下半部取消了，就是现在的"孝"字。"孝"最基本的寓意是孩子小的时候，父母在上面为孩子遮风挡雨；孩子长大而父母老了时，孩子则在下面背负支撑着父母，这就是孝之本意。"孝"字的形状在甲骨文中酷似树的形状，隐含的意思是追根。可见，老祖宗告诉我们——任何时候都不要忘"根"（本）。

根性的理念。"万物本乎天，人本乎祖""天地者，生之本也。先祖者，类之本也……无天地，恶生？无生祖，恶出？"按照"天人合一"的世界观，中华传统文化中的尊天敬祖观念，便是出自人们所尊的天既是神主、又是先祖这一认识。故而由尊天敬祖理念，推延产生了广泛流布于万千家庭的"孝"这样一个重要而根本性的齐家教子和治国平天下的伦理规范，既明确了家庭和家族血缘关系的延续承继，也礼之以序而规定了尊卑上下和男女长幼关系。

齐家有方的中国古代先哲，坚持"大乐与天地同和，大礼与天地同节"。[①] 胸怀"内圣而外王"的抱负来担当治理天下大任，非常注意修身自重、注重教育和培养子女、注重家风门风建设，非常自觉而自为地走出了修身齐家、治国平天下的人间大道，努力向着大同世界的理想国奋勇前行。也正是基于家国一体的政治构造，中国人非常一致地认同并努力践行《礼记》所设计的社会发展目标："大道之行也，天下为公，选贤与能，讲信修睦。故人不独亲其亲，不独子其子；使老有所终，壮有所用，幼有所长，矜寡孤独废疾者，皆有所养；男有分，女有归；货恶其弃于地也，不必藏于己；力恶其不出于身也，不必为己。是故谋闭而不兴，盗窃乱贼而不作；故外户而不闭，是谓大同。"[②] 两千多年前周礼初创的大同世界目标，所蕴含的人类和睦相处、同舟共济的大同理想，其"天人合一"的世界观与当今共产主义的奋斗目标和理想境界有着惊人的相似之处。"在共产主义社会，它是人与自然界之间、人与人之间的矛盾的真正解决，是存在和本质、对象化和自我确证、自由和必然、个体和类之间的真正的解决。因此，社会是人与自然界完成了的本质的统一，是自然界的真正复活。"[③] 同《礼记》所设想的大同世界一样，实现

① 《礼记·乐记》。

② 《礼记·礼运》。

③ 《马克思恩格斯全集》第 42 卷，人民出版社 1979 年版，第 176 页。

了人与人、人与天地、人与自然万物、人的物质与精神世界的和谐统一。因此，习近平总书记反复强调，要深入挖掘和阐发包括家训文化在内的中华文化的时代价值，以中华优秀传统文化精神涵养人类的世界观、价值观、人生观，意义十分重大。

二　法天则地的生存智慧

一切文化现象和由此而产生的人类活动，无不受制于人的物质和文化生活需求，中华传统文化的优秀特质，更是体现在其围绕人类的生存与发展需要而立意和运思的生存智慧当中。它以奇迹般深刻的直觉思维，在思考人生的根本性问题时，通过"天人合一"的思想将自然、社会和人类自身三者浑然一体，为人们取法天地之道来修身成人、成圣创立了极具本原性质的精神根基。"天人同文，地人同理。"① 如果按照这一精神根基推延开去，便能得出从天文而人文、由天道而人道的法天则地原则。一方面，中国先民认为人与天本来就不是主体与对象的物我对应关系，而是一种部分与整体的从属关系。"天德施，地德化，人德义。天气上，地气下，人气在其间。春生夏长，百物以兴，秋杀冬收，百物以藏。故莫精于气，莫富于地，莫神于天，天地之精所以生物者，莫贵于人。人受命乎天也，故超然有以倚；物疾疾莫能为仁义，唯人独能为仁义；物疾疾莫能偶天地，唯人独能偶天地。"② 在中国先民眼里，天、地、人三材同出于五行之气，而且天还是道德观念和仁义等人类价值原则的本源，所以人心必然具有遵从天道原则即遵从自然法则而践行仁义之良能。因为"人之本于天"，所以，"人之形体，化天数而成；人之血气，化天志而仁；人之德行，化天理而义；人之好恶，化天之暖清；人之喜怒，化天之寒暑；人之受命，化天之四时；人生有

---

① 《鹖冠子·度万》。
② 《春秋繁露·人副天数第五十六》。

喜怒哀乐之答，春秋冬夏之类也"。① 另一方面，人虽然生于天地间，但人毕竟自有其人道原则，需要以人为本建立起社会礼制。而且人为天地所化生，人之守德，天性使然。所以，《礼记》强调："天命之谓性，率性之谓道"，所谓率性，便是循天理而为。人能够遵守道德规范，是其天命本然的秉性，"是故君子戒慎乎其所不睹，恐惧乎其所不闻，莫见乎隐，莫显乎微，故君子慎其独也"。② "这种人生智慧的真谛，是使人们在任何境遇下都能够顺世"，③ 儒、释、道三教交融会通的结果，为中国人构建了一个极具弹性的安身立命基础，让人在得意入仕时，依儒家思想"达则兼济天下"；在其失意遁隐时，能够踞道家"穷则独善其身"；即使有人身陷穷途末路而绝望出世时，也完全可以皈依佛家潜心修身。如此进退相济，刚柔并用，给每个人从终极意义上提供了安顿自己灵魂的中国方案，确保中国人在任何境遇下都能够找到安身立命的根据，而不至于迷失人生方向。

中华优秀传统文化的源头，虽然可以上溯到七八千年前我国早期人类祖先的活动，但具有文字记载且相对系统完备的文化体系，却仅仅成型于二千五百多年前，展现为三皇五帝以来的圣哲治世智慧特别是先秦诸子的争鸣著述当中。其中，位居群经之首的《周易》，④ 便是中国古代先哲思考和把握人类生存与发展问题的过程中所形成的文化经典，反映了中华民族具有源头意义的朴素世界观、

---

① 《春秋繁露·为人者天第四十一》。

② 《礼记·中庸》。

③ 樊浩：《伦理精神的价值生态》，中国社会科学出版社 2001 年版，第 208 页。

④ "易道深矣，人更三圣，世历三古。"（《汉书·艺文志》）人更三圣指的是伏羲创立先天八卦、周文王设立后天八卦并推演六十四卦、孔子作《易传》。《周易》共有三部分内容：一是《周易》古经，包括六十四卦（含卦名、卦辞、爻辞）；二是《易传》，包括《彖传》上下、《象传》上下、《系辞传》上下、《文言传》《说卦传》《序卦传》《杂卦传》共十篇；三是易学（包括研究的人和书、各学科领域运用的全部内容）。《易经》的成书历经数千年，由周文王著述、爻辞由周公（旦）撰写，孔子及其儒家弟子作《易传》十篇，全面阐释《周易》古经，汉武帝"罢黜百家，独尊儒术"，把《周易》列为五经之首，促使《周易》走进了哲学殿堂。

人生观、价值观，是我国古代先民独有的人生智慧，表征着我国古代先民们特有的思维方式和文化心理。诚如孔子所言：虽然"书不尽言，言不尽意。然则圣人之意，其不可见乎？"但是，"圣人立象以尽意，设卦以尽情伪，系辞以尽其言。变而通之以尽利，鼓之舞之以尽神，乾坤其易之缊邪。乾坤成列，而易立乎其中矣。乾坤毁，则无以见易，易不可见，则乾坤或几乎息矣。是故，形而上者谓之道，形而下者谓之器，化而裁之谓之变，推而行之谓之通，举而错之天下之民，谓之事业。是故夫象，圣人有以见天下之赜，而拟诸其形容，象其物宜，是故谓之象。圣人有以见天下之动，而观其会通，以行其典礼，系辞焉以断其吉凶，是故谓之爻。极天下之赜者存乎卦，鼓天下之动者存乎辞，化而裁之存乎变，推而行之存乎通，神而明之，存乎其人，默而成之，不言而信。存乎德行"。①可见，与以古希腊哲学家为代表而建立的西方思想，以及所开启的认识和改造自然、面向自然探寻人怎样在与自然的交互活动中获得自由和价值的运思理路不同，中国古代先哲在思考和探索人生问题时，首先关注人的现实世界，面向人类自身，通过"究天人之际、通古今之变"，来思考和探索人的生存与发展问题，"成一家之言"而参与当时诸多的社会文化思想交融会通，最终生发为中国人独有的生存智慧。同"四书五经"等元典著作一样，《周易》之所以能成为这样一部"设教之书"，是因为"夫《易》，开物成务，冒天下之道，如斯而已者也。是故圣人以通天下之志，以定天下之业，以断天下之疑。……是以明于天之道，而察于民之故，是兴神物，以前民用。圣人以此齐戒，以神明其德夫。是故阖户谓之坤，辟户谓之乾，一阖一辟谓之变，往来不穷谓之通。见乃谓之象，形乃谓之器，制而用之谓之法。利用出

---

① 《周易·系辞上》。

入，民咸用之谓之神"。① 《周易》的功用不仅在于借"神示"开物成务、以"形""象"明天下之道，使人明物理、成就事业，而且，在于穷通内外往来之变，明昭善恶是非，"兴神物"以"前民用"，调教民人利用出入（见图2—2）。

图 2—2

在中华优秀传统文化体系当中，《周易》历来被看作中国传统思想文化的理论根源，被誉为"大道之源"。与西方学统普遍推广和采用的，利用概念界定和通过逻辑推理的认知和思维方法不同，以《周易》的创立者为代表的中国先哲所展现的思想进路，是利用"观物取象"的形象思维方法，甚至仅仅通过阴阳两种符号的组合与变化，计算推定事物的发展变化趋势与结果，"形""象"地展现世间万物的本质联系，象征性地揭示天地万物的发展变化规律。

---

① 《周易·系辞上》。

《周易》所思考和关注的文化内容极其丰富，对中国几千年来的政治、经济、文化等各个领域都产生着极其深刻的影响，它以普遍联系和对立统一的辩证方法，超然地对事物的发展变化、特别是对决定和影响人类命运的客观现象进行预判，以"神示"的形式指导人们趋利避害、逢凶化吉、从善如流。《周易》道统相信阴阳对应、刚柔相济，启迪人类要自强不息、厚德载物。时光荏苒，经过"世历三古、人更三圣"，中国古代儒家思想的创始人、万世师表孔子在伏羲创立先天八卦、周文王推演后天六十四卦的基础上，见当时之人或惑于吉凶祸福，或困于卜筮之士穿凿附会，故而演易系辞，明义理而切人事，借卜筮以教后人。但不管从哪个角度讲，不论是孔子作《易传》，还是其后"孔子不仕，退而修诗书礼乐"，[①] 其所取得的历史性成就，本质上还是继承和推演伏羲初创八卦之智慧义理，兼三才而两之，直面人生，反观历史，始终立足于调节人与人、人与家庭、人与社会、人与天地万物的相互关系来思考和把握人生问题。"夫《六经》皆学也，皆道也，何独《春秋》哉！夫子

---

① 《史记·世家·孔子》。孔子的"删述"之功，与今人的"古籍整理"相像，从众多前辈的评价当中，学界认为孔子"删述六经"最大的可能，应该是对当时流传的各种典籍版本进行考订和辨析，最终删繁述略、选取最符合中华民族元典精神的古籍加以整理和校订，最终成型为一套精妙绝伦的通行正本。可以肯定的是，孔子的这一"删述"行为除了向世人呈现他个人的政治文化思想和学术抱负外，与其善为人师的传道授业需求相关。从本质上讲，孔子删述六经是一项去粗取精、造就善本的壮举。为此，清初儒家思想的集大成者、颜李学派创始人颜元（1635—1704 年），在其《存学编·卷三》中"评性理"指出："言论风旨之所传，政教条令之所布，皆可为世法。而其'考诸先圣而不谬，建诸天地而不悖，百世以俟圣人而不惑'者，则以订正群书，立为准则，使学者有所依据循守以入尧、舜之道，此其勋烈之尤彰明盛大者。"对孔子删述六经给予了高度评价，也反映了古代学者对此事的客观态度："……夫朱子所以尽力于此与当时后世所以笃服于此者，皆以孔子删述故也。不知孔子是学成内圣外王之德，教成一班治世之材，鲁人不能用，又不能荐之周天子，乃出而周游，周游是学教后不得已处；及将老而道不行，乃归鲁删述以传世，删述又周游后不得已处。战国说客，置学教而学周游，是不知孔子之周游为孔子之不得已也。宋儒又置学教及行道当时，而自幼壮即学删述，教弟子亦不过是，虽讲究礼乐，亦只欲著书垂世，不是欲于吾身亲见之，是又不知孔子之删述为孔子之尤不得已也。况孔子之删述，是删去繁乱而仅取足以明道，正恐后人驰逐虚繁，失其实际也。宋儒乃多为注解，递相增益，不几决孔子之堤防而导泛滥之流乎！此书之所以益盛而道之所以益衰也。"（《颜元集·存学编·性理评》）

晚年删述《六经》，以宪万世，皆圣志之所存也。"① 孔子晚年结束游学，返回鲁国，专心整理其时社会上流传的图书典籍，创立了儒家学说，奠定了中华优秀传统文化的基础框架，也奠定了以儒家思想为中华优秀传统文化主脉的崇高地位。司马迁在《史记·孔子世家》赞孔子其人，足见其对孔子删定三坟、五典之书、确立仁义礼智道德思想、立教万世师表的敬仰和尊崇，"诗有之：'高山仰止，景行行止。'虽不能至，然心向往之。余读孔氏书，想见其为人。适鲁，观仲尼庙堂车服礼器，诸生以时习礼其家，余只回留之不能去云。天下君王至于贤人众矣，当时则荣，没则已焉。孔子布衣，传十余世，学者宗之。自天子王侯，中国言六艺者折中于夫子，可谓至圣矣！"② 自此以降，儒家者流"游于六经之中，留意于仁义之际，祖述尧舜，宪章文武，宗师仲尼，以重其言，于道为最高"。③ 孔子提出的儒家思想，同中华民族形成和发展过程中所产生的各种文化一道，反映了中华民族的精神追求。在上下五千多年的文明史上，中华民族之所以能够历经磨难而不覆、遇衰而复振，根脉传承至今，并能够获得发展壮大，与对包括易道精神在内的传统人生智慧的把握并做到了与时俱进息息相关。所以，《周易》等元典所蕴含的人生哲理，不仅为中国精英文化提供了活水源头，而且对以家训为代表的中国民间文化有着深远的影响；不仅对中国发展产生了深刻影响，而且对人类文明进步做出了重大贡献。

三　以人为本的人学道统思想

以人为本、坚持以人为中心看待一切，是中华传统文化始终围

① 《东谷赘言·卷下》。
② 《史记卷四七·世家第一七·孔子》。
③ 《汉书·艺术志·诸子略》。

绕人而展开运思的哲学核心与思想基础，也是有着敏妙思维和自然辨析能力的中国人，所独有的感悟人生和圆融通达思辨方法的出发点和归宿。以人为本，在中华文化领域，表现为一切思想和灵感均以人为中心来展开，始终围绕人来做文章。

> 故人者，天地之心也，五行之端也。食味、别声、被色，而生者也。故圣人作则，必以天地为本、以阴阳为端、以四时为柄、以日星为纪。月以为量，鬼神以为徒，五行以为质，礼义以为器，人情以为田，四灵以为畜。以天地为本，故物可举也；以阴阳为端，故情可睹也；以四时为柄，故事可劝也；以日星为纪，故事可列也。月以为量，故功有艺也；鬼神以为徒，故事有守也；五行以为质，故事可复也；礼义以为器，故事行有考也；人情以为田，故人以为奥也；四灵以为畜，故饮食有由也。……故人者，其天地之德、阴阳之交、鬼神之会、五行之秀气也。①

可见，中国先民们在探索和思考人的本质时，总是以万物为我所用的地球村主人公气概，自然而习惯于通过观乎天文比类人事，采用取譬设喻揭示生活现实的直觉感悟，通过观察周遭世界和把握自然变化规律来揭示人的本质与人生运道。

在现实生活领域，中国人惯常地持守凡事以人为主、以人为贵、以人为重。中国先民们直觉而不失理性地认为"水火有气而无生，草木有生而无知，禽兽有知而无义，人有气、有生、有知，亦且有义，故最为天下贵也"。② 这一认识，不仅使人明了"亲亲、尊尊、长长，男女之有别，人道之大者也"的根本原因，

---

① 《礼记·礼运》。
② 《荀子·王制篇第九》。

而且能够指导人们在生活中自觉做到"夫妇、父子、兄弟，各得其所"。如此而极人道，虽然无为无形，但在中国先民们的世界观和人生观当中，要做到以人为本，就要坚持内以修身、外以理人的成人目标。因为理人和修身都有赖于人们自觉遵守一定社会中要求人应当遵循的道德规范，所以君臣有道则忠惠、父子有道即慈孝、士庶有道即更相亲爱，为人有道即和同，无道即背离；有道者虽疏远而必和同，无道者虽亲近而必背离，道周流万物，故无不宜也。

在政治制度的安排与社会治理领域，中国人提出的以人为本的人学思想，不仅在于体现"亲亲、尊尊、长长、男女有别"差等秩序，而且这一有道精神反映在政治制度的安排与社会治理等公共活动领域，则是仁政思想和德政制度的确立，表现为如何看待统治者皇帝与人民大众、国家社稷的地位与关系问题。对此，孟子明确提出"民为贵，社稷次之，君为轻"的思想。孟子认为国家本来就是以民为本的社会存在集合体，社稷自然也是为民而立，国君的尊严与功德系于国家或社稷的存亡，因而孰轻孰重自当清楚。这一进步民本理念，在皇权至上和家国天下思想充斥着人们的头脑的古代封建社会，自然不是哗众取宠和凭空臆断，而是有着深厚的以人为中心的民本思想基础。

以人为本的人学思想，在家庭或家族领域，毋庸置疑得到了最为彻底而实实在在的体现，其中为子孙儿女计从长远所做的家训，则更加突出地反映着这一重要思想。因为家庭作为社会最基本的组成单位，是以夫妻、亲子女等血缘关系为纽带和基础构建而成的最小社会生活共同体。而且，家庭并不是伴随着人类的产生就组建起来的，相反，作为人类文明程度的象征，家庭是原始社会发展到一定阶段后才出现的。"昔太古尝无君矣，其民聚生群处，知母不知父，无亲戚兄弟夫妻男女之别，无上下长幼之道，无进退揖让之礼，无衣服履带宫室畜积之便，无器械舟车城郭险阻之备。"① 其时，"未有君臣上下之别，未有夫妇妃匹之合，兽处群居，以力相征"②。原始人群处杂婚，不媒不聘，人类没有完全从动物界分化出来，还没有家庭。历史上出现的小家庭基于原始社会末期出现的父家长制的建立，一般是指夫妻及其双亲和子女二、三代人共同组成的数口之家。大家庭一股则指从兄弟、再从兄弟共财合爨的三四代以上同居的家族，它实际上是以小家庭为基础的同一个男性祖先的子孙所组成，这些子孙事实上虽然已经分居异财而成了许多小家庭，但是还能世代相聚生活在一起，并遵照既定的家族长幼伦序规范，以血缘关系为纽带结合成为一种自组织社会共同体。显然，在这个社会的最基本组成单位中，人无疑是最为重要的成分，也是最为重要的资源，古今中外，概莫能外。世间有三材，天地间人为贵；众人千千万，唯有家人亲。"有天地，然后有万物；有万物，然后有男女；有男女，然后有夫妇；有夫妇，然后有父子；有父子，然后有君臣；有君臣，然后有上下；有上下，然后礼义有所错。夫妇之道，不可以不久也，故受之以恒，恒者久也。物不可以久居其所，故受之以遁，遁者退也。物不可以终遁，故受之以大壮，物不可以终壮，故受之以晋，晋者进也，进必有所伤，故受之以明夷，夷者伤也。伤于外者必反于家，故受之以家人。"③ 周易序卦开篇之言，从大处着眼，由远及近、由外及里，环环相扣、层层递进，始终围绕人特别是家人包裹而来，充分体现了对家人以及由家人而产生的各种家庭和社会人伦关系的重视。

因此，以《周易》为代表的中国传统元典文化，在人类文明的起源精神方面，始终着眼于以人为中心预设起点和逻辑推延人学

---

① 《吕氏春秋·恃君》。

② 《管子·君臣》。

③ 《周易·序卦》。

"易之道"。周易系辞下篇对《周易》的内容和兴盛成书历史这样描述："易之为书也，广大悉备。有天道焉，有人道焉，有地道焉，兼三才而两之。故六六者，非它也，三材之道也。道有变动，故曰爻；爻有等，故曰物；物相杂，故曰文；文不当，故吉凶生焉。易之兴也，其当殷之末世，周之盛德邪，当文王与纣之事邪。是故其辞危，危者使平，易者使倾，其道甚大，百物不废，惧以终始，其要无咎，此之谓易之道也。"①《周易》的创作目的，表面上看，似乎在于形象化地掌握和反映事物发展变化规律的世界"易之道"；其实，根本目标在于以人为中心而探寻人学道统思想。"昔者圣人之作易也，将以顺性命之理。是以立天之道曰阴与阳，立地之道曰柔与刚，立人之道曰仁与义。兼三才而两之，故易六画而成卦。"②与此相一致，《周易·序卦》在揭示万物之源时，将目光直指人类的生存与发展之道："昔者圣人之作易也，幽赞于神明而生蓍，参天两地而倚数，观变于阴阳而立卦，发挥于刚柔而生爻，和顺于道德而理于义，穷理尽性以至于命。"③ 与中国人由近及远、推己及人，由内而外、推物及理的运思理路相一致，《周易》思考和探索人生的智慧，虽然开篇从天地万物讲起，从阴阳化生推延开来，但无不是围绕着人来展开的，所谓"一阴一阳之谓道。继之者善也，成之者性也，仁者见之谓之仁，知者见之谓之知，百姓日用而不知"④。譬如，老子通过考察"象、物、精、信"等浑然天成的宇宙万物的本体，非常智慧地提出了"先天地生"的"道"，此"道，可道，非常道"。⑤ 老子所谓道，乃变动不定，周流不已，既不存在永久不变之道，也没有永久不变之名。人们以此道心处世，

① 《周易·系辞下》。
② 《周易·说卦》。
③ 同上。
④ 《周易·系辞上》。
⑤ 《老子·道经》。

则无常心，而应当"以百姓之心为心"，从而指导人们冷静而睿智地把握宇宙人生的本质与规律。可见，以《周易》为代表的中国元典，其成书最重要的旨归，分明在于从立言者自己的身边着眼，从人性本位逐渐向外推延开去，兼三才而两之，分析天地化生而来的一个个男女，如何成功而长久地生活于天地之间，中华文化的意趣焦点和思想中心无不在于关注人道，由家及国推延思考人生智慧。所以，在官方正式的学校教育相对贫乏的古代社会，众多先民们自觉地选择了制作家训，在家教育子孙后代如何做一个明于人道的君子，帮助其成长为能够被大众接纳的社会人。与此相适应，中华传统文化教以成人的精神核心，主要集中在儒家构建起的如何通过提高个人修为和如何正确处理人际关系的仁学体系当中，以家训为标志的家庭教育，更是秉持"质胜文则野，文胜质则史，文质彬彬，然后君子"的"为人之学"，致力于唤醒和找回每个人内心的道德良知良能，成功地走出了一条道德人格内外兼修的育民新人之路。

以《周易》为代表的中华优秀传统文化元典，通过挖掘和提炼人类源头精神内涵，承载着中华民族自古以来在人生奋斗历程中通过敏锐的观察和理性的思考而创造的文化成果，说明中华优秀传统文化不仅早已成为中国人的精神标签，也成为文化传承和培育新人的人学道统思想。通俗地讲，这一培育新人的道就是人们常说的道理，学就是常人理解的学问。凡事有道理，有人格物致知便可以有学问。然而，成功致学的关键问题是，不能者待学而能，不知者待学而知，诚如此才能称得上道学相通。如果在史前早期的鸿蒙之世，人们茹毛饮血，尚未形成关于人我存在及相互关系的认识，其时甚至尚无道理可言，则很难有学问之名与问学之功。自伏羲画八卦开始，人类才有了刻画记事的文字符号，才能探究天地之精微，洞察人事之变化，自那时起学问渐兴，文化得以积淀传承。诗经有言："不愆不忘，率由旧章。"相传"黄帝学乎大坟，颛顼学乎禄图，帝喾学乎赤松子，尧学乎务成子附，舜学乎尹寿，禹学乎西王国，汤学乎贷乎相，文王学乎锡畴子斯，武王学乎太公，周公学乎虢叔，仲尼学乎老聃。此十一圣人，未遭此师，则功业不能著乎天下，名号不能传乎后世者也"①。据此史料所载，上古时期如此贤能有名的帝王圣哲，纵然天资聪颖，但囿于人生的道理无穷，尚不敢狂妄自足，必须借助于师长的讲授排解，因而才成就了中国传统道学的师承渊源，也开启了文化传承的人文生活，启迪后来者"勤学之、慎思之、明辨之、笃行之"，以此明于自然之道而切要人文伦常。孟子在注疏天道四条时，认为道在天地表现为气化流行、生生不息，是谓天道；道在人间则关涉生生所有事，亦如气化之不可已，是谓人道。② 对于《周易》所言一阴一阳变幻化生规律，反映在人类进化发展与文明演化结果当中，则表现为继之者善、成之者性的人类进化发展成就与智慧。可见，周"易之道"，重在阐发缘于天道以有人物的人学道统思想，正如《大戴礼记》所言，"分于道谓之命，形于一谓之性"。侧重于讲人物分于天道，《中庸》所言，"天命之谓性，率性之谓道，修道之谓教"。指的是日用事为，均由天命之人性决定，无非本于天道一理。而由此延展出的君臣、父子、夫妇、昆弟、朋友之交等社会交往与相互关系，是人生当行之天下达道，内修和参悟人生之道便是新民教育的当然通途，也是中华传统家训文化倾心关注和始终思考的核心所在。

《周易》为代表的中华优秀传统元典文化，在思考和探索人生问题时，主要围绕家庭人伦关系而展开。人类的一切文明成果，均源自于人的社会实践活动。由于受人的社会性本质特征所决定，人类文明在揭示人生规律时，如果抛开无差别的单个人所共同具有的生物属性，西方哲学主张从人的生产实践出发，将人当作生产力

---

① 《韩诗外传·卷五》。
② 《孟子字义疏证·天道四条》。

（人是生产力诸要素中最具活力的因素）工具要素，坚持有什么样的生产力，就有什么样的生产关系，也正是在这个意义上，马克思在《关于费尔巴哈的提纲》中指出："人的本质并不是单个人所固有的抽象物。在其现实性上，它是一切社会关系的总和。"① 中国哲学在揭示人生规律时，则着眼于人的社会生活实践，从家庭人伦关系，从人与人、人与家庭和人与社会的关系视角来揭示人的本质，殊途同归，与西方文明同时走出了一条通过人所生活和存续的各种社会生活关系来正确把握人之本质的认识理路。例如，《周易》开篇在思考和探索人生问题时，分明指向人的社会关系属性加以阐释："有天地，然后有万物；有万物，然后有男女；有男女，然后有夫妇；有夫妇，然后有父子；有父子，然后有君臣；有君臣，然后有上下；有上下，然后礼义有所错。"② 与《圣经》言说的亚当与夏娃因男女关系被逐出天堂这一乐园受尽苦罪之说相反，以《周易》为代表的儒家经典不仅关注人生，肯定男女交欢的物质生存实际，更重要的是以此为出发点来确定人间秩序，成为男女夫妇、父子长幼、君臣上下等伦序的由来。同早期人类社会的生产生活实际相一致，在中国上古时代早期，"家庭起初是唯一的社会关系，后来，当需要的增长产生了新的社会关系，而人口的增多又产生了新的需要的时候，家庭便成为从属的关系了"③。随着以家庭为本位的农业经济日趋稳定和发展，家庭对于农业经济特别是自给自足农业经济发展的决定性作用、对社会祥和稳定的维护作用，以及对国家长治久安的基础性功能日益突出，家国一体、家和万事兴、家固国宁的认识理念自然也不断深入人心。所以，夫妇作为人类进入文明社会特别是父权制社会后，由生物属性的男女关系转向具有社会意

---

① 《马克思恩格斯选集》第 1 卷，人民出版社 1995 年版，第 56 页。
② 《周易·序卦》。
③ 《马克思恩格斯全集》第 3 卷，人民出版社 1975 年版，第 32 页。

义的夫妻关系，不仅仅宣告了家庭的产生及其成员身份的既定，而且更重要的在于确立起了父父、子子、兄兄、弟弟、夫夫、妇妇及其他家人的社会伦理与生活实践关系。《周易》的肇始者明于"道生一，一生二，二生三，三生万物。万物负阴而抱阳，冲气以为和"① 的阴阳偶对平衡规律，从最普遍的男女夫妇关系推延及于确立家庭、家族尊卑长幼乃至一国之内君臣上下的社会关系后，"礼义有所措"的必然结果便表现为以制度文化的方式，确立和规范人与人之间的社会伦序关系。在上古这个不断吞并、毁灭、重组、融合千万氏族、部落和古城多国的年代，社会日益扩大、地域日益开拓、人口日益众多、结构日益复杂、统治秩序日益需要系统化和体制化的暴力权威来维系。这种暴力权威的统治秩序和体系，也就是所谓"黄帝尧舜垂衣裳而天下治"② ……人们的衣食住行、社会生活得到了秩序的规范和规范的秩序。"故易者，所以继天地，理人伦而明王道。是故八卦以建，五气以立，五常以之行。象法乾坤，顺阴阳，以正君臣父子夫妇之义。……夫八卦之变，象感在人。文王因性情之宜，为之节文。"③ 正如人类进化的历史轨迹，从最初的男女自然关系，到建立家庭夫妇关系，从母系氏族文化，到父权制家庭文明，随着人类的不断繁衍，以及人类社会关系的日趋复杂，首先需要调节包括多子女大家庭（家族）中存在的各种人伦关系。因此，一方面需要纵向伦理的孝道，另一方面需要调整横向伦理的友悌，只有父慈子孝、兄友弟恭、纵横交错、各由所序，才有可能做到家道兴盛、万事顺达。

与《周易》为代表的中国早期文化著作相一致，在文化和教育事业均十分欠缺的中国古代，即便是天朝官府设立的庠序学校，主

---

① 《老子·德经》（唐易州龙兴观道德经碑本）。
② 李泽厚：《论中华文化的源头符号》，《原道》2006 年第 6 期，第 145—157 页。
③ 《孔子集语·六艺四上》。见（宋）薛据撰《孔子集语》（两江总督采进本）。

要任务也在于教以人伦："庠者，养也；校者，教也；序者，射也。夏曰校，殷曰序，周曰庠，学则三代共之，皆所以明人伦也。人伦明于上，小民亲于下。有王者起，必来取法，是为王者师也。"① 在广袤的农村地区，文化和教育事业更加缺乏。但是，教会每一个人基本的生存知识和训育出合乎时代要求的德性人格，确保其能顺利融入大众，成为中国古代社会留给以家训为主要形式的家庭教育的重大任务。受官学"明人伦"教育思想的影响，某一特定时代的家训及其文化中，关于教什么的问题似乎迎刃而解，关于怎么教的问题，《周易》给出的具有肇始意义的推延理路，照样是从明确和调节家庭人伦关系着眼，从推延超出家庭的社会关系角度展开和规范设计方案的。因为古代中国的家是小小国，国拥千万家，"男女有别，然后父子亲；父子亲，然后义生；义生，然后礼作；礼作，然后万物安"②。超出家庭之外，夫妇有别则父子亲，父子身修则家齐；父子亲推延及于君臣上下则生敬，君臣敬则朝廷正而国治，朝廷正国家治则王化成。所以《礼记·中庸》篇对教化育民的途径以及教育的功用提出了比较经典的论述："天命之谓性，率性之谓道，修道之谓教。道也者，不可须臾离也，可离非道也。……喜怒哀乐之未发谓之中，发而皆中节谓之和。中也者，天下之大本也；和也者，天下之达道也。致中和，天地位焉，万物育焉。"③ 因为人作为天地阴阳五行化生万物之精灵，如果能够各循其性这个人之自然禀赋行事，则其日用事物和言行身动，莫不各有当行之路、当遵之序、当行之道。可是，对不同的人而言，往往性道虽同，而气禀天赋或有差异，故不能克服过犹不及之差。正因如此，则有聪明睿智者担当使命而出，著书立说并致力于教民修道，按照不同人物之所

① 《孟子·滕文公章句上》。
② 《礼记·郊特牲》。
③ 《礼记·中庸》。

当行者而品节诱导，并以之为法于天下之通行法则，一如礼、乐、刑、政对中国先民的教化范导，设私塾建学馆立杏坛，主要面向自己的后辈子孙而施教于家。因此，产生于一家之内的治家教子家训、奉行于一家一族的家法族规，以及通行于一国家帮的训俗新民礼制，无一例外均天然地遵循和一以贯之地围绕人伦关系，施教于家而成教于国，这是古代数千年家训历史的真实写照，也是中华传统家训文化的生活样法。

四　以文化人的教育理念

对文化最直观的表述，一方面文是知识的结构性积累；另一方面，化则是教化育人。从文化的产生和起源来看，文化在汉语语境当中实际是"人文教化"的简称。从文化的实践意义讲，文化的前提是有"人"才有文化，也就是讲文化是针对和讨论人类的专属语。从文化的语词结构分析，"文"的基础和工具是"人文教化"，包括语言或文字；"化"则是这个词的真正重心所在。从词性角度分析，作为名词的"教化"是人类精神活动和物质活动的共同规范，亦即在人类的精神活动和物质活动的对象化成果中得到体现的稳定的心理倾向和行为规范；作为动词的"教化"是实现这些共同规范和心理倾向产生、积累、传承，以及得到受教者自觉认同的过程和手段。显然，文化或"以文化人"是一个实践过程，培育新人的文化价值就在这个进程中并通过教育者授受双方的互动得以实现。"王者设三教何？承衰救弊，欲民反正道也。教者，何谓也？教者，效也。上为之，下效之，民有质朴，不教而成。"[1] 在中国元典文化理念当中，"先王见教之可以化民也，是故先之以博爱，而民莫遗其亲；陈之以德义，而民兴行；先之以敬让，而民不争；导

---

① 《白虎通义·卷七》。

之以礼乐，而民和睦；示之以好恶，而民知禁。诗云：'赫赫师尹，民具尔瞻'"。① 教以化民，既是王者和圣哲的使命，也是施教者的赫赫荣光！当然，教以化民包括着家庭、家族内部尊长辈的家训教导与熏化（如图2—3）。

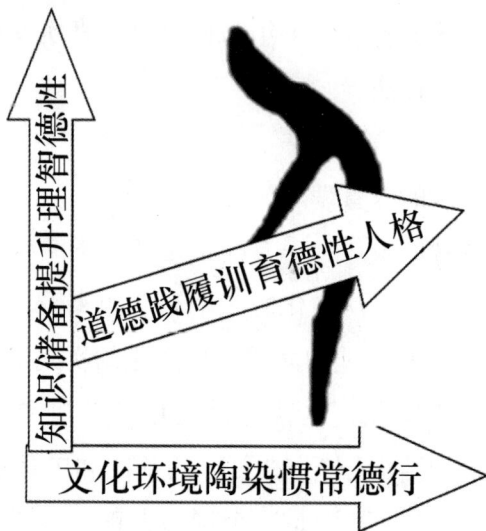

图2—3　人格养成三维

　　文化的现实性，表现为一定社会以文化人的生活样法。一般而言，文化不是实现，而是精神象征，文化现象最终以物理世界的形式存在来呈现文明。作为结果，以文化人便是通过学以成人和教以成人的化民成俗功夫反映这一文化存在的。同样，立意治家教子和整齐门内的家训，也是以流行于日常的家训教戒活动来表现成人的过程和结果的。在中国人的认识当中，人乃"天生之，地载之，圣人教之"。② 而且，将没有很好地接受教育或缺少良好教育的人嗤以

① 《孝经·三才章第七》。
② 《春秋繁露·为人者天第四十一》。

"少教"之徒，为共同规范所不容，也为社会所排斥而不入流。所以，孔子曰："入其国，其教可知也。其为人也，温柔敦厚，诗教也；疏通知远，书教也；广博易良，乐教也；絜静精微，易教也；恭俭庄敬，礼教也；属辞比事，春秋教也。故诗之失愚，书之失诬，乐之失奢，易之失贼，礼之失烦，春秋之失乱。其为人也，温柔敦厚而不愚，则深于诗者也；疏通知远而不诬，则深于书者也；广博易良而不奢，则深于乐者也；絜静精微而不贼，则深于易者也；恭俭庄敬而不烦，则深于礼者也；属辞比事而不乱，则深于春秋者也。"① 以文化人的教育理念，在此利用诗、书、礼、乐、易和春秋之教的有无，具体化为人之外在表现与内在德性。不仅如此，荀子提出"国将兴，必贵师而重傅；贵师而重傅，则法度存。国将衰，必贱师而轻傅；贱师而轻傅，则人有快；人有快则法度坏"②。在荀子看来，除了教书育人外，当老师的人还可以通过施教这一中介参与国家的治理，如果一个人无师无法而知，则必为盗，勇则必为贼，能则必为乱，才思敏锐则必为怪，能言善辩则必为诞。说明人有师可效法，实在是人之大宝也；无师可效法，乃人之大殃也。所以《诗经》有言："尔之教矣，欲民斯效。"③《论语》讲："以不教民战，是谓弃之。"④ 以文化人，欲民效法。作为缺乏教育培植的极端，如果组织不教之民参加战争，则必有败亡之祸，结果是置其民于死地也。

现代人类学和文化社会学理论认为，人创造了文化；同样，文化也创造了人。因此，文化的实质性含义是"人化"或"人类化"，是人类主体通过社会实践活动，主动或被动地适应、利用、改造外在自然客体而逐步实现自身能力和内在价值的过程。这一

---

① 《礼记·经解》。
② 《荀子·大略第二十七》。
③ 《白虎通义·卷七》。
④ 《论语·子路第十三》。

过程性成果，既反映在人的自然面貌、身体形态、实践功能的不断进步与提升上，也反映在人类个体与群体素质包括生理与心理素质、生活技艺与道德修养，以及言行自律与规范律人能力的不断提高和完善上。凡是超越人之动物本能特性，通过人类自身有意识地主动作用于自然和社会，从而发现并积累传承下来的一切实践活动及其经验结果，都属于文化范畴。由此可见，"自然的人化"更多是人文教化。因为文化是学习和探索得来的，并不是通过遗传而天生具有的。而且，生理的满足方式是由文化决定的，每种文化决定这些需求如何得到满足。这正是文化塑造人的功用所在，人一出生，就处在特定的文化背景中，必须直面该时该地文化状况，完全受该时该地文化的熏陶，该文化氛围中普遍流行的世界观、价值观、人生观，具体化为日常生活中无处不在的家庭（家族）伦理观、特定自然环境的区域生活方式、既有的抑或传统的社会组织体系等言行规范和价值选择，一刻也不会缺失且一以贯之地向人们植入和渗透，也深刻而持久地影响着人们的物质生产生活方式和思想精神面貌。作为时代的宠儿，立意放眼四海而立身、立言、立德的贤哲，也无一例外必然要受文化发展的时代性和民族性制约，但重要的是，通过这些寻求自身解放而施教于家、成教于国的先贤大德的不懈努力，为中华传统文化的发展尤其是家训文化的繁盛提供了传承动力。

以《周易》为代表的中华优秀传统元典文化，其内在而强烈的以文化人价值追求，通过修身齐家思想为家训及其文化积淀确立了教育目标。一般来讲，在中华优秀传统文化视域当中，"修身"所关注的是个体品德修养，"齐家"则重在和合家庭（家族）成员关系。个人修养的提高，不仅仅为了提升自我道德存在价值、强化个人参与家庭、家族事务乃至治国平天下等社会公共活动能力，更重要的是有利于协调个体与他人、个人与家庭、个人与社会之间的关系，以及家庭、家族、村落社区、邦国社稷之间的生存发展与竞争协作关系；整齐门内，则主要表现为通过确定家庭（家族）成员身份、地位和作用，划分管理权、话语权、财产处分权、行为处罚权等影响力，明确和维护一家一族之内各成员相互间的伦序关系，实现家庭（家族）乃至整个邦国社会各成员、各单位、各组织、各层级力量的秩然和谐，为天下社稷的整体和平稳定奠定坚实基础，为齐家治国提供最基本、深层次的条件保障。这是中国家训文化最主要的精神内涵。

伏羲为什么要作易画八卦，他画的八卦到底有什么用处？深读细品《周易》，除了其致力于通过用心创造的图画和形象来发现人之所以为人的世间大道外，透过全书我们可以清楚地感受到伏羲"见教之可以化民也"的责任担当。所以，其作易的目的其实在于垂教民众，意在通过正君臣父子夫妇之义来实现以文化人的目的。"上古之时，人民无别，群物未殊，未有衣食器用之利，伏羲氏乃仰观象于天，俯观法于地，中观万物之宜，于是始作八卦以通神明之德，以类万物之情。故易者，所以继天地理人伦而明王道，是以画八卦，建五气，以立五常之行象；法乾坤，顺阴阳，以正君臣父子夫妇之义；度时制宜，作为罔罟，以佃以渔，以赡民用。于是人民乃治，君亲以尊，臣子以顺，群生和洽，各安其性，此其作易垂教之本意也。"[1] 可见，从以文化人或广义的文化教育理念角度讲，《周易》所设计的卦爻与系辞，乃至全书所有内容无不在谈以文化民，无不致力于教人认识人类自己，做人当行之事，教人修身成人、成王、成圣、成君子。但是，中华传统文化在完成以文化人来培育新人这一根本任务时，不像西方文明那样立足于培养人认识、改造和征服自然的知识和技能德性，而是注重挖掘和涵养人之原本

---

① 《经学通论·〈易经〉》。

就具有的天命之伦理德性，主张将人放置于既定的家庭（家族）和乡民群落等社会差序伦理关系中，通过培养符合特定社会身份认同要求和角色定位标准的社会化道德存在。

首先，《周易》明确提出了家训及家庭教育的重要意义。家庭特别是中国古代家庭，集生产、生活、教育、娱乐于一体，更何况在公共教育极端贫乏的社会条件下，以文化人和教以成人的任务便自然而然地落在了家庭教育的肩上。为此，家训作为家庭教育的文化样态，甚至是古代先民们终其一生用以认识世界和走向社会的唯一社会化途径，显现出无比重要的意义。《周易》全书所列六十四卦中，第一卦以"乾为天，乾上乾下之乾、元、享、利、贞"等卦象，以神示的口吻，直观而深刻地告诫人们："天行健，君子以自强不息。"教育训导"君子进德修业。忠信，所以进德也；修辞立其诚，所以居业也。知至至之，可与几也；知终终之，可与存义也。是故居上位而不骄，在下位而不忧，故乾乾，因其时而惕，虽危无咎矣"。之所以将人称为君子①，本乎其乃天地阴阳大道化生而来，故而贵为君子。"君子以成德为行，日可见之行也，潜之为言也，隐而未见，行而未成，是以君子弗用也。君子学以聚之，问以辩之，宽以居之，仁以行之。"君子终日乾乾，与时偕极，始终致力于进德修业，学以成人。"夫大人者与天地合其德，与日月合其明，与四时合其序，与鬼神合其吉凶。……知进退存亡而不失其正者，其唯圣人乎？"②让世人明了成人的目标，教戒人们恪守进德修业本分，伏羲等先哲通过演绎卦象来教化民众的良苦用心，溢于言表，充分彰显出教化新民的普世情怀。第二卦以"坤为地，坤上坤

---

① 在上古社会的文化视域里，言及君子，更多地指向男子。君子之德在于："度地图居以立国，崇恩博利以怀众，明好恶以正法度，率民力稼、学校庠序以立教，事老养孤以化民，升贤赏功以劝善，惩奸绌失以丑恶，讲御习射以防患，禁奸止邪以除害，接贤连友以广智，宗亲族附以益强。诗曰：'恺悌君子。'"（《韩诗外传卷八》）。

② 《周易·第一卦乾乾为天乾上乾下》。

下之坤、元、亨"等卦象，将目光由天界转向地势，由神灵预告转向人间正道，告诫人们："地势坤，君子以厚德载物。"君子进德修业，以立其身，观乎天象而明于人间坤元之道。"万物资生，乃顺承天；坤厚载物，德合无疆。含弘光大，品物咸亨。牝马地类，行地无疆。柔顺利贞，君子攸行。先迷失道，后顺得常。"天地万物流变的表象显示，践行坤元之道，关键在于顺承天道。但是，要看到"坤至柔而动也刚，至静而德方。后得主而有常，含万物而化光"。坤道在乎顺，承天而时行。反之，逆天害道，或存有小大失节之虞，则必有祸败，"顺之者昌，逆之者亡"，此之谓也。这是所有君子安身立命的前提，也是家训教戒所应当重视的，"坤道其顺乎！承天而时行。积善之家，必有余庆；积不善之家，必有余殃。臣弑其君，子弑其父，非一朝一夕之故，其所由来者渐矣，由辩之不早辩也"。如此明白无误的系辞卦象，还有什么理由否认以家训为代表的家庭教育的重大意义呢？正因如此，"君子敬以直内，义以方外，敬义立而德不孤；直方大，不习无不利，则不疑其所行也。阴虽有美，含之以从王事，弗敢成也。地道也，妻道也，臣道也。地道无成，而代有终也。……君子黄中通理，正位居体，美在其中，而畅于四支（肢），发于事业，美之至也"①。在社会诸多的组织结构中，家庭组织是根本结构；在家庭的诸多关系中，夫妇关系是根本结构。所以，修身者从自己身修开始，齐家者自正夫妇关系开始。"男女正，天地之大义也。"② 古今一理，一家之内的夫妇男女关系就像自然界的天地阴阳关系，明于地道、妻道和臣道，通过教育和洽以正家庭夫妇男女长幼关系，意义非常重大。君子进德修业和学以成人的原因，与其说是人之为人的本质要求，毋宁说是美满人生和幸福家庭的基本保障。

---

① 《周易·第二卦坤坤为地坤上坤下》。
② 《周易·第三十七卦家人风火家人巽上离下》。

其次，深刻阐发居家早教的启蒙思想。人非生而知之者，孰能无惑？以《周易》为代表的中国元典著述，详细论述了教育启蒙思想。《周易》蒙卦告诉我们，人生来蒙昧。所以，教育诱导就成为当务之急，这不仅是中国古代先民们的共识，也是《周易》蒙卦揭示启蒙教育之所以必要的具体体现。"物生必蒙，故受之以蒙。蒙者，蒙也，物之稚也，物稚不可不养也，故受之以需。需者，饮食之道也，饮食必有讼，故受之以讼。讼必有众起，故受之以师，师者，众也。众必有所比，故受之以比。比者，比也，比必有所畜，故受之以小畜，物畜然后有礼，故受之以履，履而泰，然后安，故受之以泰。泰者，通也。"① 万物始生，往往处于蒙昧状态，特别是人非生而知之，所以教育要从娃娃抓起，通过启蒙教育，培养其正确的世界观、人生观、价值观。《周易》将蒙卦放在讼、师、履等卦之前，表明启蒙是人之为人的文化生存之开端，开启人之心智要比关涉饮食财富的生产和分配更为重要。

那么，如何启蒙幼小的个体呢？蒙卦的卦象显示，"坎下艮上"，寓意山下出泉。然而，人们常常可以看到山下有涓涓细流，却往往看不到出水之源，因为泉眼被大山所遮挡和蒙蔽。这和人们日常生活当中无所不在的教导训育幼小孩童的道理一样，身在其中而不能提炼参悟家训教戒的真实面目。按照《周易》蒙卦所揭示出的路径，一方面，人生来具有走出蒙昧的主观意愿，并能够自觉发动启蒙以摆脱幼稚状态，"惟天地，万物父母；惟人，万物之灵"②。这一天然灵性，赋予蒙昧状态中的人以灵性，让人具有走出蒙昧状态的潜能，使人内在地具备启蒙的自觉。另一方面，为人类获得认识提出了启蒙之道。虽然水有往下流、泉源有蓬勃而出之内生能量，但是高山之下有险阻，使得泉源遇险彷徨不前，昏蒙不知

---

① 《周易·序卦》。
② 《尚书·泰誓上》。

所措，犹如人之蒙稚情状。程颐在其《程氏易传》注释蒙卦时，形象地指明了这一启蒙之道："山下出泉，出而遇险，未有所之，蒙之象也。若人蒙稚，未知所适也。君子观蒙之象，以果行育德：观其出而未能通行，则以果决其所行；观其始出而未有所向，则以养育其明德也。"家庭教育特别是家训启蒙作为育人的初始阶段，其功用和意义在于"利用刑（型）人"，所谓"发蒙"者，君子以果行育德，犹如疏浚探源向山而行，涉险开渠导引泉源。所以，"蒙以养正，圣功也"。养正于蒙，教和学之至善也，能以蒙昧隐默自养正道，可以成圣人之功。然而，"蒙"者，有蔽于物而已，其中固自有正也。蒙蔽虽然严重，但终不能没其正，将战于内以求自达，因其欲达而加以启发诱导，适当迎合其正心，彼将沛然而自得也。如果不待其欲达而勉强启发，往往一发而不达，以至于再三发动，虽然终究会有好结果，但非其正心而已。故曰："'匪我求童蒙，童蒙求我。'彼将内患其蔽，即我而求达，我何为求之？夫患蔽不深，则求达不力；求达不力，则正心不胜；正心不胜，则我虽告之，彼无自入焉。故初筮告者，因其欲达而一发之也。……圣人之于'蒙'也，时其可发而发之，不可则置之，所以养其正心而待其自胜也，此圣人之功也。"① 发蒙之道，利以贞正，正如诱导一个人发现自己本然所属的天道善性一样。"恻隐之心，人皆有之；羞恶之心，人皆有之；恭敬之心，人皆有之；是非之心，人皆有之。恻隐之心，仁也；羞恶之心，义也；恭敬之心，礼也；是非之心，智也。仁义礼智，非由外铄我也，我固有之也，弗思耳矣。"② 蒙以养正的功夫，在于施教家长或先生顺乎稚蒙者本然固有之灵性扩充发育的结果。数千年以前，我们的祖先就已经深刻认识到启发式教

---

① 《东坡易传·卷之一》。"筮"，筮者决疑之物也。童蒙之来求我，欲决所惑也。决之不一，不知所从，则复惑也。故初筮，则告，再、三，则渎，渎蒙也。能为初筮，其唯二乎？以刚处中，能断夫疑者也（语出王弼《周易注》）。

② 《孟子·告子章句上》。

育的重要性，即便是在教育很不发达的民间社会，虽然巫术和占卜风气盛行，《周易》蒙卦所昭示的蒙以养正思想，也自然适用于家训教戒实践，中国古代千万家长教育子女，坚持用未发、既发则无用的施教原则，培育出了一代代贤能子孙（见图2—4）。

图2—4

最后，倡导惠及庶民的大众教育理念。在中国古代社会，重教化是以儒家思想为主脉的中华传统文化的基本特征，圣王和君子治国自然也以条教发蒙庶民为先。纵观我国古代教育发展的历史，西周以前学在官府；东周以后，学术经传逐步走向民间，"古之教者，家有塾，党有庠，术有序，国有学。比年入学，中年考校。一年视离经辨志，三年视敬业乐群，五年视博习亲师，七年视论学取友，谓之小成。九年知类通达，强立而不反，谓之大成。夫然后足以化民易俗，近者说服，而远者怀之"。[①] 据史料记载，中国上古三代庶而不富，则民生不遂，故制田里，薄赋敛以富之。民人百姓富起来

———————

① 《礼记·学记》。

以后，教化则成为任务，否则，富而不教，则近于禽兽。故必立学校，明礼义以教之。"子适卫，冉有仆。子曰：'庶矣哉！'冉有曰：'既庶矣，又何加焉？'曰：'富之。'曰：'既富矣，又何加焉？'曰：'教之。'"① 此幅图景真切地描画出万世师表孔子，入卫国见人口众多，便自觉盘算着如何使国民富足，特别是考虑怎样通过教育让他们获得幸福，正如《诗经》所言"饮之食之，教之诲之"，怀国忧民的赤子之心，真的是难能可贵。今天，我们致力于普及大众化教育的信念，实际上在两千多年前的先圣们那里就已经提出来了，虽然囿于生产技术和生存环境的制约，官府所提供的制度化大规模的普及教育颇显不足，然而，万千家长作家训立家规守家风的家训传统，有力地证明了中国古代先民对育人要旨的深刻领会，并且在行动上自觉地以家庭德育范式实践着大众教育的普及理想。当然，惠及庶民的大众教育，还是圣人治世的基本保障。不论是遥远的上古，还是当今社会，由于大众庶民占据一国共同体人口的绝大多数，想收获优良的社会治理秩序，除了国力强盛和治国严苛外，首要的基础性工程当然是教化大众庶民，以求国运亨通，治世长久。北宋理学家和教育家程颐在其《程氏易传》中提出，自古圣王为治，设刑罚以齐其众，明教化以善其俗。刑罚立而后教化行，即便是圣人治世，也崇尚和强调德治而不推崇刑罚，古今一理，未尝偏废。不仅如此，程颐还对善教与德政之间的辩证关系给出了自己独到的见解，他主张，为政之始立法居先，治蒙之初威之以刑者，所以脱去其昏蒙之桎梏。不去其昏蒙之桎梏，则善教无由而入。在中国礼大于刑和高于刑、无礼则无刑、有刑必有礼的古代社会，以善教缓释礼制膨胀导致的严刑峻法专制统治，让广大庶民百姓因为知书达理而获得自由，不失为可选上策。

① 《论语·子路第十三》。

五　内圣而外王的修身目标

家庭教育不同于学校和社会教育的地方，在于家庭教育的要旨与核心更多地指向以人格塑造为内容的修身目标，家训的关键自然也是主要围绕如何教人修养身心和修养德性而展开。按照古代中国成人的逻辑，格物致知和诚意正心属于修身的前置环节，虽然修身是人终其一生的目标任务，但是人在幼小阶段的修养奠基工程，更关乎方向和影响长远，而幼小时期的成长与修身任务恰恰是在家风熏染和家训教戒等家庭教育环境里完成的。因此，包括格物致知和诚意正心等修身要目的习练与成就，以家训及其齐家的文化生活样态展现在世人面前，便有力地为其润身以保其后入世治国平天下做好了基本准备。关于修身与齐家这一对家训要目的关系，《礼记·大学》明确提出："欲齐其家者，先修其身。"《孟子》讲："人有恒言，皆曰'天下国家'。天下之本在国，国之本在家，家之本在身。"① 后来，北齐颜之推据此所撰《颜氏家训》名实篇更是详讲："不修身而求令名于世者，犹貌甚恶而责妍影于镜也。"唐代武则天做《内训》也这样讲修身："身不修则德不立，德不立而能化成于家者盖寡矣，而况于天下乎！"可见，修身不仅仅是中华优秀传统文化的重要德目，也是中华民族历来注重修养身心的精神基因，自然为历代先贤制作的家训及其文化精神所看重。

《周易》一书中所蕴含的修身思想无疑是家训文化及其训教实践的本根和源流。根据《周易》卦爻所揭示的成人理念，出于中国古代家天下的社会现实需要，修身是齐家的基础，放大了说，齐家既是修身的目标之一，还是治国的基础所在。"凡为天下国家有九经，曰：脩身也，尊贤也，亲亲也，敬大臣也，体群臣也，子庶民

---

① 《孟子·离娄章句上》。

也，来百工也，柔远人也，怀诸侯也。脩身则道立，尊贤则不惑，亲亲则诸父昆弟不怨，敬大臣则不眩，体群臣则士之报礼重，子庶民则百姓劝，来百工则财用足，柔远人则四方归之，怀诸侯则天下畏之。"① 由于天下、国和家之本在身，所以说修身便成为治国平天下等诸要务之本。亲师取友，然后修身之道进；而修身之所进，莫不先由家训开始；由家训推延及于朝廷，故敬大臣；由朝廷以及其国，故子庶民、来百工；反之，由其国以及天下，故柔远人、怀诸侯。正因如此，"古之欲明明德于天下者，先治其国；欲治其国者，先齐其家；欲齐其家者，先修其身；欲修其身者，先正其心；欲正其心者，先诚其意；欲诚其意者，先致其知。致知在格物"②。《礼记·大学》对于修身的逻辑推延，自古以来早已成为国人修身追求的最高级和最完美概括。根据中华传统文化中的这一核心精神，国人修养身心，努力提高自身的思想道德与人格修养水平，是人之为人的根本，是每个人处世的基础和前提。尤其是在中国古代，自天子以至于庶人，无不以修身为本，因为家之所以齐、国之所以治、天下之所以平，均莫不出于修身的功夫。因为中国人从出生时起，就天然地处身于家庭这样一种德育教化的家训文化环境之中，该时该地的文化氛围中普遍流行的世界观、人生观、价值观，以及当时的社会生产方式和与之相应的社会生活方式都在时刻熏陶感染着他。虽然中国古代先民存在着不同的文化倾向，在品德培育和修身养性的认识起点上存在着性善、性恶、性无善无恶和性有善有恶等不同，但一样都认同"人皆可以为尧舜"，认同人人都可以通过教育而修身成人，最终均能够通过家训家诫和自我修养塑造出"内圣而外王"的君子和圣人理想人格。

综观中华传统文化之元典，儒释道三教均十分重视并致力于践

---

① 《礼记·中庸》。
② 《礼记·大学》。

行修身理念，虽然，三家的修身之道无论从修身的目的和手段、内容和方法等方方面面看，均各有其不同的特征和立论的基础，但是，把修身作为人格塑造、德性提升、完善修养重要途径的这一认识却是高度的一致。其一，通过个体的格致诚正等反身纳求和修身养性达致齐家、治国、平天下目标，是儒家修身的理论和实践主张，立意实现"内圣而外王"的人格修养为最高道德理想，通过"慎独"的"内圣"功夫，以及"达则兼济天下，穷则独善其身"的修道坚守，努力实现"外王"的自我完善修身目标。① 其二，佛教宣扬"空无寂灭"和"人生至若"的出世思想，以因果缘由和生死轮回的自然观劝导人们"看破红尘"而"皈依佛门"，接受神谕戒律而在遁世修炼中达到超然解脱。按照佛教的修身理念，人身负原罪来到这个世界，要想祸免升级，只有绝灭情欲尘缘，苦苦修炼，行善修道，才能达致"成佛"而修身圆满。其三，"无为无

① "内圣而外王"是儒家修身的理想境界，为王者治天下所必备。但是，并不能因此推延出，凡修身成功必定王天下的经世致用信条。对此论断，二千五百多年前，孔子就以自己的遭际为例，将其中的道理明喻众弟子。据《韩诗外传》所述，孔子困于陈蔡之间，即三经之席，七日不食，藜羹不糁，弟子有饥色，读书习礼乐不休。子路进谏曰："为善者、天报之以福，为不善者、天报之以贼。今夫子积德累仁，为善久矣，意者当遭行乎？奚居之隐也？"孔子曰："由来！汝小人也，未讲于论也。居，吾语汝：子以知者为无罪乎？则王子比干何为剖心而死；子以义者为听乎？则伍子胥何为抉目而悬吴东门；子以廉者为用乎？则伯夷叔齐何为饿于首阳之山；子以忠者为用乎？则鲍叔何为而不用，叶公子高终身不仕，鲍焦抱木而泣，子推登山而燔。故君子博学深谋，不遇时者众矣，岂独丘哉！贤不肖者、材也，遇不遇者、时也，今无有时，贤安所用哉！故虞舜耕于历山之阳，立为天子，其遇尧也；傅说负土而版筑，以为大夫，其遇武丁也；伊尹故有莘氏僮也，负鼎操俎，调五味，而立为相，其遇汤也；吕望行年五十，卖食棘津，年七十，屠于朝歌，九十乃为天子师，则遇文王也；管夷吾束缚自槛车，以为仲父，则遇齐桓公也；百里奚自卖五羊之皮，为秦伯牧牛，举为大夫，则遇秦缪公也；虞丘于天下以为令尹，让于孙叔敖，则遇楚庄王也；伍子胥前功多，后戮死，非知有盛衰也，前遇阖闾，后遇夫差也。夫骥罢盐车，此非无形容也，莫知之也，使骥不得伯乐，安得千里之足，造父亦无千里之手矣。夫兰茝生于茂林之中，深山之间，人莫见之故不芬；夫学者非为通也，为穷而不困，忧而志不衰，先知祸福之始，而心无惑焉，故圣人隐居深念，独闻独见。夫舜亦贤圣矣，南面而治天下，惟其遇尧也，使舜居桀纣之世，能自免于刑戮之中，则为善矣，亦何位之有？桀杀关龙逢，纣杀王子比干，当此之时，岂关龙逢无知，而王子比干不慧哉！此皆不遇时也。故君子务学脩身端行而须其时者也，子无惑焉。"（《韩诗外传·卷七》）诗曰："鹤鸣于九皋，声闻于天。"此之谓也。

欲"和"返璞归真"是道家修身的实践理路，修身的理想境界是要让人重新回到蒙昧而纯真的婴儿状态，提倡通过"心斋"与"坐忘"的修养方法，主张人们坚持"无待"和"无我"的修道理念，寂灭一切主客观因素的羁绊，使内心极虚而静，让精神与万物合而为一，达到物我两忘的修道境界，让自己成为"至人"或"真人"。修养身心的功夫所至，自然收获儒家的内圣、释家的成佛、道家的虚空无己成效，中国传统的儒、释、道三教，在追求人格修养的完美方面，一致聚焦人类天性至善和文明发展的终极目标，同时都主张以谦虚谨慎的修养态度，努力塑造自己理想的道德人格。"修身不可不慎也：嗜欲侈则行亏，谗毁行则害成；患生于忿怒，祸起于纤微；污辱难湔洒，败失不复追。不深念远虑，后悔何益！徼幸者，伐性之斧也；嗜欲者，逐祸之马也；谩诞者，趋祸之路也；毁于人者，困穷之舍也。是故君子不徼幸，节嗜欲，务忠信，无毁于一人，则名声尚尊，称为君子矣。诗曰：'何其处兮，必有与也。'"① 文化选择是历史长河的大浪淘沙，也是自然而人为的结果。面对自己何以修养人格的问题，中国人普遍选择或接受了儒家思想，坚信"玉不琢，不成器，人不学，不知道。是故古之王者，建国君民，教学为先"②。这一思想成为激励亿万民众自觉施教于家，并期望子孙后代修身成仁、成圣的望子成龙思想。

第三节　家训文化的德育特质

家训文化是中华传统文化的重要组成部分，自古以来，流行于一家一族之内的优秀传统家训文化，突出地体现着维系亲情人伦关系和保障血脉延续来持守家业不坠的人生理念，使得中国传

① 《韩诗外传·卷九》。
② 《礼记·学记》。

统家训特别重视对子孙后代的教育和成长训练。这一极具中国特色的家训文化，在现实生活中则表现为亿万家长为子孙计从长远，致力于家人后辈道德人格的塑造和完善，始终乐此不疲地将以家训教戒为代表的家庭教育施行于日常生产生活。这既是对中国古代先民家训教戒生活现实的真实刻画，也反映着中华传统家训文化的德育特质。

一　中华传统家训文化的德育特质，表现为坚信人之为人的根本在于有德

道德是中国人的精神和灵魂所系。在一定意义上讲，中国人的整个心灵始终被道德所占据和主导。"故人者，其天地之德，阴阳之交，鬼神之会，五行之秀气也。"[1] 这完全是中国式的人学观。按照这样的文化理念审视我们人类，中国的圣哲先贤更是从浑一繁杂的生命现象中洞见出一个理想化的主观理性主体，认识到人不仅是一个个无差别的自然生物体，在本质上讲，人是由德性所决定的客观存在；人的本质不在于一个个无差别的生物规定性，而在于其所内含的社会道德属性。汉代刘熙所撰的《释名》一书，将"人"释名为"人，仁也，仁生物也。故易曰：立人之道，曰仁与义"[2]。人者，乃仁所生之物。人的本质属性，在于仁和义；故而立德树人，在于仁和义。区别于西方哲学从概念出发，经过严格的逻辑推演来揭示事物的本质，以实现认知和把握事物本质的认识论，也有别于西方实证科学普遍尊崇的从个别到一般、由普遍到特殊的提炼总结等形而上的认知方法，中国哲学在界定和揭示人的本质属性时，往往采用以象比类和取譬设喻的思维方法，直观而形象地揭示出事物本质及其运动变化规律。按照这一认识方法，对于"人"这

---

① 《礼记·礼运》。

② （汉）刘熙撰：《释名·释形体第八》。

个复杂深刻的生命体和关联万物的社会存在，定义、释名以揭示人
之本质属性时，同样根据外在形体特征对"人"及其本质属性这样
进行界定（见图2—5）。

图2—5

　　天德施，地德化，人德义。天气上，地气下，人气在其间。
春生夏长，百物以兴，秋杀冬收，百物以藏。故莫精于气，莫
富于地，莫神于天，天地之精所以生物者，莫贵于人。人受命
乎天也，故超然有以倚；物疢疾莫能为仁义，唯人独能为仁义；
物疢疾莫能偶天地，唯人独能偶天地。人有三百六十节，偶天
之数也；形体骨肉，偶地之厚也；上有耳目聪明，日月之象也；
体有空窍理脉，川谷之象也；心有哀乐喜怒，神气之类也；观
人之体，一何高物之甚，而类于天也。物旁折取天之阴阳以生
活耳，而人乃烂然有其文理，是故凡物之形，莫不伏从旁折天
地而行，人独题（体）直立端尚正正当之，是故所取天地少者
旁折之，所取天地多者正当之，此见人之绝于物而参天地。是

故人之身首而员，象天容也，发象星辰也；耳目戾戾，象日月也；鼻口呼吸，象风气也；胸中达知，象神明也；腹胞实虚，象百物也；百物者最近地，故要以下地也，天地之象，以要为带，颈以上者，精神尊严，明天类之状也；颈而下者，丰厚卑辱，土壤之比也；足布而方，地形之象也。是故礼带置绅，必直其颈，以别心也。带以上者，尽为阳，带而下者，尽为阴，各其分。阳，天气也，阴，地气也，故阴阳之动使，人足病喉痹起，则地气上为云雨，而象亦应之也。天地之符，阴阳之副，常设于身，身犹天也，数与之相参，故命与之相连也。天以终岁之数，成人之身，故小节三百六十六（五），副日数也；大节十二分，副月数也；内有五脏，副五行数也；外有四肢，副四时数也；占视占暝，副昼夜也；占刚占柔，副冬夏也；占哀占乐，副阴阳也；心有计虑，副度数也；行有伦理，副天地也；此皆暗肤著身，与人俱生，比而偶之弇合，于其可数也，副数，不可数者，副类，皆当同而副天一也。[①]

按照中国人的这种认知方法，通过陈其有形以著无形，拘其可数以著其不可数，不仅能够描画和揭示出"人"的本质特征，而且可以将人生玄奥深刻的"非常道"也能够以类相应，犹其形而以数相中，达致"道可道"而道之的目的。教育大师蔡元培指出："人之所以异于禽兽者，以其有德性耳。当为而为之之谓德，为诸德之源；而使吾人以行德为乐者之谓德性。"[②] 所以《礼记·大学》中说："有德此有人，有人此有土，有土此有财，有财此有用。德者本也，财者末也。"[③] 既然德或德性是人之为人的本质和人作为社会

---

① 《春秋繁露卷·人副天数第五十六》。
② 蔡元培：《中国伦理学史》，商务印书馆1999年版，第134页。
③ 《礼记·大学》。

活动主体的内在规定性，"无恻隐之心，非人也；无羞恶之心，非人也；无辞让之心，非人也；无是非之心，非人也"。而且，此"仁义礼智，非由外铄我也，我固有之也，弗思耳矣。……求则得之，舍则失之。或相倍蓰而无算者，不能尽其才者也"①。人之为人，在于有德。换言之，人有德或有德性，才拥有做人的资格或前提，才能被社会认可、被世人接纳，也才能够作为社会的道德存在体而存活于世。

人之为人，在于有德。已然成为对人之本质属性的正确把握，自然成为每一个中国人学以成人、教以成人的德育目标和追求。中华传统文化的道德属性，无不体现在包括家训在内的所有文化领域。在培育新人的理论和实践方面，以儒家思想为代表的中华传统文化，主张育人的目标在于德性人格的塑造，立意通过格物、致知、诚意、正心和修身、齐家、治国、平天下，目标指向养成"内圣而外王"的道德人格，全面反映了中华传统文化的德育本质。万世师表孔子指出："夫民，教之以德，齐之以礼，则民有格心。"格心即归正之心，一如今天我们所强调的回归初心。心之归正意在反身纳求，自觉坚持"穷理以致其知，反躬以践其实"。通过学习体悟和修养身心，启迪和发现人被蒙蔽和遗弃了的天然善性，守正创新，潜心修道，致力于塑造德性人格。

二　中华家训文化的家庭人本主义文化形态，植根于教以成人的德育基础

科学的认识是正确行动的前提，如果说《诗经》当中的"天生蒸民，有物有则。民之秉夷，好是懿德"。② 体现了古代民众对人具备道德秉性的明敏认知，那么，传统儒学的代表"孔子抱圣

---

① 《孟子·公孙丑章句上》。
② 《毛诗·大雅》。

人之心，彷徨乎道德之城，逍遥乎无形之乡。倚天理，观人情，明终始，知得失，故兴仁义，厌势利，以持养之。于是周室微，王道绝，诸侯力政，强劫弱，众暴寡，百姓靡安，莫之纪纲，礼仪废坏，人伦不理，于是孔子自东自西，自南自北，匍匐救之"①。换言之，古代先哲们积极倡导礼乐制度和重建道德范式的努力，分明是看到了人当具有的道德本质特性，因而为人们如何学以成人、特别是引导家长何以在家教以成人提供了家训所需的精神营养。

同中华传统文化鲜明的人本主义特色相一致，家训文化更加突出地反映着人本主义的文化特质，并以文化的实践样态现实地表现在家训及其训教文化生活当中，始终围绕着人的生活世界特别是修身成人实践而展开运思和行动。因此，受传统文化大背景的影响，面对解决一个人何以塑造道德人格的问题时，中国人深知，"玉不琢，不成器，人不学，不知道。是故古之王者，建国君民，教学为先"②。中国人深知，家虽有良玉，如不刻镂，则不成器；人虽有美质，如果不学，则不成君子。"凡三王教世子，必以礼乐。乐所以修内也，礼所以修外也。礼乐交错于中，发形于外，是故其成也怿，恭敬而温文。立大傅少傅以养之，欲其知父子君臣之道也。大傅审父子君臣之道以示之，少傅奉世子，以观大傅之德行而审喻之。大傅在前，少傅在后，入则有保，出则有师，是以教喻而德成也。师也者，教之以事，而喻诸德者也。保也者，慎其身以辅翼之，而归诸道者也。……君子曰：'德，德成而教尊。'"③ 东汉著名儒学家班固从人性论的角度出发，通过剖析自然与社会、人生与伦理等种种文化现象，对中国古代社会的教育本质给出的精到解

---

① 《韩诗外传·卷五》。
② 《礼记·学记》。
③ 《礼记·文王世子》。

析："教者，效也。上为之，下效之，民有质朴，不教而成。"① 真实反映了我国当时的社会教育情状，提出了"德成而教尊"的以人为本教育发展理念。如此上行下效的结果，便表现为亿万家长在家训生活实践中，始终将德育放在教以成人的基础与核心位置，以品德培育为主要内容，不厌其烦地坚持通过家训教戒家人子弟修己立身，塑造有德人格。当然，对于那些更多无法进入庠序学校接受官方学制教育的普通百姓子弟来讲，由于受教育资源贫乏和身份地位等条件的限制，只有在家接受各具特色而又参差不齐的家庭教育。实际上，不论是学校教育，抑或是以家训为代表的家庭教育，教以成人无一不是因人循其天命善性之所当行者而品节诱导，以存养扩充人之天然德性或天命善性，故家训的立论与实践基础在于德性化育。每一个中国人从出生时起，就天然地处居在这样一种德育教化的文化背景之中，生活在以家庭教育为主的家训环境之中，其时其地的文化氛围，社会上普遍流行的世界观、人生观、价值观，以及当时社会的生产方式和与之相应的社会生活方式都在时刻熏陶感染着他，进而影响人的思想认识和思维方式、价值标准和行为取向。再说，仁义礼智等道德善心，为人所固有，只是人们被蒙蔽而往往不思求之，如果不思求其先天善性而不能加以扩充以尽其才，所表现出的善恶境界便相去甚远，关注德性人格训育，体现着中国家训人本主义文化形态。

三　中国人历来重视家庭教育，家训文化的育人旨归在于道德教化

中华传统文化从源头上讲是以儒家思想为核心、兼容并包先秦

---

① 《白虎通义·三教》。

时期诸子百家思想精华，汇通儒、释、道三教精神主张而积淀形成的综合性文化体系。在严格意义上讲，有文字和实物史料证明的中华文化，已经拥有五千多年的历史，它以其博大精深铸就了中华传统文化的宏伟精神殿堂，也以其经世致用的新民教化思想对中华民族的生存与发展发挥了基因传承和精神型塑作用。"德，国家之基也。"① 中国人最深刻了解、最下功夫、最用心臻至完善的宝贵精神就是道德。与此精神相适应，中国人历来重视家庭教育，中华文化之所以能够长期保持繁盛不衰，成为世界上唯一历经数千年绵延发展，至今仍然接续不断的文明硕果，其蓬勃不息的生命力除了文化本身具有的确立精神价值和人生意义、树立学统道统思想和建国君民治世理想等社会价值和精神传承基因外，关键在于其能够辈出人才。人是促进生产力发展和人类自身进步的第一要素，正是因为有了这些学贯古今、兼通文武的文人志士，他们一方面"为天地立心、为生民立命、为往圣继绝学、为万世开太平"②，坚持与时俱进，为各自生活的时代建构道德原则，为人民大众明确人生意义，为优秀传统文化注疏解说，为万世开拓太平基业。另一方面以"天之生此民也，使先知觉后知，使先觉觉后觉也。予，天民之先觉者也；予将以斯道觉斯民也"③ 的崇高觉悟，自觉担当起明德新民的教化重任，他们出则设馆授徒，入则庭训④家人后生，不仅如呼寐者而使之寤一般传承学统和道统，而且在生活方面教人们识其事之

---

① 《春秋左氏传·襄公》。
② （宋）张载：《张载集·张子语录·语录中》。
③ 《孟子·万章章句上·七》。
④ 场景式展现家训教戒活动的最早典籍记述，当属《论语·季氏第十六》，言孔子弟子陈亢以己私意窥圣人之心，怀疑孔子私下偏厚教导其子伯鱼。有一次，"陈亢问于伯鱼曰：'子亦有异闻乎？'"孔子（丘）之子伯鱼对曰："未也。尝独立，鲤趋而过庭。曰：'学诗乎？'对曰：'未也。''不学诗，无以言。'鲤退而学诗。他日又独立，鲤趋而过庭。曰：'学礼乎？'对曰：'未也。''不学礼，无以立。'鲤退而学礼。闻斯二者。"陈亢退而喜曰："问一得三，闻诗，闻礼，又闻君子之远其子也。"这就是著名的"过庭之训"，也称"庭训"，当属最早和最典型的家训场景式展现。

所当然和悟其理之所以然，顺应家训文化的德育要求，自觉坚持通过道德教化来育民新人。

重视家训而成教于国，是我国古代数千年民间大众家庭（家族）道德教育家训文化的真实写照。"先王见教之可以化民也，是故先之以博爱，而民莫遗其亲；陈之于德义，而民兴行；先之以敬让，而民不争；导之以礼乐，而民和睦；示之以好恶，而民知禁。"① 而且，万世师表孔子还针对人性存在的弱点，提出如何提升教育的针对性和有效性问题："口欲味，心欲佚，教之以仁；心欲兵，身恶劳，教之以恭；好辩论而畏惧，教之以勇；目好色，耳好声，教之以义。"与中国古代家国一体和家国同构的政治、经济制度相一致，古代官方或统治阶级所倡导的传统教育，其内容大多指向防邪禁佚、调和心志品德培育，自然为家训文化所称道，并很好地得到了贯彻落实。

首先，仅仅从表面上看，存在家庭教育或家训教戒现象的原因，似乎在于中国古代社会官方举办的学校教育不太发达，无法满足社会大众对子女成人成才的教育需要，故而将教育百姓大众子孙后代的责任无助地拱手转嫁给了他们的家庭。实际上，按照中国人的朴素理念，与土地私有和人身依附关系相一致，古代先民们总是天然地把每个人都看作属于他们各自家庭的，必须在各自的家庭中接受训育和生活成长，因而教育和抚养子女成长成才是亿万家庭天经地义的责任。"孩子们从牙牙学语起就开始接受家教，有什么样的家教，就有什么样的人。家庭教育涉及很多方面，但最重要的是品德教育，是如何做人的教育。"②

其次，道德是一个社会的深层次文化现象，广博宏大的中华传

---

① 《孝经·三才章第七》。

② 习近平：《在会见第一届全国文明家庭代表时的讲话》，http://news.china.com.cn/2016-12-13。

统文化，便是以家庭伦理道德为根基而生发展开，这一文化的家庭教育立论，自然围绕家国一体的制度设计而生发展开，"其为人也孝悌，而好犯上者鲜矣，不好犯上而好作乱者，未之有也"。① 在中国人看来，"忠臣以事其君，孝子以事其亲，其本一也。上则顺于鬼神，外则顺于君长，内则以孝于亲，如此之谓备"。② 按照这一传统家庭伦理教育训练家庭成员，必然也在国家和社会大众中能够得到普遍认可和接纳，因而使这一认识成为对古代家庭教育和家训德育活动最有力的理论支持。

最后，在中国古代社会，重视家庭教育和自觉坚持家训文化传承的前提，除了受制于自给自足的小农经济条件、乡土地域分割、交通和文化信息不畅等保障因素外，还主要取决于古代社会家天下的政治统治和治国安邦需要。这一社会现实需求反映在大众家庭教育践履方面，便通过自上而下的推广流布转化为普通百姓人家重视家训而成教于国的家训文化传统。所以，《礼记·大学》明确提出："所谓治国必先齐其家者，其家不可教，而能教人者无之。故君子不出家而成教于国。"③ 身修之后才能齐家，只有德高望重者，才能成功施教于家，要做到这一点，显然对家长的要求是很高的；同时，正是有无数德高望重并成功施教于家的模范典型，有效地推动了家训活动的上行下效，使家训文化之风范推延而成教于国。孟子提出的"天下之本在国，国之本在家，家之本在身"的哲理论断，不仅道出了"自天子至于庶人，壹是皆以修身为本"的道德认同和普适万家的家训理念，还在一定程度上反映了古代大众家庭德育的真实生活情状。

---

① 《论语·学而第一》。
② 《礼记·祭统》。
③ 《礼记·大学》。

第 三 章

家训文化的社会化

　　文化是人文化了的关于自然、人类社会和思维现象等的客观存在，也是人类独有的以文化人的教育和学习的累积结果。一种文化的价值，不仅突出地表现在其满足人类物质与精神需求的效能上，而且表现在该文化满足人类物质与精神需求的广度与深度上。那些在更大范围、更深层次、最大限度地满足人们对物质与精神的文化需求、统一了供需主客体关系的文化现象，便是最有价值的文化，[①]自然也是最具生命力和延续性的文化。可见，任何一种文化价值的实现，以及价值实现的程度，既有赖于人类对文化的发现与创造，更有赖于人们对某一特定文化的坚守与传承。虽然在表面上看，文化选择似乎是人类历史发展长河中的水到渠成或自然而然的社会现

---

　　① 文化的价值，取决于文化的来源以及满足人类物质和精神需要的效能。一切文化价值都是特定社会的产物，均受制于能否满足人类特定文化需要的供求关系。这一文化价值的相对性，表明并不是什么文化都有价值，也不是什么文化对所有的人都具有同样的价值。从文化供求的时效性来看，文化需求发生改变，必然引起文化价值异动，原本在某个特定社会时期或对于某些利益共同体很有价值的文化，因为时过境迁，对另一个社会时代的人或集团而言则可能完全不具有文化价值，甚至可能具有负效价值。从文化需求的主体角度看，文化价值是人类文化选择的目标指向，也是人类合目的性文化创造的结果。从满足文化需要的价值客体角度分析，人们选择某种文化，根本原因在于该文化是否能够满足自己及其生活共同体的文化需要。因此，文化价值的有无大小和优劣正反均取决于特定文化的社会供需关系，当既定的主体（包括个体，一般指社会共同体）发现或创造出能够满足自己需要的文化，并通过教育、认同、坚守和传播等传承方式占有并发展这种文化时，文化价值关系的供需主客体行为必然趋向一致，便有利于实现该文化应有的价值。

象，但是某个民族在特定的历史条件下选择一种文化，本质上却是人类所能做出的极具理性的抉择，而将这一选择代代传承和长期坚持下去，便在客观上能够实现对本民族所选择或所创造文化的社会化。

纵观人类文明演进的漫长历史，中国传统家训及其文化现象，至少在两千多年前就已经成为中华优秀传统文化的重要组成部分。这一极具中国特色的文化现象，不仅成功地熏育出一代代中国人，而且在传播中华优秀传统文化方面，与封建社会官方所主导的"我注六经、六经注我"的文化演进理路一道，成功地走出了一条民间大众传承创新文化的中国道路。铁的历史事实雄辩地告诉人们，家训千年不衰的根本原因，不仅在于家训及其训教活动对于中国人的意义，还在于家训文化的传承创新对于中华优秀传统文化社会化的价值。一方面，传统家训对训育子孙后代这种人类共同文化需求的满足，激励着中国人锲而不舍地运用天人合一的世界观，秉持以文化人的教育实践理念，将法天则地和以人为本的生存智慧，施教于家而成教于国。另一方面，家训历史地被中国人选择成为修身齐家治国平天下的重要文化形态，不仅使得家训文本泛滥士林，而且让家训实践滋蔓弥散到所有中国人的家庭当中，成为推动中国家训文化社会化、实现中华传统文化育人价值的大众化传承方式。

第一节　家训文化社会化的历史进路

"知今宜鉴古，无古不成今。"述及家训，人们一般很容易联想起北齐颜之推所撰的《颜氏家训》，这部被世人赞许为"篇篇药石，言言龟鉴"的家训专书，以儒家思想为指导，采用取譬设喻和夹叙夹议的言语表达形式，全面阐述立身处世和治家教子之道，而且内容不仅限于教育子弟家人，还涉及风物杂说，很是丰富全面，体例也非常完整详备，是我国古代封建社会流传最广、影响最为深刻的家训专书之一。中国古今成形家训，很多均以《颜氏家训》为祖，或者以其为家训制作的范型。事实上，这一社会现象也印证了自汉代董仲舒"罢黜百家，独尊儒术"后，以儒家思想为核心的中国主流文化所经历的自上而下、由世家大族和少数权贵独有，向民间大众传播弥散的历史进路。自《颜氏家训》成书以后，历代先贤和普通民众一道，竞相传抄和模仿，使得各种家训著作渐渐多了起来，在距今两千多年的古代社会里，差不多每个朝代都有一些代表性的家训专作问世。在家训实践方面，制作家训并致力于齐家教子，不仅成为古代士大夫等社会上流阶层所推崇的一种社会风尚，而且成为普通大众训育子弟和料理家室的普适法宝。因此，在中华传统家训文化发展的历史长河中，《颜氏家训》无疑作为传承上古社会家庭教育传统和中华优秀传统文化育人的民间家训范式的经典文献，反映了汉末社会家训、家规和家庭教育的最高发展水平，是传承上古社会家训文化精华的集中体现，表明我国家训及其文化遗产的积累和发展的历史是何其悠久，也说明中华家训文化的思想源远流长。

一　三皇五帝家训文化端倪

家训必有源，有家才有训。作为人类社会特有的文化现象，家训的存续是以家庭的产生为前提的。在生产力极其低下的原始社会，虽然存在部落幼小后辈跟随成年长辈学习必要的生存和社会交往知识的生活化成长过程，而且不同原始部族之间还存在着明显的诸如生活偏好、独特的生存技能、族众性情差别和不同的育儿习惯等，但由于相对稳定的家庭关系以及维持家庭利益关系的制度尚未建立，严格意义上所讲的家训所需的相对稳定的差等家族血缘关系以及人们生活交往和育人的家庭生存环境尚未建立，因而还不是真正意义上的家训，氏族部落内普遍日复一日进行着生存训练，更多的是为了满足族人生存所需的基本技能传习而已。家训的功能和意义，除了训育后生和整齐门内，还在于通过家庭尊长的日常施教和言行规范，建立维护其时通行的家庭和社会差等秩序。

人类学、历史学和社会学研究结果表明，我国具有相对独立和完整意义上的家庭是父权制家庭，因为在父权制家庭里才开始有了"君臣上下之义，父子兄弟之礼，夫妇妃（匹，笔者注）配之合"①。根据徐少锦、陈延斌的《中国家训史》研究，这种父权制家庭产生于古老的黄帝时期，从此也开始有了比较正式的家庭教育，源远流长的中国传统家训，正是在帝位禅让制度中初现端倪的。② 因为在华夏民族发展的初始阶段，为了保证族群成功延续和发展下去，将皇权传位于谁，用一个什么样的选择标准确定继位者，不仅是禅让制的关键与核心，也是华夏民族大家庭选育有德后辈的众望之所归。根据《史记·五帝本纪》记载："黄帝崩，葬桥山。其孙昌意之子高阳立，是为帝颛顼也。"③ 继承黄帝之位的不是黄帝之子，而是黄帝的贤孙（黄帝的儿子昌义之子）高阳，黄帝在传位时弃子选孙的原因，在于其孙有"圣德"："静渊以有谋，疏通而知事，养材以任地，载时以象天，依鬼神以制义，治气以教化，洁诚以祭祀。……颛顼崩，而玄嚣之孙高辛立，是为帝喾。帝喾高辛者，黄帝之曾孙也。"④ 继高阳之位的是黄帝的曾孙高辛，他能"普施利物，不于其身。聪以知远，明以察微，顺天之义，知民

---

① 《经学通论·〈易经〉》。

② 徐少锦、陈延斌：《中国家训史》，陕西人民出版社 2003 年版，第 44—45 页。颜师古注疏《汉书》中之"夫妻之际，王事纲纪，安危之机，圣王所致慎也。昔舜饬正二女，以崇至德；楚庄忍绝丹姬，以成伯功"所引"昔舜饬正二女，以崇至德"典故时，如此注曰："《虞书·尧典》云'釐降二女于妫汭，嫔于虞'。谓尧以二女妻舜，观其治家，欲使治国。而舜谨敕正躬以待二女，其德益崇，遂受尧禅也。"（《汉书卷八五·列传第五五·谷永》）

③ 《史记·本纪·五帝》。

④ 同上。

之急。仁而威，惠而信，修身而天下服。取地之财而节用之，抚教
万民而利诲之，历日月而迎送之，明鬼神而敬事之。其色郁郁，其
德嶷嶷。日月所照，风雨所至，莫不从服"①。如此顺承三代，后来
由于高辛之子帝挚"不善"，便将帝位传于挚之弟尧。不传位于帝
挚之子而传位于帝挚之弟尧，是因为尧"其仁如天，其知如
神。……富而不骄，贵而不舒。……能明训德，以亲九族"。能使
"百姓昭明，合和万国"②。到了尧考虑传位于谁的时候，因为尧知
其子丹朱"顽凶"而毅然弃之不用，"尧知子丹朱不肖，不足授天
下，于是乃权授舜"③。权者，平权衡，正度量，调轻重者也。说明
自黄帝传位至于舜的帝位禅让行为，表面上看似乎是经过严格的选
拔来确定人选，而且整个过程俨然是选择确定有德有才的一族之主，
实则通过昭示黄帝家族选人用人的标准来教育子孙如何成人、成王、
成圣。正因为事关家国大事，"于是尧乃以二女妻舜以观其内，使九
男与处以观其外。舜居妫汭，内行弥谨。尧二女不敢以贵骄事舜亲
戚，甚有妇道。尧九男皆益笃。舜耕历山，历山之人皆让畔；渔雷
泽，雷泽上人皆让居；陶河滨，河滨器皆不苦窳。一年而所居成聚，
二年成邑，三年成都"④。尧将两个女儿嫁给舜，视其如何为德行于
二女，以其理家而观治国。又派九个儿子与他共处，以观其如何修
身治家处世。帝尧如此用心，他所看重的，自然是家事国事天下事。
如此行事，经过长达三年时间的选育考察，尧才许舜说："女（汝）
谋事至而言可绩，女（汝）登帝位。"同样，到了舜年老的时候，
"舜子商均亦不肖，舜乃豫荐禹于天。十七年而崩。三年丧毕，禹亦
乃让舜子，如舜让尧子。诸侯归之，然后禹践天子位"⑤。

---

①　《史记·本纪·五帝》。
②　同上。
③　同上。
④　同上。
⑤　同上。

三皇五帝以其圣德使天下归心，而以其圣王选育行为昭告民人族众，其成人成圣的家训标准端倪初现。《史记》所述五帝治国理政的史实，着墨较多而且历史脉络最为清晰的，自然是对帝位禅让的描述，不论是尧对舜的考察与锻炼，还是舜对禹的选择与训导，虽然具有君臣上下主动被动的伦理关系制约，但作为氏族或家族内部最为重大的人事安排，足以证明当时的皇族家庭中已然存在的长上对晚辈、尊者对卑幼的教戒与训导。"帝尧者，放勋。其仁如天，其知如神。就之如日，望之如云。富而不骄，贵而不舒。黄收纯衣，彤车乘白马。能明驯德，以亲九族。九族既睦，便章百姓。百姓昭明，合和万国。"① 徐广注此章句曰："驯，古训字。"后人特别索隐曰："《史记》'驯'字，徐广皆读曰训。训，顺也。言圣德能顺人也。"史书记载唐尧能明用俊德之士，注重以圣德昭明平顺他人，以亲九族。因为九族既睦，百姓和顺。透过这些有限的史料，我们分明可以从文化传承的角度看出，这一时期华夏部族，实际上是存在事实家训的，而且是模范型塑的家教代表。从施教主体是皇帝的角度讲，这一时期的家训，更多地表现为选育人才，标准虽然指向具体，但实为神训；从训教目标来看，虽然更多指向皇位继承，实则为国训；从家训的施为方式角度讲，这一时期的家训活动，现实地表现为天子对广大子民的以身垂范和无言德教。

我国上古早期衍生的帝位禅让制度，它的产生，根本上是为了确保氏族部落生存与发展的客观需求，它突出的特点是强者上位，以德配天。从有目的的人类行为选择角度分析，趋利避害一般为人之共同特性，中国人历来崇尚"两利相权取其重，两害相权取其轻"。很难想象，在一个根本不存在向上向善向学教育的氏族（家族），会无端产生明确指向能力、德行和人格高水平的治权传位标

---

① 《史记·本纪·五帝》。

准；从人类行为选择的价值取向分析，为子孙谋求长远是人之常情，如果说古代华夏民族的氏族首领选择继位者的个人意愿，指向能力超常和德行高尚等标准，并且在事实上做到了从同宗后代中选择那些经过长期考验，既符合自己主观愿望，又能以德服众的人来继承皇位，让其成为继续主宰本氏族部落的酋长，那么，有什么理由怀疑这样的氏族首领在以自己的意愿和目标指向为标准坚持选人用人的同时，不会对自己的家人和同族后代计从长远而苦口婆心的施教于日常呢？

二　上古三代家训文化传承

大禹是我国羌族最伟大的民族楷模，是中国古代最著名的治水英雄和最早的水利专家，也是我国历史上最早的封建制国家政权创建者之一。"禹兴于西羌"，到了禹年老需要传位时，在王位继承方面发生了重大历史性转变，大禹建国后，"夏传子，家天下"①。自从禹把帝位传给了自己的儿子启，中国古代社会自此进入了史书记载的第一个世袭制阶级统治朝代②，从此家国一体、家国不分、家国同构，天下为夏后氏一个家族所有，如此延续经过了四百多年，夏王朝最终被商汤所灭。"禹为姒姓，其后分封，用国为姓。故有夏后氏、有扈氏、有男氏、斟寻氏、彤城氏、褒氏、费氏、杞氏、

---

①　李逸安译注：《三字经·百家姓·千字文·弟子规》，中华书局 2009 年版，第 26 页。

②　在王位继承方面，世袭制是相对于禅让制而言的，禅让制的特点是强者上位，世袭制则是家族嫡长子继位，指将专权一代接一代地传承保持在特定血缘家庭成员中的一种社会政治延续制度。在中国，古代君王去世或下台后，将皇帝的九五之尊传给自己的儿子，而且以嫡长子继承制为基本传统。据《史记·本纪·夏》记载："夏禹，名曰文命。禹之父曰鲧，鲧之父曰帝颛顼，颛顼之父曰昌意，昌意之父曰黄帝。禹者，黄帝之玄孙，而帝颛顼之孙也。禹之曾大父昌意及父鲧皆不得在帝位，为人臣。"据此考量，禹是黄帝之玄孙，从这个意义上讲，禹其实是经由禅让制而继帝位。这一结果不是因为太父昌意及父鲧皆不得在帝位，而是不在嫡长子继承脉系的缘故。可见，学界公认的中国自夏朝起进入史书记载的第一个世袭制朝代，应该是在相对严格的一代接一代嫡长子继承制意义上才能成立的公论。

缯氏、辛氏、冥氏、斟氏戈氏。"① 自此以降，制度化地建立起中国漫长的分封而治的奴隶制阶级社会，禹"其后分封，用国为姓"，将天下九州按照亲疏远近分别分封给包括本族后裔夏后氏在内的十二个家族部落作为采邑之地分别治理。作为中国历史上的第一个阶级社会，皇帝即天子代表上天统一行使统治权，各分封部族以封国（地）为姓，接受皇天之命管辖属地事务，组织封地民众的生产生活，按时足额缴纳禹贡。当时夏族社会的十一支赐姓部落与夏后氏中央王室，在宗法血缘关系方面是宗亲，在社会治理和政权隶属方面是君臣上下级分封关系，在农业和经济生产方面是中央和地方的隶属贡赋关系。那些在封地劳作生产的民众，其人身依附于采邑君主，夏朝皇帝君临天下，身修家齐，国治而天下平（见图3—1）。

图3—1　"夏传子，家天下"大禹建国，中国由原始社会进入阶级社会

虽然，因为历史年代久远和文化传承条件所限，直至先秦晚期，可考的家训资料和实物少之甚少，但是，从人类历史和家训文

---

① 《史记·本纪·夏》。

化史发展的角度看，夏朝不仅开启了我国古代漫长的阶级统治社会中父权制家庭家训的新纪元，而且使得家训真正植根于家庭这一血亲宗法关系的自然沃土，成长于族训这一人为的国教社会政治环境之中。从《史记》《尚书》《诗经》和《礼记》等多种古代典籍所记述的史料，可以清楚地看出，正如大禹本人所言："鸿水滔天，浩浩怀山襄陵，下民皆服于水。予陆行乘车，水行乘舟，泥行乘橇，山行乘檋，行山刊木。与益予众庶稻鲜食。以决九川致四海，浚畎浍致之川。与稷予众庶难得之食。食少，调有余补不足，徙居。众民乃定，万国为治。"① 不仅奠定了九州太平治世，而且让禹最终成为万世效法的治水圣君，更重要的是为后世子孙树立了学习效法的榜样。禹治水期间，"娶于涂山，辛壬癸甲，启呱呱而泣，予弗子，以故能成水土功"②。大禹非常清楚大家与小家的关系，专心公务而不能教养自己的儿子，因而其"禹稷当平世，三过其门而不入"③ 等大公无私的事例千百年来一直为世人所称道。虽然，大禹对自己的儿子未能尽教育抚养的义务，但是，对顽固不化的苗民却以天子德行，教戒他们一定要慎修德行，做到"朝斯夕斯，念兹在兹，磨砺以须，及锋而试"。他以自己的实际行动昭示后世子孙舍小家为大家，上下齐心以长保国运不衰。可万万没有想到的是，夏朝仅仅延续至第三代君主时，大禹之孙太康就把祖父的教诲抛却在了脑后。"太康尸位以逸豫，灭厥德，黎民咸贰。乃盘游无度，畋于有洛之表，十旬弗反，有穷后羿。因民弗忍，距于河。厥弟五人，御其母以从，徯于洛之汭。五子咸怨，述大禹之戒以作歌。"④太康不问政事，迷恋酒色，纵欲游猎，即位当年就被后羿夺去国政致其凄惨而死。其昆弟五人被迫携其母寄居在洛河之滨，落魄之际

---

① 《史记·本纪·夏》。
② 《尚书·益稷》。
③ 《孟子·离娄下》。
④ 《尚书·五子之歌》。

幡然悔悟，各自回想起祖父的家训教诲。"太康失邦，昆弟五人，须于洛汭，作《五子之歌》。其一曰：'皇祖有训：民可近，不可下；民惟邦本，本固邦宁。予视天下，愚夫愚妇，一能胜予。一人三失，怨岂在明，不见是图。予临兆民，懔乎若朽索之驭六马。为人上者，奈何不敬。'其二曰：'训有之：内作色荒，外作禽荒，甘酒嗜音，峻宇雕墙。有一于此，未或不亡。'其三曰：'惟彼陶唐，有此冀方。今失厥道，乱其纪纲，乃底灭亡。'其四曰：'明明我祖，万邦之君，有典有则，贻厥子孙。关石和钧，王府则有，荒坠厥绪，覆宗绝祀。'其五曰：'呜呼曷归？予怀之悲。万姓仇予，予将畴依？郁陶乎予心，颜厚有忸怩！弗慎厥德，虽悔可追。'"① 我们惋惜大禹子孙未能继承和弘扬祖德、致使"其终不令"的同时，从有限的《五子之歌》当中，不难看出大禹教戒子孙的拳拳之心，表明禹不仅胸怀天下，为了百姓苍生念兹在兹、日夜辛劳，而且很善于训导子孙如何修身处世、长保家国。

约公元前 1600 年，夏朝统治历经十四世终结，最后继承皇位者是禹后第十六代夏桀（又名履癸）。"帝桀之时，自孔甲以来而诸侯多畔夏，桀不务德而武伤百姓，百姓弗堪。"② 因为夏桀执政残暴，百姓早已不堪忍受，封国诸侯多有叛乱。为摆脱孔甲以来日益衰败的政权统治局面，桀对内坚决镇压异己力量，对外为了转嫁民人的不满而不断杀伐征战，大肆掠夺社会财富、奴隶和美女。夏桀的这些行为更加引起当时各部族百姓的不满和反抗，而"桀之君臣，相率遏止众力，使不得事农，相率割剥夏之邑居"。臣子属下助纣为虐，民众苦不堪言，威逼得民众甚至发誓诅咒，希望能与夏桀早日同归于尽："是日何时丧？予与女（汝）皆亡！"③ 而就在此

---

① 《尚书·五子之歌》。

② 《史记·本纪·夏》。

③ 《史记·本纪·殷》。另据《尚书大传》记载：桀曾有云："天之有日，犹吾之有民，日有亡哉，日亡吾亦亡矣。"故此民人有誓言曰："是日何时丧？予与女皆亡！"

时，兴起于夏都东方的契（殷）商族逐渐强盛起来，在商汤的领导下已经发展积蓄了足够灭夏的实力。"汤以宽治民，而除去邪……夙兴夜寐，以致职明。轻赋薄敛，以宽民氓。布德施惠，以振穷困。吊死问疾，以养孤孀。百姓亲附，政令流行。"① 相反，"当是时，夏桀为虐政淫荒，而诸侯昆吾氏为乱，汤乃兴师率诸侯。伊尹从汤，汤自把钺以伐昆吾，遂伐桀。……桀败于有娀之虚，桀奔（崩）于鸣条，夏师败绩"②。统治时间长达470多年的夏王朝，自此覆亡，由殷商朝取而代之。

近年来，随着考古界对殷墟的发掘，集中出土了相对丰富的文物，为解决商代历史研究中的一系列悬疑问题提供了有效实证资料。其中，作为中国目前已经发现的最早文字记录符号，在殷墟出土了大量的甲骨文和金文，确证了商朝正处于我国奴隶制社会发展的鼎盛时期。随着对这些文字史料的考证，一方面，可以让我们了解到以商君皇帝为代表的奴隶主贵族为了满足其阶级统治的需要，建立了庞大的官僚机构和军队等国家力量；另一方面，为了维护皇权统治秩序，不仅确立了大量严苛而细致的律法制度，而且注意教育训导皇权继位者顺承祖训，进一步发展和丰富了我国早期家训文化。实际上，纵观我国上古社会的历史可以看出，家训所由出者，最早源于王者之有条教号令之意也，而不仅仅局限于教戒皇亲国戚。

灭夏建商，施行仁政，德化天下众生的商朝开国皇帝成汤去世之后，其嫡长子太丁早夭，有资格接替继位者多不善。对于这一窘况，帮助商汤打天下、受商汤重托摄行国政的卿士伊尹，深感责任重大，于是他把振兴商朝的希望寄托在随后的继任者成汤嫡长孙太甲身上。太甲元年，伊尹借祭祀先王大典，面对侯服甸服的诸侯先

① 《淮南子·修务训》。
② 《史记·本纪·殷》。

祖，率领百官，颂扬殷商之祖成汤大功大德的同时，专门作《伊训》教戒太甲，作《肆命》陈述政教所当为，作《徂后》言明遵守汤之法度的重要意义。

> 呜呼！古有夏先后，方懋厥德，罔有天灾。山川鬼神，亦莫不宁，暨鸟兽鱼鳖咸若。于其子孙弗率。皇天降灾，假手于我有命，造攻自鸣条，朕哉自亳。惟我商王，布昭圣武，代虐以宽，兆民允怀。今王嗣厥德，罔不在初，立爱惟亲，立敬惟长，始于家邦，终于四海。呜呼！先王肇修人纪，从谏弗咈，先民时若。居上克明，为下克忠，与人不求备，检身若不及，以至于有万邦，兹惟艰哉！敷求哲人，俾辅于尔后嗣。制官刑，儆于有位，曰："敢有恒舞于宫，酣歌于室，时谓巫风；敢有殉于货色，恒于游畋，时谓淫风；敢有侮圣言，逆忠直，远耆德，比顽童，时谓乱风。惟兹三风十愆，卿士有一于身，家必丧；邦君有一于身，国必亡。臣下不匡，其刑墨，具训于蒙士。"呜呼！嗣王祗厥身，念哉！圣谟洋洋，嘉言孔彰。惟上帝不常，作善降之百祥，作不善降之百殃。尔惟德，罔小，万邦惟庆；尔惟不德，罔大，坠厥宗。①

全篇训词在揭示夏王朝覆亡教训和赞扬成汤功德的基础上，重温殷商之祖成汤祖训，明确教戒太甲，不要违背祖先奠定基业的初心，不要忘记先王克己奉公的身教示范，不要脱离执政爱民的家国政治基础。要牢记和弘扬成汤的美德，爱自己的亲人，敬自己的长上，从自己的家和国开始做起，推延及于天下百姓。施教者伊尹作为太甲的师保，站在受商汤重托摄行国政的一个有担当的长辈角

---

① 《尚书·伊训》。

度，教育太甲"立爱惟亲，立敬惟长，始于家邦，终于四海"。除了太甲身为国君的特殊身份外，伊尹教育太甲同今天的家长们教育自己子孙的方式如出一辙。不仅如此，在严肃教戒嗣王太甲的同时，对在场和不在场的百官下士也一并进行了禁令性质的详细教导：对于可能存在的经常在宫中手足舞蹈、在私房酣歌作乐的巫风，经常游乐田猎、贪求财货女色的淫风，敢于轻慢污蔑圣训、不辨忠直和不尊老爱幼的乱风，不论卿士，还是国君，如果在他的身上只要有一种，必然会招致丧家或亡国的惩罚，教育和警示意义何其深刻。

然而，事与愿违，太甲既已继位为王，可是不修德政，不到三年便将《伊训》和祖父成汤的教诲完全抛弃，不明修德立身，执政昏暗暴虐；言行失范，所作所为已经严重破坏了商汤定下的法令制度。伊尹对此十分忧虑，多次规劝，但均起不到明显的训育作用。"帝太甲既立三年，不明，暴虐，不遵汤法，乱德。于是伊尹放之于桐宫。三年，伊尹摄行政当国，以朝诸侯。"为了实现警醒教育的目的，让太甲能够真正打心底认识到自己的过错和舛误，悔过自新重新做人，最终成为一代明君，伊尹采取流放太甲这样一种相对极端的教戒方式，将他罢黜皇权后送入商汤墓所在地桐宫（离宫），让其悔过自新、诚意修德。作为教育劝诱的一剂猛药，虽然历代均有学者质疑伊尹此举有违臣德，[1] 但是，如此做的好处，一方面，商汤墓地气氛肃穆，在这样的环境和氛围中，太甲最能轻易见到的

---

[1]　恪守君臣上下礼制，为中华文化特别是制度文化的传统铁律。然而，伊尹流放太甲一事，却成为臣子辅弼君王修养德性和成就伟业之典型美谈，自古以来一直受到人们的崇敬和赞许。例如，清代大儒王夫之的评论便颇具代表性："其不见删于书，亦以太甲之事为后戒；且亦如五子之歌，存其词之正而已。且伊尹之放太甲，亦历数千载而仅见，尧、舜、禹、文、孔子，俱未尝有此举动。孔子于鲁，且不放逐三桓，而况其君？如使进乎'可与立'者，必须有此惊天动地一大段作为，而后许之曰'可与立'，亦岂垂世立教之道哉？浸假太甲贤而伊尹不放，则千古无一人一事为可与权者矣。"〔清代王夫之（1619—1692）撰，《读四书大全说·论语》〕

便是祖父辈的陵墓，最容易想起的自然是祖父艰苦创业和勤勉治国的功绩；另一方面，太甲所能轻易见到的人，除了守墓人外，平时禁止一般人员特别是官员随意进入，没有了前呼后拥山呼万岁的盛荣，所能接受的思想和影响落差，除了让太甲对照祖业反思过错外，就是阅览学习伊尹专为他所作的《伊训》《肆命》《徂后》等训诫之词。"帝太甲居桐宫三年，悔过自责，反善。于是伊尹乃迎帝太甲而授之政。帝太甲修德，诸侯咸归殷，百姓以宁。伊尹嘉之，乃作《太甲训》三篇，褒帝太甲，称太宗。"① 太甲如此清居祖父成汤墓地三年，通过缅怀祖父业绩，潜心对照反省自己的不当劣行，洗心革面，终于从迷途中觉醒了过来，充分彰显了家训教戒的作用。

卿士伊尹扶助太甲，心诚意笃绝不亚于太甲父祖，训教功用度量，自古及今，无人能及。因此，才有伊尹流放太甲，自己摄政三年而不被世人怀疑；太甲受流放和除权禁锢，而没有怨恨伊尹的历史善行。相反，"放太甲于桐，民大悦。太甲贤，又反之，民大悦"这一结果的出现，基本的保证在于，"有伊尹之志则可，无伊尹之志则篡"②。之所以能够获得如此美满的结局，除了伊尹以天下为公的胸怀和辅弼殷商建立基业的丰功伟绩外，还在于其假借道德教化之力量，既不失臣子对君主的盛隆，又能够实现教化太甲的良苦用心。后来，孟子在高度评价太甲闻过迁善、自我修养功夫的同时，对伊尹之训的方式和功绩给予了充分肯定："太甲颠覆汤之典刑，伊尹放之于桐。三年，太甲悔过，自怨自艾，于桐处仁迁义；三年，以听伊尹之训己也，复归于亳。"③ 太甲悔过，复归皇位，功用在于太甲以听伊尹之训己也。与此同时，在太甲悔过迁善之后，伴

---

① 《史记·本纪·殷》。
② 《孟子·尽心章句上》。
③ 《孟子·万章章句上》。

随着迎接太甲回帝都亳恢复帝位，重新执掌大权，① 伊尹又作《太甲训》三篇继续加以教诲。虽然该《太甲训》已亡佚不存，但从《史记》所述史实而言，一方面，让后人足以洞见伊尹确实对太甲寄望厚重，对太甲的教导从未停止和放松；另一方面，比照《尚书》等古籍所载内容，学界很多人更倾向于认为《尚书》中的太甲三篇就是《太甲训》。实际上，古本《尚书》即以《太甲》三篇取而代之："太甲既立，不明，伊尹放诸桐，三年，复归于亳。思庸，伊尹作太甲三篇。"其中，针对太甲"惟嗣王不惠于阿衡"，② 伊尹作书教戒曰："先王顾諟天之明命，以承上下神祇、社稷、宗庙，罔不祇肃。天监厥德，用集大命，抚绥万方。惟尹躬，克左右厥辟，宅师，肆嗣王丕承基绪。惟尹躬先见于西邑夏，自周有终，相亦惟终；其后嗣王，罔克有终，相亦罔终。嗣王戒哉！祇尔厥辟，辟不辟，忝厥祖。"伊尹通过表明自己左右辅弼先王和太甲心迹，以禹王勤政善终为例，郑重教戒嗣王太甲：国君一定要有国君的样子，否则将难以继承天命，反而可能辱没自己的先祖。针对"王惟庸，罔念闻"，伊尹乃言曰："先王昧爽丕显，坐以待旦。旁求俊彦，启迪后人，无越厥命以自覆。慎乃俭德，惟怀永图。若虞

---

　　① 西晋出土的竹书《纪年》，对伊尹和太甲的关系有着不同的论断："初，太康二年，汲郡人不准盗发魏襄王墓，或言安厘王冢，得竹书数十车。其《纪年》十三篇，记夏以来至周幽王为犬戎所灭，以事接之，三家分，仍述魏事至安厘王之二十年。盖魏国之史书，大略与《春秋》皆多相应。其中经传大异，则云夏年多殷；益干启位，启杀之；太甲杀伊尹；文丁杀季历；自周受命，至穆王百年，非穆王寿百岁也；幽王既亡，有共伯和者摄行天子事，非二相共和也（《晋书·列传第二一》）。"由于古本《竹书纪年》在宋代就已经散佚，现在所能看到的最早版本是清人的辑本。其中，《太平御览》书目中，所载《竹书纪年》有文："伊尹放太甲于桐而自立也。太甲潜出自桐，杀伊尹。乃立其子伊陟、伊奋，命复其父之田宅而中分之。"真假存疑，冀方家鉴验。

　　② "伊尹名阿衡。"见于司马迁所著《史记·本纪·殷》，然解者以阿衡为商朝宰相官名。《孙子兵书》讲："伊尹名挚。"《尚书》曰："惟嗣王弗惠于阿衡"，亦曰保衡，皆伊尹之官号，非名也。颜师古注汉书《汉书·志·赤蛟》曰："阿衡，伊尹职号也。"《毛诗·商颂·长发》有言："昔在中叶，有震且业。允也天子，降予卿士。实维阿衡，实左右商王。"语用此处，专指伊尹。相较而言，《史记》所载似有出入。

机张，往省括于度则释；钦厥止，率乃祖攸行。惟朕以怿，万世有辞。"以先王勤于思考和旁求俊彦的聪慧敏觉，若虞机张，启发太甲如何体察实情，怎样做事有的放矢，永图邦国洽制。针对"王未克变"的问题，伊尹教戒开导太甲说："兹乃不义，习与性成，予弗狎于弗顺。营于桐宫，密迩先王其训，无俾世迷。王徂桐宫，居忧，克终允德。"① 伊尹通过指出太甲由于他继位以来思想守旧、言行失范而不听忠告，严重违背了祖父成汤确立的法令制度，自己出于计从长远的考虑而不得不流放太甲的前因后果，开诚布公地对太甲进行训导和劝勉。

从文化传承的需要出发，如果有必要区分《太甲》三篇写作的先后，太甲上的诰教内容显然更多的是针对其"不明"而进行的教戒训导，很可能是在太甲处桐宫自警反省阶段，伊尹"密迩先王其训"所写的教导训词，从训教内容的相关性看，自当靠前。由此也可以看出伊尹流放太甲，主观上绝没有弃之不用的想法，客观上更多地表现为一个负责任师保的教育跟进和悉心查勘。经过长达三年的教育反思和自我内求，太甲最终处仁迁善，"惟三祀十有二月朔，伊尹以冕服奉嗣王归于亳"。伊尹将改过自新的太甲迎接回亳，重新扶立为王的同时，又作书教导曰："民非后，罔克胥匡以生；后非民，罔以辟四方。皇天眷佑有商，俾嗣王克终厥德，实万世无疆之休。"如果民人没有君主，则不能互相匡正而生活下去；如果君主没有百姓，则无以建国君民、治理四方。上天眷顾我有商，使嗣王您能够成就大德，实乃商家万世无疆之美事。伊尹用这些溢美之词，激励太甲修德存善、励精图治，以求江山永固。当然，潜心悔过而重获自由、（即将）重登王位的太甲，经过三年的苦难磨砺和深切反省，自然有感于伊尹开导和辅助之恩，于是拜手稽首曰：

---

① 《尚书·太甲上》。

"予小子不明于德，自厎不类。欲败度，纵败礼，以速戾于厥躬。天作孽，犹可违；自作孽，不可逭。既往背师保之训，弗克于厥初。尚赖匡救之德，图惟厥终。"太甲谦恭地表示：小子我不明于修德而自致不善，纵欲无度败坏礼制，很快给自身召来罪过。所有这些都是因为以前我有违师保①的教训，悔不该当初，幸好尚能仰仗伊尹的匡救恩德，以谋求今后皇朝的大好局面。作为贤明的卿士，伊尹看到太甲对其以前的过错有了如此深刻的认识，诚意洗心革面而取得如此巨大的进步，自然也发自内心地感到高兴。即便如此，伊尹以臣子的身份拜手稽首回话的同时，仍然不忘继续教导太甲："修厥身，允德协于下，惟明后。先王子惠困穷，民服厥命，罔有不悦。并其有邦厥邻，乃曰：'徯我后，后来无罚。'王懋乃德，视乃厥祖，无时豫怠。奉先思孝，接下思恭，视远惟明，听德惟聪。朕承王之休无斁。"②作为师保，伊尹接着教导太甲，要坚持不懈修德明礼，事奉祖先当思孝顺，接应属下以诚相待，视听省察要做到眼明耳聪，勤政守纪注意效法烈祖，胸怀天下不可有顷刻的安乐懈怠，努力让自己成为一代明君。一如父祖家训，谆谆教诲，不绝于耳。

不仅如此，在太甲复出重新执政以后，伊尹继续以居皇位和治理天下之不易，作《太甲》专书反复告诫商王。

　　呜呼！惟天无亲，克敬惟亲；民罔常怀，怀于有仁；鬼神无常享，享于克诚。天位艰哉！德惟治，否德乱。与治同道罔不兴，与乱同事罔不亡。终始慎厥与，惟明明后。先王惟时懋敬厥德，克配上帝。今王嗣有令绪，尚监兹哉。若升高，必自

---

　　①《墨子·尚贤》有言："伊尹为有莘氏女师仆。"师仆，就是奴隶主贵族子弟的家庭教师。在殷墟出土的甲骨文、金文中也有太乙（商汤）和伊尹并祀的记载，因而可以断定，商汤死后，伊尹受托做了汤王长孙太甲的师保，代行长辈家教之责。

　　②《尚书·太甲中》。

下；若陟遐，必自迩。无轻民事，惟难；无安厥位，惟危。慎
终于始。有言逆于汝心，必求诸道；有言逊于汝志，必求诸非
道。呜呼！弗虑胡获？弗为胡成？一人元良，万邦以贞。君罔
以辩言乱旧政，臣罔以宠利居成功，邦其永孚于休。①

言明"与治同道罔不兴，与乱同事罔不亡"的铁律，以及天子
有大善，则天下得其兴的治国理政大道理，再三叮嘱商君太甲，逆
言于心必求诸道，逊言于志必求诸非道。天子乃万邦之仪表，一定
要让太甲明白，立志成为贤君，必务求一人元良，如此才可能万邦
以正。

如果说学习和模仿是人类特别是早期人类生存与发展繁衍的基
本需求，也是主要依靠经验传授来培育新人的家训等教育形式能够
在我国上古时期兴起的生命力所在，那么，出于解决生产生活特别
是社会活动必需的知识和技能所需的古代家训，不仅同人类的产生
与发展历史相同步，而且全然具备保证人类生存与发展的以文化人
的生产效能。从这个意义上讲，通过有限的文史资料加以佐证，那
些以培育皇族世子为标志的中国上古先民的家训，其教化内容主要
是从自然和社会（家庭）伦理两个方面展开施教的：一方面，教以
明"天道"、受"天命"的自然法则，要求人们以天地和自然为
法；另一方面，教以明明德、守伦理的人间道德，要求人们敬天敬
德，学习先祖克配上帝，最终实现神性和德性相匹配的天人合一。
当然，这一时期的家训，仅存续于帝王将相之家，而且训教内容从
根本上服务于皇权神授、臣权君授的制度建设需要。发现于孔壁，
后来失传又复得的古文《尚书》，其中有一篇涉及商汤灭夏史实的
《尹诰》，也称《咸有一德》，是"伊尹既复政厥辟，将告归，乃陈

_____

① 《尚书·太甲下》。

戒于德"而教育太甲的专门训词，可谓圣人之教，其"广大高明，精微敦厚。及其言吉凶成败之理，则苦节大贞而不讳其凶，邦家必闻而以为非达，初不以利诱威胁，强恶人而使向于善"①。

> 呜呼！天难谌，命靡常；常厥德，保厥位。厥德匪常，九有以亡。夏王弗克庸德，慢神虐民，皇天弗保，监于万方，启迪有命，眷求一德，俾作神主。惟尹躬暨汤，咸有一德，克享天心，受天明命。以有九有之师，爰革夏正。非天私我有商，惟天佑于一德；非商求于下民，惟民归于一德。德惟一，动罔不吉；德二三，动罔不凶。惟吉凶不僭，在人；惟天降灾祥，在德。今嗣王新服厥命，惟新厥德，终始惟一，时乃日新。任官惟贤材，左右惟其人。臣为上为德，为下为民。其难其慎，惟和惟一。德无常师，主善为师；善无常主，协于克一。俾万姓咸曰：大哉王言。又曰：一哉王心。克绥先王之禄，永底烝民之生。②

这一具有源头和示范性质的训育篇章，所传递出的天道与人道合其一、天性与人性合其德的训育指向，在商代早期伊尹教戒太甲的反复施为中分明可见。当然，从有限的文字和实物资料看，我国上古三代社会历史上有文字记录的最早家训都是帝王家训，这与中国上古社会的政治、经济和文化条件高度一致。普通民众囿于文化教育条件限制，加之我国"刑不上大夫，礼不下庶人"传统礼制思想的禁锢，虽然每个家庭（家族）都不可或缺地进行着日常家训活动，而且其教戒的范围和涉及面很宽泛，但其传承载体大多限于口头传授的形式，因而表现为成型或影响长远的制式家训的确很少。

---

① （清）王夫之撰：《读四书大全说·论语》。
② 《尚书·咸有一德》。

　　到了商代晚期，源自华夏（汉）民族的周部落，为逃避戎、狄等蛮夷游牧部落的侵扰，从西戎逐渐东迁至陕西岐山东北的周原豳地（今陕西旬邑），选择在渭河流域定居下来，作为外迁附庸部落，卑事商王武乙，与中原共主商朝逐渐建立起稳定信任的接纳和受保护关系。由于周原豳地土壤肥沃，农耕条件优越，这支原本"好耕农，相地之宜，宜谷者稼穑"①的农耕始祖神农氏后稷的后裔部落，在古公亶父的引领下，主动接受了商朝相对先进的文化思想和生产技术，教民耕农稼穑、树艺五谷，造田营舍、建邑筑城，国力迅速得到发展壮大。到西伯文王姬昌主政时期，一方面，继续耕种树艺发展农业生产，制定"有亡荒阅"律法，广泛搜捕和接纳逃亡奴隶，并建邑筑城防止自己的劳动人口流失，施行宽政怀远策略以吸纳周国附近部落归附。"（文王）遵后稷、公刘之业，则古公、公季之法，笃仁、敬老、慈少。礼下贤者，日中不暇食以待士，士以此多归之。伯夷、叔齐在孤竹，闻西伯善养老，盍往归之。太颠、闳夭、散宜生、鬻子、辛甲大夫之徒皆往归之。"②另一方面，进行武力扩张。根据《史记》记载，周国首先讨伐西方犬戎及密须等小国以巩固后方，其次东伐耆国（在今山西长治西南）、又伐邘（孟）国（在今河南沁阳）和崇国，势力范围逐渐深入商朝内部。其时的中原共主，"纣既立，不明，淫乱于政，微子数谏，纣不听。及祖伊以周西伯昌之修德，伐犬戎、密须，灭耆国，惧祸至，以告纣。纣曰：'我生不有命在天乎？是何能为！'"③表现得自负和满不在乎。不断强大的周国，事实上已经对日渐衰落的殷商构成了严重威胁。然而，在"有命在天"的固有天命观主导下，荒淫无道的商纣王却不以为然，最终于约公元前1046年被周武王（姬发）所灭。

---

①《史记·本纪·周》。

②同上。

③《史记·世家·宋微子》。

完成灭商立周大业后，周武王姬发"封诸侯，班赐宗彝，作《分殷之器物》。武王追思先圣王，乃褒封神农之后于焦，黄帝之后于祝，帝尧之后于蓟，帝舜之后于陈，大禹之后于杞。于是封功臣谋士，而师尚父为首封。封尚父于营丘，曰齐。封弟周公旦于曲阜，曰鲁。封召公奭于燕。封弟叔所于管，弟叔度于蔡。余各以次受封"①。周王分封诸侯，按照公、侯、伯、子、男五个等级，在沿袭夏、商旧有的分封制度基础上，分封姬姓宗族子弟和诸位功臣为列国诸侯，其余的小部落分属于相应诸侯而为其附庸，最终建立和完善了中国历史上划分诸侯建立同姓子民诸侯国的"封建"制度。② 当朝共主周天子对各诸侯国拥有较大的权威，不仅有权干涉各诸侯国内政，还可以向诸侯国派遣监国使臣。

与此同时，小邦周灭大邦商的历史成就与主仆地位的变故，使西周早期统治者特别是武王姬发和周公姬旦在享受成功喜悦的同时，让这些敢于冒天下之大不韪而废黜殷祀的周代开国元勋们惊惧怵惕。面对君权神授理念下固有的忤逆篡夺心理矛盾、面对天下初定、百废待兴的执政挑战，以及面对殷商覆亡的经验教训，战战兢兢、如履薄冰的西周统治者们不得不认真谋划保持周代长治久安的执政方略。一方面，在思想认识上，为了适应主政天下的需要和维

---

① 《史记·本纪·周》。

② 依照周代礼制，其"分封制"是建立在井田制土地所有与管理体制之上的，以普天之下的土地疆域均为皇帝所有为出发点，将其时最有价值的土地资源分封给各诸侯国家作为采邑管辖，自此建立了中国古代宗法社会的土地国有（皇帝私有）制度，这一制度在商朝时就有文字记载，到西周时得以发展成熟。井田，由于耕作道路和沟渠纵横交错，把土地分隔成大小相当的方块，形状酷似"井"字而被称作井田。从所有制角度讲，井田属周王所有，从管理使用和收益角度讲，仅仅分配给诸侯包括附庸庶民使用。受封领主不得买卖和转让井田，并且还要依律按期缴纳贡赋。领主役使庶民集体耕种井田，凡九块土地为一井，周边八块为私田，中间一块为贡赋公田。名义上，"普天之下，莫非王土"，实际上，在封建社会制度下，国家的全部土地并不完全归周王室所有，而是分别由获得封地的诸侯所经营，他们拥有分封土地包括附属其上的人口等所有资源和收益，只需向周王室缴纳一定的贡赋即可。无独有偶，周王皇室与各诸侯国之间的关系，与中世纪欧洲王国与罗马教廷的关系一样，如同现代的联邦体制。

护宗周刚刚确立的分封制，周朝统治者深刻地认识到"皇天无亲，唯德是辅；民心无常，唯惠是怀。为善不同，同归于治；为恶不同，同归于乱"① 的天道与人道规律，受旧有天命观认识的影响，刚刚"受天明命"的周武王依然忧心于未定天之保安，以致自夜不得寐。"武王至于周，自夜不寐。……曰：'我未定天保，何暇寐！定天保，依天室，悉求夫恶，贬从殷王受，日夜劳来我西土，我维显服，及德方明。'"② 周武王认为，除了建造能依天之宫室、退除殷纣之恶、役使殷民日夜劳作以安定我西土国家外，重要的还在于统治者务要明于政事，特别是以周文王德教施诸四方并明行之，如此方可以寝寐安定。为此，周朝新主武王姬发刚刚登基三日，便召士大夫而求教："恶有藏之约、行之行，万世可以为子孙常者乎？"当未能通过士大夫获得保证国家永远昌盛、子孙后代万世久安的安保良策时，又急忙召见师尚父问询道："昔黄帝颛顼之道存乎？意亦忽不可得见欤？"当师尚父告知他："在丹书，王欲闻之，则齐（斋）矣"时，武王便诚意斋戒三日，而后衣冠整齐、诚惶诚恐地接受师尚父面授丹书之机："敬胜怠者吉，怠胜敬者灭；义胜欲者从，欲胜义者凶。凡事，不强则枉，弗敬则不正，枉者灭废，敬者万世。藏之约、行之行、可以为子孙常者，此言之谓也！……且臣闻之，以仁得之，以仁守之，其量百世；以不仁得之，以仁守之，其量十世；以不仁得之，以不仁守之，必及其世。"③ 当武王听到这些保证国家昌盛和子孙长久的治国大道时，"惕若恐惧，退而为戒书"，制作了很多既能自戒自勉、又能教育家人臣子的训教铭文，分别置于座席和凭几四角、铜镜和盥洗用具周围、房屋楹柱，以及铭刻在手杖、腰带、鞋子、餐具、祭器、门窗、刀剑、弓矛等所有

---

① 《尚书·蔡仲之命》。
② 《史记·本纪·周》。
③ 《大戴礼记·武王践阼第五十九》。

能经常看到和用到的器物上，以时时警示和教育自己，劝勉后世子孙和身边的卿士权贵不要忘记先王的教诲和上天的旨意。

席前左端之铭曰：安乐必敬；前右端之铭曰：无行可悔；后左端之铭曰：一反一侧，亦不可以忘；后右端之铭曰：所监不远，视迩所代。机之铭曰：皇皇惟敬，口生垢，口戕口。鉴之铭曰：见尔前，虑尔后。盥盘之铭曰：与其溺于人也，宁溺于渊。溺于渊犹可游也，溺于人不可救也。楹之铭曰：毋曰胡残，其祸将然，毋曰胡害，其祸将大。毋曰胡伤，其祸将长。杖之铭曰：恶乎危？于忿疐。恶乎失道？于嗜欲。恶乎相忘？于富贵。带之铭曰：火灭修容，慎戒必恭，恭则寿。履屦之铭曰：慎之劳，劳则富。觞豆之铭曰：食自杖，食自杖！戒之憍，憍则逃。户之铭曰：夫名，难得而易失。无勤弗志，而曰我知之乎？无勤弗及，而曰我杖之乎？扰阻以泥之，若风将至，必先摇摇，虽有圣人，不能为谋也。牖之铭曰：随天之时，以地之财，敬祀皇天，敬以先时。剑之铭曰：带之以为服，动必行德，行德则兴，倍（背）德则崩。弓之铭曰：屈伸之义，废兴之行，无忘自过。矛之铭曰：造矛造矛！少闲弗忍，终身之羞。[①]

这就是著名的武王"丹书受戒、户牖置铭"，自我砥砺的训诫历史典故，实际上也是武王以"予一人所闻，以戒后世子孙"的典型家训。表明周武王主动从革新观念和意识形态领域着手，明确提出以自己为代表的统治者，要坐享天下不能单靠天命而要依靠德行，教戒自己和后世继任者必须树立"德治"的执政理念，时刻提

---

① 《大戴礼记·武王践阼第五十九》。

醒自己并教戒身边的人，必须明确认识到要享有天命，做到长治久安，就必须讲求德行，更要对王嗣、卿士和广大民众宣明政教，开展德训。

另一方面，小邦周灭大邦商的历史事实，让西周立国以来天命靡常的思潮兴起，而对君权神授的天命观逐渐遭到质疑。为了巩固西周新的政权，除了做到以德配天和勤劳勿逸，礼与刑的合理运用则关乎王朝天命的永续与繁荣。正是因为西周统治者认识到了"礼乐不兴，则刑罚不中；刑罚不中，则民无所错手足"，[①] 所以，在制度建设上，为了实现社会治理目标，周公（姬旦）在辅弼武王及后续代替成王执政期间，制礼作乐，作《周官》[②]（《周礼》）（如图3—2），对殷商以前成型的礼乐等制度规范进行系统的整理和改造，创建了一整套涵盖修身齐家、饮食起居、丧葬祭祀、文化教育、军政外事和权位传递等社会生活各领域，具有强制性和可操作性的周礼制度。"昔殷纣乱天下，脯鬼侯以飨诸侯，是以周公相武王以伐纣。武王崩，成王幼弱，周公践天子之位，以治天下。六年，朝

---

① 《论语·子路第十三》。

② 《尚书·周官》："成王既黜殷命，灭淮夷，还归在丰，作周官。惟周王抚万邦，巡侯甸。四征弗庭，绥厥兆民；六服群辟，罔不承德。归于宗周，董正治官。王曰：'若昔大猷，制治于未乱，保邦于未危。曰唐虞稽古，建官惟百，内有百揆四岳，外有州牧侯伯，庶政惟和，万国咸宁。夏商官倍，亦克用乂。明王立政，不惟其官，惟其人。今予小子，祗勤于德，夙夜不逮，仰惟前代时若。训迪厥官，立太师、太傅、太保。兹惟三公，论道经邦，燮理阴阳，官不必备，惟其人。少师、少傅、少保，曰三孤，贰公弘化，寅亮天地，弼予一人。冢宰掌邦治，统百官，均四海。司徒掌邦教，敷五典，扰兆民。宗伯掌邦礼，治神人，和上下。司马掌邦政，统六师，平邦国。司寇掌邦禁，诘奸慝，刑暴乱。司空掌邦土，居四民，时地利。六卿分职，各率其属，以倡九牧，阜成兆民。'六年五服一朝，又六年王乃时巡，考制度于四岳，诸侯各朝于方岳，大明黜陟。王曰：'呜呼！凡我有官君子，钦乃攸司，慎乃出令，令出惟行，弗惟反。以公灭私，民其允怀，学古入官，议事以制，政乃不迷。其尔典常作之师，无以利口乱厥官。蓄疑败谋，怠忽荒政，不学墙面，莅事惟烦。戒尔卿士，功崇惟志，业广惟勤，惟克果断，乃罔后艰。位不期骄，禄不期侈，恭俭惟德，无载尔伪。作德、心逸、日休，作伪、心劳、日拙。居宠思危，罔不惟畏，弗畏入畏。推贤让能，庶官乃和，不和政厖。举能其官，惟尔之能；称匪其人，惟尔不任。'王曰：'呜呼！三事暨大夫。敬尔有官，乱尔有政。以佑乃辟，永康兆民，万邦惟无斁。'"又，《史记·世家·鲁周公》记曰："成王在丰，天下已安，周之官政未次序，于是周公作《周官》，官别其宜。作《立政》以便百姓。百姓说。"

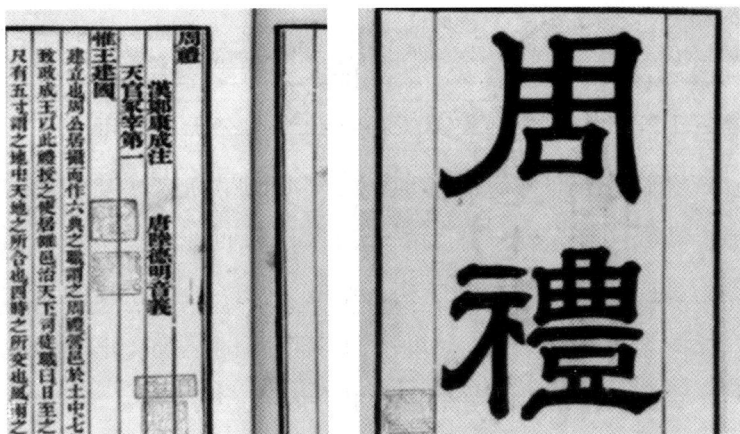

图3—2

诸侯于明堂，制礼作乐，颁度量，而天下大服（孔安国注《周官》
曰：'周公既致政成王，恐其怠忽，故以君臣立政为戒也。'）"① 将
源于尧舜禹夏、发展于商，包括政权、族权、神权、夫权和民权在
内的封建宗法制度发展改造为统治国家和巩固世卿贵族内部关系的
通行礼制，使其成为遍及政治、教育、军事、文化、思想信仰等各
领域的社会上层建筑和文化体系。"是故先王之制礼乐也，非以极
口腹耳目之欲也，将以教民平好恶而反人道之正也。"② 后来，郑玄
对此注疏曰："教之使知好恶。……言先王制礼作乐，本是教训浇
民，平于好恶之理，故去恶归善，不为口腹耳目之欲，令反归人之
正道也。"说明《周礼》不单单是治国制度的集合，更重要的是教
民规范有序、懂礼向善的训育范型。

　　与上古三代开始将大禹、成汤、周文王姬昌等天子或皇帝称作
"王"，而不称作"帝"的认识演变相一致，上古夏、商两朝和西
周初期的家训，受家国一体的政治制度决定，施教主体统一都由帝

---

① 《礼记·明堂位》。
② 《史记·书·乐》。

王发布和施行，其实质为王训。但从训教施为的血缘社会组织角度讲，则展现为族训。因为这一时期的家国结构还未完全分开，因而其时的家训活动，现实地表现为包括众多王公大臣辅助天子，聚焦律修自省以德配天而对以皇家子弟为中心的皇族大家庭进行的训教和昭诰。训教文本大多仅存于帝王之家，因而可以看作是国训的范本。更为重要的是，正是有皇朝天子的亲力亲为，在我国古代社会流传广泛的家训及其文化，才保证了其源流的学统、正统和道统的纯正与一贯。关于这一问题，虽然由于年代过于久远，加之文献和实物资料太少，我们客观上存在着对于上古先民们的物质和精神遗产知之甚少的遗憾和局限。但是，通过有限的文字和实物史料，我们仍然可以清晰地感受到上古先民口耳相传的中华家训文化基因，不论是祖述尧舜先辈遗志，还是开天立极探究天人之合，那些让人明道和教化新民的价值指向都是非常鲜明而一以贯之的。其中，作为中国历史上最早的文化宝藏之一、记载着我国上古三代时期历史的记言体古文《尚书》，其中很多内容还反映着臣下对君上言论的记述，是一部上古公文总集，所载内容与《史记》所述互相印证，史实可信度极高。虽然，这部古文《尚书》的篇目和记述内容因不同年代存续版本的不同而有未定争议，但是，从记言体古文《尚书》的文化源头出发，其立言立教与立身立德的文化作用和教育后辈的用意非常显见。正是因为人是文化的生产、传播和承载者，也是以文化人的历史与现实成果。所以，即使古文《尚书》与伏生（胜）系文本存在篇目和内容的差异，但两种版本的《尚书》中共同反映的文化沿袭脉络，以及文化指向教戒训育和范导劝勉的人文教化精神，毋庸置疑成为中华优秀传统文化中最具人文特色和家国情怀、最能触动人类心灵和化育后人的思想基础，具有选育新人的文化生命力，也具有家训生发和传承的源头价值。

所以，考据历史文献和相关的实物资料，我们可以看出，西周初年周文王（姬昌）、周武王（姬发）、周公（姬旦）及其很多诸侯国君都有家训留传于世，仅杂文体著作《尚书》诸篇中，完全记述周代历史事件和风云人物的，共有 31 篇，其中就有《康诰》《酒诰》《召诰》《梓材》《无逸》《立政》等超过一半的篇章涉及训教内容，在这个意义上讲，我们完全有理由将《尚书》看作我国现知最早的家训著作。训诰形成的时间跨度很大，从西周的开国皇帝直至周平王所作的《文侯之命》，跨越整个周王朝近 800 年历史；训诰和实施训教活动的发布者，既有历代周天子，也有鲁侯伯禽准备征伐徐、夷而作的费誓诫词；训诫活动的参与者，既有诸侯国君，还有师保和诸王臣子，完全可以看出自上而下、由里而外、由近及远，自天子以至诸侯、由君王贵族而世家大户的训教传播和家训文化社会化的历史进路（见图 3—3）。

第一，周文王教导武王礼刑并用，勤政图存。培育新人是一切文化不灭的生命力所在，是人类社会延续与发展永恒的主题，当然也是中国传统家训的核心要义。周文化的突出内涵之一是追求天命与道德的统一，相较两者而言更崇尚道德。而且，从有文字和史料记载的史实看，其鲜明的文本记言题材和口耳相传的文化说教特色，分明在源头上展示出中华传统文化的教化特性。根据清华大学出土文献研究与保护中心公布的结果，周文王作家训教导武王的《保训》实物和部分原文如下。

惟王五十年，不豫，王念日之多历，恐坠宝训。戊子，自靧。……王若曰："发，朕疾适甚，恐不女（汝，下同）及训。昔前人传宝，必受之以詷，今朕疾允病，恐弗念终，女以书受之。钦哉，勿淫！昔舜旧作小人，亲耕于历丘，恐求中，自稽厥志，不违于庶万姓之多欲。厥有施于上下远迩，乃易位迩稽，测阴阳之物，咸顺不扰。舜既得中，言不易实变名，身滋

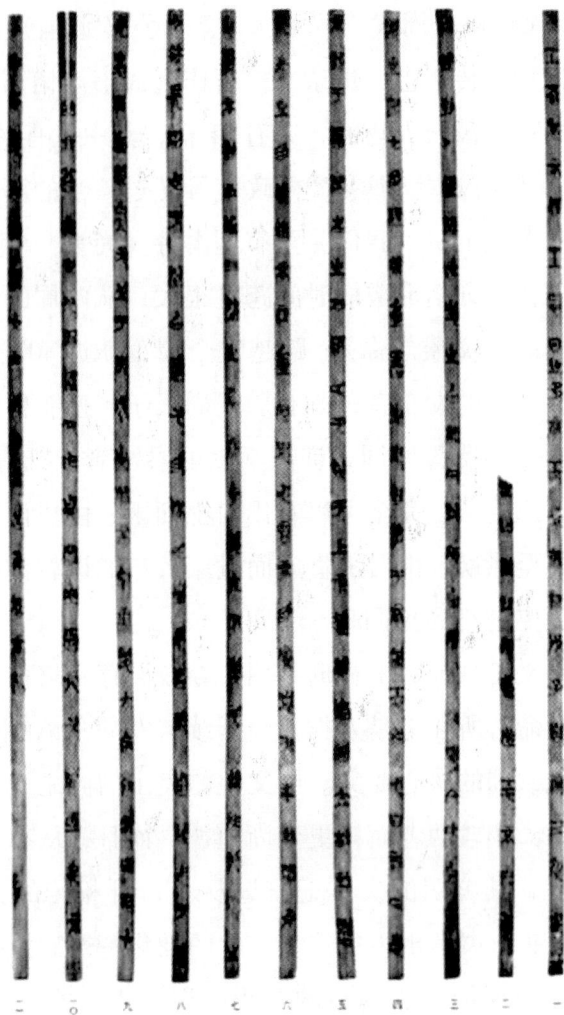

图3—3 清华大学藏《清华简》之一：文王《保训》

备惟允，翼翼不懈，用作三降之德。帝尧嘉之，用受厥绪。呜呼！发，只之哉！昔微假中于河，以复有易，有易服厥罪，微无害，乃归中于河。微志弗忘，传贻子孙，至于成唐，只备不懈，用受大命。呜呼！发，敬哉！朕闻兹不旧，命未有所延。今女只备毋懈，其有所由矣。不及尔身受大命，敬哉，勿淫！

日不足，惟宿不详。"①

考察文王一生，前期吸取其父王季被杀的沉痛教训，坚持潜龙勿用以韬光养晦，积聚力量；后期由于自我壮大则王赫斯怒，大造武功，伐密克崇。周文王终其一生都在追求"剪商"的目标，到他晚年的时候，这个目标实际上已经越来越近了，"在这种胜利的形势下，周文王可以很快就去攻打殷都，击灭殷纣。但是机缘不凑巧，周文王在作丰邑的第二年就死去了，因而把灭商的事业留给他的儿子周武王去完成"。② 因此，文王在弥留之际，为了言明自己的心迹，达到教育训示的目的，要求武王姬发以书受之其训：一是教育儿子武王如何才能做到以至德治国，③ 训示姬发要学习帝舜用五典之礼教导民众父慈子孝、兄友弟恭，不论是满足百姓欲求，还是理顺天地阴阳关系，都要坚持以礼教化国人百姓，坚持以礼经国家、定社稷、序民人，以利后嗣。二是提醒姬发要理性看待民人百姓所具有的自利特性，要做到和自己一样"不违于庶万姓之多欲"，不要逆转阻遏百姓的正当追求，而是教戒和提醒姬发要顺应和关切

---

① 清华大学出土文献研究与保护中心：《清华大学藏战国竹简〈保训〉释文》，《文物》2009 年第 6 期，第 73—75 页。2008 年 7 月，清华大学收藏了由其校友赵伟国从境外拍卖所得后捐赠的一批珍贵战国竹简，被命名为清华简，引起了考古界和学界的极大关注。经碳 14 测定证实，清华简是战国中晚期文物，在秦之前就被埋入地下，未经"焚书坑儒"历史文化浩劫的破坏，所以在一定程度上能够最大限度地展现先秦古籍的原貌，有助于了解中华文化的初期面貌和发展脉络。其中，就发现了亡佚千年的周文王训子遗言——《保训》，填补了周文王教子家训的空白。

② 刘起：《古史续辨》，中国社会科学出版社 1991 年版，第 512 页。

③ 《论语·泰伯》记载，孔子针对周武王"予有乱臣十人"所发的感想有曰："才难，不其然乎？唐、虞之际，于斯为盛。有妇人焉，九人而已。三分天下有其二，以服事殷。周之德，其可谓至德也已矣。"孔子以文王有至德而称道："周监于二代，郁郁乎文哉，吾从周。"刘宝楠《论语正义》评议曰："文之服事，非畏殷也，亦非曰吾姑柔之，俟其恶盈而取之也，惟是冀纣之悔悟，俾无坠厥命已尔。终文王之世，暨乎武王，而纣淫乱日益甚，是终自绝于天，不至灭亡不止也。是故文之终服事也，至德也。武之不终服事也，纣为之也，亦无损于至德也。"[刘宝楠撰《论语正义》（诸子集成本），中华书局 1959 年版，第 169 页。] 以征武王听训而继承和弘扬文王至德之实。

大众关注利益的本性。因为君王治理的对象主要是国内民众，需要处理的冲突也主要是宗族内部的矛盾，故而必先之以礼乐教化来安定上下尊卑之序，确定君臣等级名分。三是以"昔微假中于河，以复有易，有易服厥罪，微无害，乃归中于河"的前人事例，明示武王——特种迹象已经表明天帝既已授命文王我，鼓励武王应当踵继其后，成就立国大业。四是从战略的角度告诫武王，对于异族劲旅殷商及其余民，必须坚持"明德慎罚"，虽然军国大事无非武功征伐和严明刑律，但施行德政和收获民心才可以继承和成就文王未尽之大业。

第二，家训由庙堂之高下嫁百姓之家的历史轨迹。西周初年，为了奋发图强以守打下的社稷江山，周族上下团结一心，恪守周礼仪轨，互相支持、互相砥砺、互相教育提醒成为社会风尚。以周公（姬旦）为代表的侯王将相，自觉地将周王训导自己的诰辞阐发演变为训教各自的兄弟子侄和教化采邑属地民众的训教蓝本，在将周王的仁政德行流布传播开去的同时，也将自己对后生子民的劝喻训教思想贯穿其中。"成王少，周初定天下，周公恐诸侯畔周，公乃摄行政当国。管叔、蔡叔群弟疑周公，与武庚作乱，畔周。周公奉成王命，伐诛武庚、管叔，放蔡叔，以微子开代殷后，国于宋。……三年而毕定，故初作《大诰》，次作《微子之命》（孔安国注曰'封命之书'），次《归禾》，次《嘉禾》，次《康诰》《酒诰》《梓材》，其事在《周公》之篇。"[1] 后来，周公担心成王壮年后，治国有所淫佚，于是作《多士》《毋逸》，及时加以训导提携。其中，《毋逸》篇诰教成王，言明为人父母和为业长久，若遇子孙骄奢忘之而亡其家，为人子可不慎乎的大道理。"继自今嗣王，则其无淫于观、于逸、于游、于田。以万民惟正之供，无皇曰。今日

---

[1] 《史记·本纪·周》。

耽乐，乃非民攸训，非天攸若，时人丕则有愆，无若殷王受之迷乱酗于酒德哉！……我闻曰：古之人，犹胥训告、胥保惠、胥教诲，民无或胥诪张为幻。此厥不听，人乃训之，乃变乱先王之正刑，至于小大。民否则厥心违怨，否则厥口诅祝。"① 从知小人之依，保施小民而不侮鳏寡，故能长保家国太平治世的朴素道理入手，其言切于日常实用，是周公告诫侄子周成王（姬诵）不要贪图安逸享乐、不要荒废政事、要"知稼穑之艰难"以安定民心的一篇诰辞。②《多士》篇训词曰："自汤至于帝乙，无不率祀明德，帝无不配天者。在今后嗣王纣，诞淫厥佚，不顾天及民之从也。其民皆可诛。"③ 以"文王日中昃不暇食，飨国五十年"为例，教戒成王不敢违背天道，只有这样才能以德配天，永续太平基业。

周公不仅辅弼侄子成王治理国政，代成王征伐敌寇和镇压反叛流民族众，而且处心积虑地制作并严格对受封诸侯施行训诰教戒，如"告康叔以为政之道，亦如梓人之治材也"。据《韩诗外传》记载，周公践天子之位七年，成王封周公长子伯禽为鲁侯，临行前周公作训诫之，成就了一代家训典范。

　　往矣！子无以鲁国骄士。吾、文王之子，武王之弟，成王之叔父也，又相天下，吾于天下，亦不轻矣。然一沐三握发，一饭三吐哺，犹恐失天下之士。吾闻德行宽裕，守之以恭者荣；土地广大，守之以俭者安；禄位尊盛，守之以卑者贵；人众兵强，守之以畏者胜；聪明睿智，守之以愚者善；博闻强记，守之以浅者智。夫此六者、皆谦德也。夫贵为天子，富有四海，由此德也；不谦而失天下，亡其身者，桀纣是也；可不慎欤！

① 《尚书·无逸》。
② 杨萍译：《尚书》，北京出版社 1996 年版，第 84 页。
③ 《史记·世家·鲁周公》。

故易有一道，大足以守天下，中足以守其国家，近足以守其身，谦之谓也。夫天道亏盈而益谦，地道变盈而流谦，鬼神害盈而福谦，人道恶盈而好谦。……诚之哉！其无以鲁国骄士也。[①]

此乃伯禽将赴受封之国就任，其父周公所作之训诫之词。后被鲁人传诵，久而不忘也。作为佐证史料，《孔子家语》记载，孔子当年到周王室观礼时，在周族皇祖后稷庙中曾经看到过一尊金人，"孔子观周，遂入太祖后稷之庙，堂右阶之前，有金人焉，三缄其口，而铭其背"。[②]铭文与周公所作训词无二。周公辅佐成王平叛管叔、蔡叔之乱后，诰命敕令蔡仲践诸侯之位，并协助成王作《蔡仲之命》训教侄子，以正百工和群叔流言（见图3—4）。

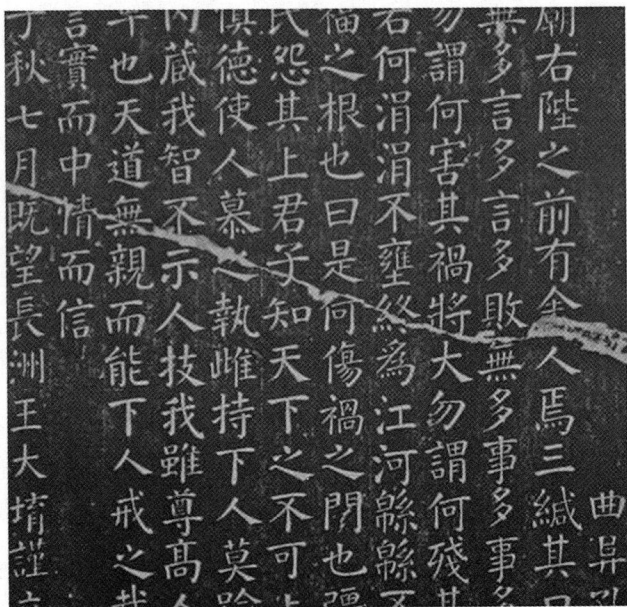

图3—4　今山东曲阜周公庙中的"金人铭"石碑

---

① 《韩诗外传·卷三》。
② 《孔子家语·观周第十一》。

　　蔡叔既没。……乃致辟叔于商，囚蔡叔于郭邻，以车七乘。降霍叔于庶人，三年不齿。蔡仲克庸只德，周公以为卿士。叔卒，乃命诸王邦之蔡。王若曰："小子胡！惟尔率德改行，克慎厥猷，肆予命尔侯于东土，往即乃封。敬哉！尔尚盖前人之愆，惟忠惟孝，尔乃迈迹自身，克勤无怠，以垂宪乃后，率乃祖文王之彝训，无若尔考之违王命。皇天无亲，惟德是辅；民心无常，惟惠之怀。为善不同，同归于治；为恶不同，同归于乱，尔其戒哉。慎厥初，惟厥终，终以不困，不惟厥终，终以困穷。懋乃攸绩，睦乃四邻，以蕃王室，以和兄弟，康济小民，率自中。无作聪明乱旧章，详乃视听；罔以侧言改厥度，则予一人汝嘉。……汝往哉，无荒弃朕命。"①

　　牢记文王彝训，不荒弃君命，和睦四邻，蕃育王室。同时，教戒子侄除了勤慎务实和以德治国外，关键的还在于能否教化好包括自己的子弟后辈在内的采邑民众，并做到和睦四邻、惠及族众。"周公既没，命君陈分正东郊成周，作《君陈》"以训诰："君陈，尔惟弘周公丕训，无依势作威，无倚法以削，宽而有制，从容以和。殷民在辟，予曰辟，尔惟勿辟；予曰宥，尔惟勿宥，惟厥中，有弗若于汝政，弗化于汝训。辟以止辟，乃辟，狃于奸宄，败常乱俗，三细不宥。尔无忿疾于顽，无求备于一夫。必有忍，其乃有济；有容，德乃大；简厥修，亦简其或不修；进厥良，以率其或不良。惟民生厚，因物有迁，违上所命，从厥攸好。尔克敬典在德，时乃罔不变，允升于大猷。惟予一人膺受多福，其尔之休，终有辞于永世。"② 君陈是周公次子，周成王针对受命子孙的具体情状，有

————————

① 《尚书·蔡仲之命》。
② 《尚书·君陈》。

区分地因材施教，既是赴任嘱托，也是为官成人成德的训教之词，言真意切、宽厚悠长，体现出一个有为长辈对子孙后嗣的殷切期望，也是家族长辈继承祖训、以德服人的家训典范之作。毫无疑问，受封治理一方的姬姓诸侯，包括公、侯、伯、子、男，一定是严格遵守针对自己的分封祖训，并严格而虔诚地在本国度本家族传承和弘扬这一训词精神的。

据《春秋左氏传》所记，惩乱任贤、整顿内政、中兴晋国的"晋侯悼公即位于朝，始命百官，施舍己责。逮鳏寡，振废滞，匡乏困，救灾患，禁淫慝，薄赋敛，宥罪戾，节器用，时用民，欲无犯。时使魏相、士鲂、魏颉、赵武为卿。荀家、荀会、栾黡、韩无忌为公族大夫，使训卿之子弟，共俭孝弟。使士渥浊为大傅，使修范武子之法。右行辛为司空，使修士蒍之法。弁纠御戎，校正属焉，使训诸御知义。荀宾为右，司士属焉，使训勇力之士。时使卿无共御，立军尉以摄之。……凡六官之长，皆民誉也。举不失职，官不易方，爵不踰德，师不陵正，旅不偪师，民无谤言，所以复霸也"①。文字极简，但所记述的信息量却很大。透过六官岗位执事，我们不难看出，要想成就霸业，虽然难免有挟天子以令诸侯的不义和忤逆，但春秋时期的诸侯国君同祖辈周天子一样，始终奉行设立公族大夫，使训卿士子弟的家训传统，分明是以实际行动推进家训及其训教文化的大众普及。

三 家训及其文化的社会化传播

在中国古代社会历史条件下，家训文化的社会化，不仅受制于家训所反映和依据的文化基础是不是符合社会主流意识形态、是不是获得了特定社会政治制度的认可和支持，而且更受制于生发家训

---

① 《春秋左氏传·成公》。

文化的家庭家族所有制经济基础。从表面上看，以皇帝为代表的专制统治阶级对家训及其文化的支持与传布，是为了教民化俗以维护和发展家国一体的封建社会经济与政治制度；实际上，家训文化以育民新人的品德塑造价值，伴以家训这种民间化大众德育范式的成功有效，表明家训文化在本质上高度契合人格培育和家国治理的一般规律，因而能够植根中华厚土，勃然生长，滋蔓发展，最终实现家训文化的社会化。我们经过对《史记》《尚书》《诗经》《春秋左氏传》《孔子家语》等古典历史文献研究后得出的家训文化社会化传播结论是：从西周社会起，一方面，随着土地和人力资源等分封的制度化，相对稳定的生产生活条件不仅促进了经济生产和人口繁荣，而且政治上明晰了国度的边界，加快了部族的分化，最后也催生了家族特别是比较小型化家庭的出现与完善，为家训的民间普及打好了组织基础。另一方面，中原共主周天子为了强有力地统治天下，除了建立强大的军队威震四方、设立大量职能明确的官吏分别执事外，周代统治者还更多地采取针对同姓封邑家族成员是否顺服而通行的礼制监管方略，其中最常用也最能管长远的方法之一便是昭告四方和教戒臣子。在这个家国同构和家国一体的封建社会，通过大量的官方诰教或训词宣告天命皇权的神圣、明确臣权君授和恪守为官本分等各种利害关系的同时，作为既有的礼制，训诰一般是在赴任就职前训诫教育各同宗后嗣，要求其作为采邑君主应当秉承祖德、勤政无逸，告诫他们一定要励精图治、教化民众，从而制作出大量颇具家训教戒价值的优秀训诰诫词，伴随着受训子弟对训诰的接受、理解、传承、增华和践行，便成功地实现了家训及其训教文化社会化的历史任务。

相较而言，《诗经》所载的诗歌最能反映当时的社情民意，其中的国风篇诸诗便是直接描写和展现化民成俗的训教成效的。我国古代第一部诗歌总集《诗经》，不仅文学和史料价值极高，而且成为真实反映周代社会生活风貌和展现民众精神状况的艺术表现形式，诗中大量描写和展现出的周王特别是周文王、武王德训化民的功绩，以及广大民众传承和接受祖训的化育成效，在一定意义上印证了周王家训不断下嫁并普及民间大众的文化传承史实。

一是表现周王及其统治者化民成俗的训教国风。根据篇首以"关雎"诗为题跋与核心所加注的《毛诗序》所言，周代的国风，实质便是上行下效的周王训教化育之德风："关雎，后妃之德也，风之始也。所以风天下而正夫妇也，故用之乡人焉，用之邦国焉。风，风也，教也，风以动之，教以化之。诗者，志之所之也，在心为志，发言为诗，情动于中而形于言，言之不足故嗟叹之，嗟叹之不足故永（咏）歌之，永（咏）歌之不足，不知手之舞之足之蹈之也。情发于声，声成文谓之音，治世之音安以乐，其政和。乱世之音怨以怒，其政乖。亡国之音哀以思，其民困。故正得失、动天地、感鬼神，莫近于诗。先王以是经夫妇、成孝敬、厚人伦、美教化、移风俗。……上以风化下，下以风刺上，主文而谲谏，言之者无罪，闻之者足以戒，故曰风。至于王道衰、礼义废、政教失、国异政、家殊俗，而变风变雅作矣。"[①] 止乎礼义而发乎人情，民之本性；止乎礼义而用乎行动，先王之泽。一方面，基于诗能言志，歌以咏怀的喻理讽物功能，借力诗歌自然而接地气的强大传播力量，通过吟咏人之真情性，明国史得失、伤人伦废弛、哀刑政猛苛，讽谏各级官吏以至朝廷皇帝，以求达于事变而怀其旧俗，从而将系于皇帝一人之本和一国之事的社会普遍价值原则和道德规范，以诗歌这样一种广为大众喜闻乐见的艺术形式，播撒到中原大地的千家万户，流布于民人百姓的头脑心田。另一方面，将民众对统治者的制世意见和百姓对生活疾苦的诉求，以诗为载体，通过言天下之事，

---

① 《毛诗·国风·周南·关雎》。

形容四方之风，颂美盛德之功，评述王政废兴，并期望能成功地昭告于神明。正因如此，《诗经》国风篇第一首诗《周南·关雎》非常著名，可谓家喻户晓。"关关雎鸠，在河之洲。窈窕淑女，君子好逑。参差荇菜，左右流之。窈窕淑女，寤寐求之。求之不得，寤寐思服。悠哉悠哉，辗转反侧。参差荇菜，左右采之。窈窕淑女，琴瑟友之。参差荇菜，左右芼之。窈窕淑女，钟鼓乐之。"①此诗字面上似乎在描写男欢女爱的人伦关系，但事关后妃之德，并不是一般的男女夫妇这一基本社会关系，因而成为风之始、训之要、德之显。原因在于，要让一国百姓安居乐业，达到孔子所称许的"乐而不淫，哀而不伤"的《关雎》诗化般人生境界，没有遍及全世的文化训导和良好的德育教化，是万万不可企及的。正如《毛诗序》所言，"然则关雎麟趾之化，王者之风，故系之周公。南，言化自北而南也。鹊巢驺虞之德，诸侯之风也，先王之所以教，故系之召公。周南召南，正始之道，王化之基，是以关雎乐得淑女以配君子，爱在进贤，不淫其色，哀窈窕思贤才而无伤善之心焉，是关雎之义也"。②王者之风，贵在君王行不言之教；王训正道，表现为化育路径自北而向南；王化之基，一如关雎乐得淑女以配君子，爱在进贤而不淫其色，窈窕思贤而无伤善心。

二是歌颂周王的文韬武略和训育新人的历史功绩。《诗经》周颂篇的《烈文》一诗，借"成王即政，诸侯助祭"的机会，盛赞"烈文辟公，锡兹祉福。惠我无疆，子孙保之。无封靡于尔邦，维王其崇之。念兹戎功，继序其皇之，无竞维人。四方其训之，不显维德。百辟其刑之，于乎前王不忘"。③周文王德政广布，所及全国。文王之道被于南国，美化行乎江汉之域，所到之处民人无思犯

---

① 《毛诗·国风·周南·关雎》。
② 同上。
③ 《毛诗·周颂·烈文》。

礼，这样的和美社会往往求而不可得，正如《汉广》一诗所展示的情景："南有乔木，不可休息。汉有游女，不可求思。汉之广矣，不可泳思。江之永矣，不可方思。翘翘错薪，言刈其楚。之子于归，言秣其马。汉之广矣，不可泳思。江之永矣，不可方思。翘翘错薪，言刈其蒌。之子于归，言秣其驹。汉之广矣，不可泳思。江之永矣，不可方思。"① 该诗表面上好像在反映一位男子追求女子却始终难遂心愿的惆怅情歌，但实际上却传神地表现了青年樵夫这一抒情主人公伐木刈薪的勤奋劳动场景。透过绿水青山，分明可见民众辛勤劳作，以及修身处世而进退有度的淳朴民风，展现了王训化育的历史功绩。

三是赞美后嗣周王和诸侯君主继承祖训，化民成德的文化传承。《诗经·大雅》中的《烝民》一诗，为周宣王时代的重臣尹吉甫所作，通过赞扬仲山甫的美德和其辅佐宣王的政绩，实质上赞美了宣王任贤使能，中兴周室之美德。"天生烝民，有物有则。民之秉彝，好是懿德。天监有周，昭假于下。保兹天子，生仲山甫。仲山甫之德，柔嘉维则。令仪令色，小心翼翼。古训是式，威仪是力。天子是若，明命使赋。王命仲山甫，式是百辟。缵戎祖考，王躬是保。出纳王命，王之喉舌。赋政于外，四方爰发。肃肃王命，仲山甫将之。邦国若否，仲山甫明之。既明且哲，以保其身。夙夜匪解，以事一人。"② 周王朝之所以拥有如此有德"烝民"，一方面归功于周王施行德政，治理有方；另一方面有赖于周王子民"古训是式，威仪是力"的生活化育。在漫长的中国古代社会，淫奔之耻，一直为国人所不齿。为了防止私奔现象，《诗经》鄘风篇以一首《蝃蝀》为题的诗，赞颂卫文公能以道化其民。"蝃蝀在东，莫之敢指。女子有行，远父母兄弟。朝隮于西，崇朝其雨。女子有

---

① 《毛诗·国风·周南·汉广》。
② 《毛诗·大雅·烝民》。

行，远兄弟父母。乃如之人也，怀昏姻也。大无信也，不知命也。"[①] 通过讽刺私奔女子的大无信和不知命，谴责和反对不按当时通行的父母之命、媒妁之合婚配之道行事的行为，意在通过反面说教，来训教或规范当时的婚礼制度。

四是描写普通百姓家庭教育和家训教戒的社会情景。现存《诗经》311 篇，系"男女有所怨恨，相从而歌。饥者歌其食，劳者歌其事"[②]。其中，有超过一半（近 160 首）的民间歌谣汇聚而成的"十五国风"，绝大多数来源于民间大众。然而，就是这些基本上没有记录下创作者姓名的《国风》，却是《诗经》中的精华所在。不论是对爱情和劳动等美好事物的唱颂，对生长故土和远方亲人的思念，还是对强权压迫和不公欺凌的怨愤，无不表现出创作者和传唱者关注现实、关心国政的大众热情，以及看重德性修养、追求真诚有为的人生态度，形象地反映了周王朝统治八百年的社会生活风貌。当中直接描写或间接述及家训和家庭教育的诗篇，有《国风·关雎》《国风·汉广》《鄘风·蝃蛛》《陈风·东门之枌》《郑风·将仲子》《豳风·七月》和《魏风·陟岵》等。如《郑风·将仲子》便是有鉴于鲁庄公不胜其母偏狭而害其弟，小不忍以致大乱，意在强调遵从家教的重要意义而成诗："将仲子兮，无逾我里，无折我树杞。岂敢爱之，畏我父母。仲可怀也，父母之言，亦可畏也。将仲子兮，无逾我墙，无折我树桑。岂敢爱之，畏我诸兄。仲可怀也，诸兄之言，亦可畏也。将仲子兮，无逾我园，无折我树

---

① 《毛诗·国风·鄘风·蝃蛛》。

② （汉）何休撰：《春秋公羊传解诂》。有文记载："男女有所怨恨，相从而歌。饥者歌其食，劳者歌其事。男年六十、女年五十无子者，官衣食之，使之民间求诗。乡移于邑，邑移于国，国以闻于天子。"记述的是周代自下而上采诗（采风）活动，以及诗作上闻于天子的一种民间渠道。相传，周代官府设有专门的采诗官。每年春天，这些官员便摇着木铎，游走于民间，收集最能够反映民众呼声的大众歌谣，也包括有道贤士的奋发之笔。经过整理后交给乐官太师谱曲，之后演唱给周天子听，以供朝廷施政参考。

檀。岂敢爱之，畏人之多言。仲可怀也，人之多言，亦可畏也。"①全诗婉转百回，"仲可怀也……亦可畏也"。反复吟唱，因为诗中所描写的女子虽然心有所慕，也有心上人的蠢蠢欲动，但更多地表现出女子对父母之训、诸兄之诫和民人流言的敬畏，足见其家教的严格和其时社风民风的严正敦厚。《诗经·魏风》篇的《陟岵》诗，以故国贫弱而数遭侵削，最终使自己受役于大国而致父兄离散者的口吻，以孝子行役而思念父母鞠养之恩为题材，展现了父母兄长对他施行教戒的情景，令人唏嘘。"陟彼岵兮，瞻望父兮。父曰嗟予子行役，夙夜无已。上慎旃哉，犹来无止。陟彼屺兮，瞻望母兮。母曰嗟予季行役，夙夜无寐。上慎旃哉，犹来无弃。陟彼冈兮，瞻望兄兮。兄曰嗟予弟行役，夙夜必偕。上慎旃哉，犹来无死。"② 通过描写一个即将离开家乡赴役他国的男子，在离别之际，父亲教导他做事勤奋，母亲告诫他行为严慎，兄长劝勉他要和谐同伴。再现了这位男子离家时，父母兄弟对他语重心长地施以教诲的感人情景。

当然，反映周代家训情况的诗篇，不仅限于《国风》诸篇，其他部分的很多诗篇，都有关于家训家教的生动描写。如《大雅》篇的《抑》诗，系卫武公刺周厉王所作，并用以自警自励和敦化民风。

抑抑威仪，维德之隅。人亦有言，靡哲不愚。庶人之愚，亦职维疾。哲人之愚，亦维斯戾。无竞维人，四方其训之。有觉德行，四国顺之。訏谟定命，远犹辰告。敬慎威仪，维民之则。其在于今，兴迷乱于政，颠覆厥德，荒湛于酒。女虽湛乐，从弗念厥绍，罔敷求先王，克共明刑。肆皇天弗尚，如彼

---

① 《毛诗·国风·郑风·将仲子》。
② 《毛诗·国风·魏风·陟岵》。

泉流，无沦胥以亡。夙兴夜寐，洒埽庭内，维民之章。修尔车马，弓矢戎兵，用戒戎作，用逿蛮方。质尔人民，谨尔侯度。用戒不虞，慎尔出话。敬尔威仪，无不柔嘉。白圭之玷，尚可磨也。斯言之玷，不可为也。无易由言，无曰苟矣。莫扪朕舌，言不可逝矣。无言不仇，无德不报。惠于朋友，庶民小子。子孙绳绳，万民靡不承。……温温恭人，维德之基。其维哲人，告之话言。顺德之行，其维愚人。覆谓我僭，民各有心。于乎小子，未知臧否。匪手携之，言示之事。匪面命之，言提其耳。借曰未知，亦既抱子。民之靡盈，谁夙知而莫成。昊天孔昭，我生靡乐。视尔梦梦，我心惨惨。诲尔谆谆，听我藐藐。匪用为教，覆用为虐。借曰未知，亦聿既耄。于乎小子，告尔旧止。听用我谋，庶无大悔。天方艰难，曰丧厥国。取譬不远，昊天不忒。回遹其德，俾民大棘。①

　　在等级森严的上古时期，卫武公以受封诸侯之位，敢于借诗歌讽谏当朝天子周厉王，不仅开以下喻上之官僚劝谏之风，更是同姓家族内部晚辈和卑幼族人训谏劝诱尊长的现实写照。有力地证明了春秋战国时期的家训，已经不再局限于家族内部长上对卑幼所能进行的单向度的教戒训育和耳提面命，"于乎小子，未知臧否。匪手携之，言示之事。匪面命之，言提其耳。借曰未知，亦既抱子。民之靡盈，谁夙知而莫成……"，而是开始出现了晚辈、卑辈和族内人互相劝勉、提醒和训育的大众化发展状况，"其在于今，兴迷乱于政。颠覆厥德，荒湛于酒。女虽湛乐，从弗念厥绍。罔敷求先王，克共明刑"。指出尊长的言行不足，以此共勉，实属难能可贵。因此，周王朝以《诗经》为载体，所开启的采风乡土民间的文化发

① 《毛诗·国风·大雅·抑》。

现形式，有很多方面的价值和经验值得后人研究发掘。虽然，家训源于帝王将相治家教子的先知般提炼与先人一步的育人家教实践，最初风行于世家大族和有志先哲的经世致用选择，但是，通过《诗经》展示出社会普及和受人欢迎的家教家训民风，则是以铁的事实证明，乡土民间不仅是中国传统家训生发的天然热土，也是中国家训文化得以发现和传承的现实基础。

五是讽刺与矫正败坏王道训教主旨的典型反例。一般而言，大一统的王道训教在上古时期的强权统治下，基本实现了一国之内的全覆盖，收到了理想的训育化民效果。但是，由于统治疆域太大、诸侯国封地所属的殷商遗民有多与少的区别，以及采邑君主实施的统治政策和训教方法有差异等原因，导致对周王统一部署和推行的训教思想的认识接受或多或少地存在着不同。《诗经》陈风篇中的《东门之枌》诗，立意讽刺幽公淫荒疾乱，其国风化，致使男女弃其旧业，没有节制地会于道路或歌舞于市井。"东门之枌，宛丘之栩。子仲之子，婆娑其下。谷旦于差，南方之原。不绩其麻，市也婆娑。谷旦于逝，越以鬷迈。视尔如荍，贻我握椒。"① 虽然，此诗在于描写男女良晨欢会交游于市井的一种社会风俗，但实质却在于揭示和反对陈国"风化之所行，男女弃其旧业"的训教败笔。《诗经》豳风篇的《七月》一诗，反映了由于周幽王遭遇变故，加之后稷先公风化之所由，导致王业艰难的社会情状。"七月流火，九月授衣。一之日觱发，二之日栗烈。无衣无褐，何以卒岁。三之日于耜，四之日举趾。同我妇子，馌彼南亩，田畯至喜。七月流火，九月授衣。春日载阳，有鸣仓庚。女执懿筐，遵彼微行。爰求柔桑，春日迟迟。采蘩祁祁，女心伤悲，殆及公子同归。七月流火，八月萑苇。蚕月条桑，取彼斧斨，以伐远扬，猗彼女桑。七月鸣

_____

① 《毛诗·国风·陈风·东门之枌》。

鹧，八月载绩。载玄载黄，我朱孔阳，为公子裳。……二之日凿冰冲冲，三之日纳于凌阴，四之日其蚤，献羔祭韭。九月肃霜，十月涤场，朋酒斯飨，曰杀羔羊。跻彼公堂，称彼兕觥，万寿无疆。"①作为一首长诗，详细描写出当时的豳地奴隶们一年到头的繁重劳动情景，反衬诉说，即便如此辛苦劳累，但这里的人们却因为风化之所由，年复一年辛勤劳作，到头来却落得个无衣无食的凄苦境遇，讽刺当地统治剥削和政教败坏的不良现状。

总之，萌芽肇始于五帝，产生成型于西周的家训，经过春秋战国时期"百家争鸣、百花齐放"诸子思想的碰撞、提炼和增华，并经过诸如孔子"过庭之训"②"孟母三迁"③和荀子劝学④等百家训教实践的生成与理论阐发，虽然同儒学思想一道遭受秦始皇焚书坑儒的灰暗与曲折，但齐家教子的普世需求，伴随着秦代覆亡后西汉郡县制的全面普及，家庭特别是世家大族创新获得了稳定发展的机会，原本就植根于民间大众，立意满足治家教子需要的古老家训，发展到两汉三国时期得以定型。与此同时，由于汉武帝"罢黜百

---

① 《毛诗·国风·豳风·七月》。

② 《论语·季氏第十六》所载的"庭训"，再现了孔子教育儿子孔鲤的历史场景，史称"过庭之训"。

③ 重视家庭环境对子女人格养成所具有的陶染作用，为一般人所普遍认可。然而，中国古代先民除了重视家庭内部育人环境建设外，还特别注意选择居家所在的外部社会环境，甚至成为中国传统家训的一大特色。其中，孟母三迁的故事对此最有说服力："孟子三岁丧父，母有贤德，挟其子以居。始舍近墓，孟子之少也，嬉戏为墓间事，踊跃筑埋。孟母曰：'此非所以居子也！'乃去。舍近市，嬉戏为贾商事。母曰：'又非所以居子也。'遂徙舍学宫旁，其嬉戏乃设俎豆，揖让进退。母曰：'此真可以居子矣！'遂居之。"（参见清代新昌吕抚安世辑、蔡东藩补辑《历代兴衰演义·简王后至灵王时生孔子》。）

④ 持人"性恶"论而主张"圣人化性而起伪，伪起而生礼义，礼义生而制法度"的荀子，以博大的胸怀"劝学"世人，也以严父的身份教戒自己的家人子女"故人无师无法而知，则必为盗，勇则必为贼，云能则必为乱，察则必为怪，辩则必为诞；人有师有法，而知则速通，勇则速畏，云能则速成，察则速尽，辩则速论。故有师法者，人之大宝也；无师法者，人之大殃也。人无师法，则隆性矣；有师法，则隆积矣。而师法者，所得乎积，非所受乎性。性不足以独立而治。性也者，吾所不能为也，然而可化也。积也者，非吾所有也，然而可为也。注错习俗，所以化性也；并一而不二，所以成积也。习俗移志，安久移质，并一而不二，则通于神明，参于天地矣"（见《荀子·儒效篇第八》）。

家，独尊儒术"，儒学以其博大精深的哲理力量和经世致用的普世价值，很快便重新上升成为正统国学思想。过去以孔子为代表的儒家所提倡和推崇的"仁义礼智信"和封建纲常礼教自然为世人所普遍接受与认同，自然也为通过治家教子、塑造家人子女理想人格为目标的家训发展提供了道德规范和思想基础。不仅如此，西汉时期的政治制度，采用了郡县制与封国制并存的管理体制，有利于家族的繁荣和众多小家庭的产生；在民人出仕和选官任职方面实行察举制，其选用官吏的标准实际上就是以个人德行和门户高下为主要依据来选仕，这两项制度的实施无疑催生了以德育著称的家训及其训教活动的繁荣与发展。这一时期，在家训导子弟（家训）和在家教授家人（家教）成为世族大户以及其他社会有识之士家庭教育的主要形式，在理论上提出了家训、家学等反映家庭教育传统及其活动成就的概念。① 其中，家训一词最早便出现在《后汉书·边让传》中，记载东汉陈留边让为"议郎蔡邕深敬之，以为让宜处高任，乃荐于何进曰：伏惟幕府初开，博选精英，华发旧德，并为元龟。虽振鹭之集西雍，济济之在周庭，无以或加。窃见令史陈留边让，天授逸才，聪明贤智。髫龀凤孤，不尽家训。及就学庐，便受大典。初涉诸经，见本知义，授者不能对其问，章句不能逮其意。心通性达，口辩辞长。非礼不动，非法不言。若处狐疑之论，定嫌审之分，经典交至，捡括参合，众夫寂焉，莫之能夺也"。② 推举边让者，无意惋惜边让幼小时家训缺如，成长不能顺达。意在突出该令史即便"髫龀凤孤，不尽家训"。然而其"初涉诸经，见本知义，授者不能对其问，章句不能逮其意"。实为天之骄子，故而鼎力相荐。与家训的含义和实际价值最为相近的概念之一，"家学"一词

---

① 符得团、马建欣：《古代家训培育个体品德探微——以〈颜氏家训〉为例》，中国社会科学出版社 2012 年版，第 172 页。

② 《后汉书·列传第七〇下》。

也见于《后汉书》，"郁字仲恩，少以父任为郎。敦厚笃学，传父业，以《尚书》教授，门徒常数百人。……子普嗣，传爵至曾孙。郁中子焉，能世传其家学"①。当然，不难看出，家学的内涵侧重于学识传承和家传技艺，但家训与家学两者育人的功能却是完全一致的。

在社会长期处于战乱纷争和动荡不安状态的魏晋南北朝时期，为我国历史上政局变乱的多事之秋，但这一时期却在文化和社会制度的革新方面多有建树，在中国历史上也因此而独具特色。主要表现在以下四个方面的创新发展：一是在国家政治制度安排方面推行士族分封制度，这一制度的突出特点表现为按门第高下分享权利，门第高者世代担任重要官职，拥有很多特权，使国家权力相对分散。二是在社会生产和经济发展制度方面实行品官占田荫客制，即士族大家庭绝对占有天下最大量的土地和附庸其上的役使劳动力，因而大都拥有土地广阔的农业庄园，训教家人子弟和附庸门客成为治理庄园的重要组成部分。三是在社会阶层结构和生活层级分布方面，士族大户与平民人家分化严重，而且尊卑贵贱的身份非常固定，一般互不通婚，甚至平素惯常坐不同席，上流社会阶层人家长保家国富足和社会底层家庭通过教子成人成圣而跻身上流的家训愿望与动力同样存在。四是在精神追求和文化发展方面，因为有森严的层级官僚机构和严苛的士族特权维护，有众多的奴隶佃户等因失去土地资源而不得不依附于世家大族勤奋劳作、创造财富，支撑起社会上流的有闲士族和文职官吏追求风花雪月、崇尚清谈之风的同时，也在客观上为家训的发展繁荣营造了文化氛围。

综观我国的南北朝时期，所有制度和文化传统的历史，可以任由众口评说，不同的学界同人，也站在各自的立场见仁见智，论说

① 《后汉书·列传第二七》。

杂陈。但是，在经历着天下战乱痛苦折磨的同时，不论上流士族大户，还是名不见经传的普通人家，受家国一体社会政治观念的影响，加之社会生产的发展和文化的繁荣之后，提高了普通民众对人生价值和出世道路的思考与选择能力。当统治者包括那些占有大量土地和劳动力的士族重视对以血缘为纽带的家庭、宗族等伦理道德关系的建设和强化，专门制作家训并花大力气教育后嗣治国守业之道时，以各级官吏为代表的社会中间阶层，也在积极地立家学订家规教授子孙学习文化，普遍制作家训教戒子弟修身处世，以持守业已取得的显赫祖业。竞相砥砺和效仿的结果，使家训理论得以完善，家训体例格式不断完备，家训的社会化程度进一步提高。作为历史选择和文化发展的阶段性成就，我国历史上最早成型的家训也多出自这一时期。其中，在我国文化史上最为著名的《颜氏家训》（见图3—5），就产生于南北朝时期，家训的制作者颜之推出生于北方颜氏门阀士族家庭，他"早传家业，年十二，值（颜之推之父，笔者注）绎自讲《庄》《老》，便预门徒。虚谈非其所好，还习《礼》《传》，博览群书，无不该洽，词情典丽，甚为（其父，笔者注）西府所称"①。按照颜之推自己的回忆和表述，他制作《颜氏家训》的目的，在于"整齐门内，提撕子孙"。他对魏晋以来"士大夫耻涉农商，羞务工技，射既不能穿，札笔则才记姓名，饱食醉酒，忽忽无事，以此销日，以此终年"②的社会颓靡风气颇为不满，经历人生诸多不堪回首的遭际后，立志以《论语》《孝经》等四书五经儒家经典为据，以自己坎坷而丰富的人生经历为素材，从整饬家庭人伦关系人手，教戒子孙不得颓废沉沦，而以持守素业来振兴宗族。"夫圣贤之书，教人诚孝，慎言检迹，立身扬名，亦已备矣。……吾今所以复为此者，非敢轨物范世也，业以整齐门

---

① 《北齐书·列传第三七》。
② 《颜氏家训·勉学》。

内，提撕子孙。"① 这一家训专书中，所蕴含的深刻家庭教育思想，既是颜之推对前人家训家教思想的继承和发展，也是颜之推本人对其人生经历的历练总结。从相对严格的意义上讲，在颜之推以前，虽然三国时期的嵇康有《家诫》，西晋时期的杜预有《家训》，东晋陶渊明也有《责子》，南朝梁徐勉有《戒子书》，都应该属家训一类，但其卷帙体例都很小，影响也不像《颜氏家训》那样大。因此，许多学者都一致认为：古今家训，以《颜氏家训》为祖。"古今家训，以此为祖……六朝颜之推家法最正，相传最远。……这一则由于儒家的大肆宣传，再则由于佛教徒的广为徵引，三则由于颜氏后裔的多次翻刻；于是泛滥书林，充斥人寰，由近及远，争相矜式。"② 可见，家训及其文化的社会化，从理论层面看，首先，在于契合以儒家思想为核心的中华传统文化精神，得到了儒家的大肆宣传。其次，家训立意治家教子的目标选择，因为恰切中国人安身立命的普适需求，故而受到佛教徒的广泛徵引。最后，表征着家训教戒训育成效的，便是以颜氏后裔对《颜氏家训》与时俱进的历次翻刻重刊，让家训专书"泛滥书林，充斥人寰"，世人"由近及远，争相矜式"的结果，自《颜氏家训》成书以后，引起了万千家庭的竞相模仿，从此家训著作渐多，家训文化风靡全国。从家训实践层面分析，《颜氏家训》在当时作为一种全新的家庭教育范式，成为中国古代以家训施教于家而成教于国的生活化德育范式，在历史上得到了很好的承传，其后差不多每个朝代都有一些代表性家训产生，以至于撰写并长期持守家训成了古代士林和社会贤哲等上流阶层的一种生活风尚。不少家训诸如《朱子家训》不仅读来琅琅上口，言语通俗易懂，立论情真意切，而且为中国人家喻户晓，在民间大众中广为流传，对我国古代社会的家庭教育产生了重要的影响

① 《颜氏家训·序致第一》。
② 王利器：《颜氏家训集解叙录》。

和积极作用，成为家长对子女在家进行道德教化的教科书，伴随着后世庶民对这些家训思想的继承和发展，以及对家训文化的传承和自觉践履，不仅使中国古代英才辈出，也实现了中华民族对家训文化的普及和社会化。

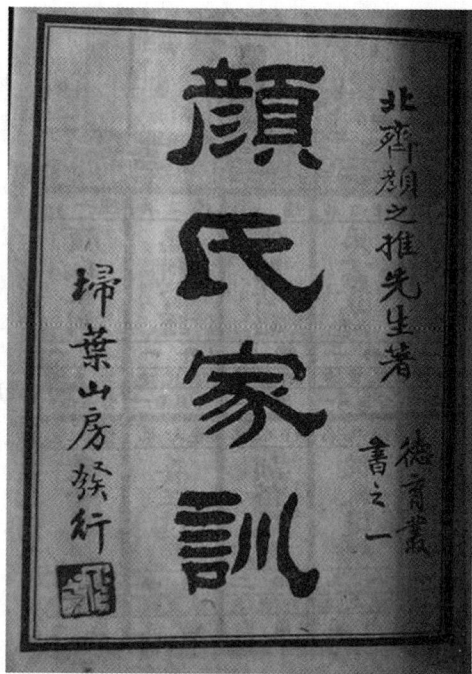

图 3—5

第二节 家训文化社会化的现实基础

一 家国同构的社会政治构造

在过去数千年社会发展的历史长河中，家训作为中国古代最具特色的民间大众教育形式，是中华传统文化遗产当中最重要的组成部分。家训通过浅显的说理和通俗的喻理方式，综合运用纪传体、训诫体、诗歌体、书信体，以及间杂混合体等文化载体形式，"事取其平易而近人，理取其浅显而易晓"，将原本发现和存续于上流社会、一般仅在少数知识分子家庭中间传播的阳春白雪般的高雅文化，通过家训这一生活化具体化个体化的方式，转换成浅显易懂的俗世文化，"即至村姑里妇未尽识字，而一门之内父兄子弟为之陈述故事、讲说遗文，亦必有心领神会之处"。① 更为重要的是，作为俗文化的家训和作为雅文化的儒家圣贤典籍等社会主流思想两种文化形态，之所以能够在作育新人和教化百姓方面殊途同归，并且家训还以更加接地气的独到方式推动了社会主流文化的社会化，最根本的原因之一，在于中国古代社会家国同构的政治制度安排。

关于家庭的建构与成因，最直接有效的考察方法便是研究家庭的历史起源和构造演进。对于家庭起源问题的研究，虽然有很多学说和观点，但以恩格斯提出的研究结论最为权威，他于1884年在苏黎世出版发行的《家庭、私有制和国家的起源》一书，系恩格斯根据美国民族学、原始社会史学家摩尔根的《古代社会》和马克思《摩尔根〈古代社会〉一书摘要》手稿而写成的，是学界公认的一本研究个体家庭、私有制和国家的历史起源的代表性专著。为了研究个体家庭的起源，书中除采用印第安人的民族学资料外，还大量参考了古希腊、罗马、德意志和克尔特人的民族史料，研究视域所及包括了中国在内的全球一百多个民族。因而该书自出版至今，始终成为国家学说、民族学、人类学等领域研究的指导范本（见图3—6）。

按照恩格斯《家庭、私有制和国家的起源》所揭示的历史脉络，家庭特别是对于今天极具参照价值的个体家庭或核心家庭（当

---

① （清）陈宏谋辑：《五种遗规·教女遗规》，1868年湖文书局刻版。

图 3—6

然也是本课题家训研究最具观察范型的个体家庭）而言，其起源与发展大体可以划分为两个阶段的漫长演进过程。一是母系氏族或母系大家族存续时代。这是一种主要受制于两性关系而存在的血缘婚姻家族（家庭）的存续形式，表现为男子是森林中的主人，妇女则是家族中的主人。在人类发展的历史上，母系氏族或母系大家族经历了三个发展阶段，分别有三种不同的家族存续形式。首先，最早出现的是血缘家庭（家族）（blood family），这一形式的大家族起初产生于蒙昧初期，是直立猿人尚无性别分工的狩猎集合体。其次，由狩猎集合体演变为进化自然选择作用下的伙伴婚家庭（家族）（partner marriage family），是野蛮（蛮荒）初期的人们认识到实行族外婚可以强壮体质和提高进化速度，而在家族内部逐步禁婚后，导致血缘婚家族分裂而成较小的家族公社。最后，在社会发展到野蛮时代高级阶段时，由于生产力的显著进步，"对偶家庭（pairing family，笔者注）产生于蒙昧时代与野蛮时代交替的时期……这是野蛮时代所特有的家庭形式"①。这一家庭或家族形式的出现，使农业人群从社会其余野蛮民族中分离了出来，表现为主要由一对夫妇组成的并不稳定的家庭为主干，实质由若干个对偶制家庭组成的母系大家族。在畜牧地区，人们开始把男人为主饲养的畜群据为己有；在农业地区，原来主要依靠妇女劳动的锄耕农业，发展为主要由男子劳动的犁耕农业。生产力的发展让男子成为生产资料的所有者和支配者，作为社会的上层建筑部分，当男子有权把属于自己的这些财产继承给自己的子女时，氏族世系就最终转由父权制代替了母权制，"规定以后氏族男性成员的子女应该留在本氏族内，而女性成员的子女应该离开本氏族，转到他们父亲的氏族中去就行了。这样就废除了按女系计算世系的办法和母系继承权，确立了按男系计算世系的办法和父系的继承权"。② 二是父系氏族或父系大家庭时代。这是一种建立在私有制经济关系基础之上的家庭（家族）存续形式，家族尊长为男子且居于支配和统治地位，是个体婚与杂婚并存但具有固定配偶关系的专偶制家庭（special family）。在专偶制家庭建立早期，对应的经济基础是私有制，丈夫是一家之长且多以女奴为妾，以妻子为代表的妇女，家庭地位相对低下，其主要职责是生儿育女和操持家务。"耕地仍然是部落的财产，最初是交给氏族使用，后来由氏族交给家庭公社使用，最后交给个人使用。他们对耕地或许有一定的占有权，但是没有更多的权利。"③ 后来，随着生活

---

① 恩格斯：《家庭、私有制和国家的起源》，载《马克思恩格斯选集》第 4 卷，人民出版社 1995 年版，第 38 页。

② 同上书，第 58 页。

③ 同上书，第 161 页。

资料的私有特别是土地资源私有制度的固化和明晰，伴随着动物驯养业的发展进步，原来由宗族血缘关系维系的人口众多、合族共聚的大家族，或迫于饥年灾荒，或因为躲避战乱，或出于族人矛盾的不可调适而分家别居，最终产生出大量的个体家庭（individual family）。与私有财产神圣不可侵犯的私有制建立成型相一致，伴随着对一夫一妻制的普及与法律保护，个体家庭或核心小家庭逐步成为现代社会基本单元中的主要存在形式。

恩格斯《家庭、私有制和国家的起源》在揭示家庭的起源与发展时，对中国新疆和广西等地的民族婚姻家庭演变情况给予关注。按照个体家庭产生的历史进路，我国上古三代夏商周时期正是氏族世系由父权制代替母权制的漫长过渡时期，与西周比较发达的农耕经济相适应，对偶家庭当是其时社会最基本的组织单元。从文化的历史演进角度看，近年来从殷墟出土的大量最早记录中华文明的金文、石鼓文和其他刻画文字符号，也印证了当时人们对家庭及其产生与发展历史的认识。"家，居也。从宀，豭省声。𡚑，古文家。"是《说文解字》对家所下的定义。《汉语大辞典》将"家"的本义定义为"屋内、住所"。就其字源的考据而言：家是一个会意字，其上是"宀"，原指用来祭祀祖先或供家族集会所用的房屋，其下是"豕"，表示用猎获危险程度超过老虎和熊貔的动物野猪作祭品，以致最隆重的祭祀。后来形成了大家一致认同的解释含义：家字的上边是"宀"头，下面是一个"豕"字，表示"家"是一个能为人遮风避雨同时又可以养猪的生活构造。其中的"豕"字，字源意义是指野猪，但其真正的含义却不尽然。因为在远古时期，由于人们的生产力十分低下，家的存在，一个重要标志是有相对固定的可以替主人遮风挡雨的居处，"室为夫妇所居，家谓一门之内"。① 另一个

---

① 《毛诗·国风·周南·桃夭》。

标志，在人与动物界区分初期的原始狩猎生产条件下，家的存在便是以圈养几头猪为标志和常态的族落财产为基础和标志，用以维持相对稳定的生活所需。所以，从保有家庭存续的物质基础意义来看，在屋子里养有几头猪就成了"家"的标配。"一旦动物饲养业发生，便开始了财富私有的历史。……与动物饲养业产生的同时，亚洲亚热带地区的一些部落，开始在住所附近种些可食植物，进而种植谷类，供人畜食用，猪狗家禽渐次被饲养起来。"① （见图 3—7）

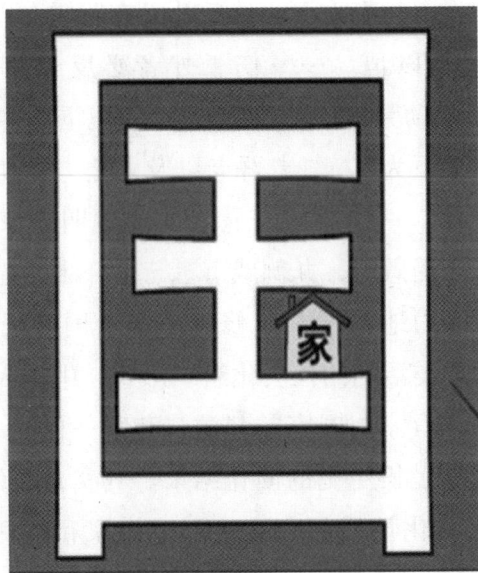

图 3—7

然而，作为人类繁衍生息的主要处所，家从来都不是仅仅维持和保有人类基本生存条件的物质载体，家存在的价值也不仅仅在于能够延续和生产出人类发展最宝贵的人口资源，而是正如家最初是

---

① 姜大仁：《〈家庭、私有制和国家的起源〉三主题解析》，《贵州大学学报》（社会科学版）2001 年第 5 期，第 9—16 页。

用来祭祀祖先或供族人集会所用的房屋一样，受人的文化特性所决定，家的存在与发展变化，一开始就以其厚重的文化架构，表明家本来就是人类文明的历史累积和成果。所以，从文化意义上讲，家不仅是男女同处在一个屋檐下的生活构造，而是包括眷属畜禽在内的共同生活实体与生活样法。从人类生活的社会组织角度看，家不仅是人类文化活动的场所，而且，家本来还是一个社会最基本的文化单位。关于家的这一本质属性，二千五百多年前，我们的祖先就早已认识到了，"有天地，然后有万物。有万物，然后有男女。有男女，然后有夫妇。有夫妇，然后有父子。有父子，然后有君臣。有君臣，然后有上下。有上下，然后礼义有所错。夫妇之道，不可以不久也，故受之以恒。……伤于外者必反于家，故受之以家人"。① 中国人不仅勤劳地建设着自己美好的家园，非常重视齐家之道，而且自觉以天下为家，"老吾老以及人之老，幼吾幼以及人之幼，天下可运诸掌。……日宣三德，夙夜浚明有家，日严只敬六德，亮采有邦，翕受敷施，九德咸事"。② 在不断创造致富家庭经验的同时，还不遗余力地践行着"修身齐家治国平天下"的治世理想。可见，作为人类活动的社会化组织形式，中国人建立起来的家是小小国，国是千万家。国家的起源，和家一样，不仅同根同源，而且同为古代氏族漫长历史的演化结果。其实，在西方文化领域，从相同的起源和文化性质的角度，有时将家和国两者同称为 Nation，文化指向的个中道理都是一样的。

通过对大量的文字和佐证史料考察，我国传统文化生发繁盛的先秦时期，家庭主要有三种类型：一是士族大家庭。它源自士族大户或部落首领与其妻妾儿女所组成的大家族。相传，黄帝共娶有四个妃子，生有二十五子。"其中十四人共得十二姓。所谓得姓，大

---

① 《周易·序卦》。
② 《尚书·皋陶谟》。

概是子孙繁衍，建立起新的氏族来。"① 二是依附家庭。即因为土地所属关系而依附于卿士大夫等贵族大家庭的以生产劳作为业的农民或农奴小家庭。三是自由民家庭。这一类家庭作为不同于依附性家庭而独立存在的小家庭，主要指拥有自己的土地和生产工具等资源，能够自主地从事农业、手工业或商业等职业生产的家庭。为了厘清上古时代的社会发展血缘脉络，司马迁"尝西至空峒（崆峒山，笔者注），北过涿鹿，东渐于海，南浮江淮矣。至长老皆各往往称黄帝、尧、舜之处，风教固殊焉，总之不离古文者近是。予观《春秋》《国语》，其发明《五帝德》《帝系姓》章矣，顾弟弗深考，其所表见皆不虚"，最终考证得出，"自黄帝至舜、禹，皆同姓而异其国号，以章明德。故黄帝为有熊，帝颛顼为高阳，帝喾为高辛，帝尧为陶唐，帝舜为有虞。帝禹为夏后而别氏姓，姒氏。契为商，姓子氏。弃为周，姓姬氏"②。可见，从血脉源头上讲，所有中国人同出一家，全部都是"炎黄子孙"。包括黄帝家族在内的士族大户，其源头均出自拥有一个共同始祖母的母系氏族，构成整个社会的各层组织也便是氏族、胞族、部落和部落联盟，"没有大兵、宪兵和警察，没有贵族、国王、总督、地方官和法官，没有监狱，没有诉讼，而一切都是有条有理的。……家户经济是由一组家庭按照共产制共同经营的，土地是全部落的财产，仅有小小的园圃归家户经济暂时使用——可是，丝毫没有今日这样臃肿复杂的管理机关。一切问题，都由当事人自己解决，在大多数情况下，历来的习俗就把一切调整好了。……大家都是平等、自由的，包括妇女在内"③。这与《礼记》所描绘的中国古代的理想国标准完全一致："大道之行也，天下为公，选贤与能，讲信修睦。故人不独亲其亲，

---

① 范文澜：《中国通史》第 1 卷，人民出版社 1996 年版，第 17 页。

② 《史记·本纪·五帝》。

③ 恩格斯：《家庭、私有制和国家的起源》，载《马克思恩格斯选集》第 4 卷，人民出版社 1995 年版，第 95 页。

不独子其子，使老有所终，壮有所用，幼有所长，矜寡孤独废疾
者，皆有所养。男有分，女有归，货恶其弃于地也，不必藏于己，
力恶其不出于身也，不必为己。是故谋闭而不兴，盗窃乱贼而不
作，故外户而不闭。是谓大同。"① 由于生产力的发展，在为人类的
生存演进提供更丰富的物质基础的同时，不仅催生了私有制，而且
导致了阶级的产生和阶级矛盾的不可调和。"这个社会陷入了不可
解决的自我矛盾，分裂为不可调和的对立面而又无力摆脱这些对立
面。为了使这些对立面、这些经济利益互相冲突的阶级，不致在无
谓的斗争中把自己和社会都消灭，就需要有一种表面上凌驾于社会
之上的力量，这种力量应当缓和冲突，把冲突保持在'秩序'的范
围以内。这种从社会中产生但又自居于社会之上并且日益同社会相
异化的力量，就是国家。"② 同样，按照中国传统的话语体系来表
达，"今大道既隐，天下为家：各亲其亲，各子其子，货力为己。
大人世及以为礼，域郭沟池以为固，礼义以为纪。以正君臣，以笃
父子，以睦兄弟，以和夫妇，以设制度，以立田里，以贤勇知，以
功为己。故谋用是作，而兵由此起。禹、汤、文、武、成王、周
公、由此其选也"③。可见，我国的国家及其政治制度，也并不是从
来就有的，它源自社会经济发展到阶级社会阶段后，出于缓和与保
持氏族社会本身内部存在的阶级对立，直接从氏族结构中逐渐独立
和完善起来的。与西方国家的产生与发展所不同的是，它本来就产
生于家庭、氏族、胞族、部落和部落联盟，并且和家一起建构
而成。

因此，中国古代社会的"家国同构"政治制度，本质上是父系
氏族历史的继续和阶级矛盾冲突与斗争选择的结果，绝非人为地有

---

① 《礼记·礼运》。

② 恩格斯：《家庭、私有制和国家的起源》，载《马克思恩格斯选集》第4卷，人民出版
社1995年版，第170页。

③ 《礼记·礼运》。

意建构或权利让渡的契约构造。与此相适应，家训及其训教活动的起伏盛衰，也完全受制于齐家治国平天下的家国建设与发展需要。从颜氏后裔颜嗣慎在明万历甲戌年间重刊《颜氏家训》时，请当时的翰林院编修张一桂为其所撰的重刻序跋中，述及家训产生与繁盛的原因当中，可见一斑。"尝闻之：三代而上，教详于国；三代而下，教详于家。非教有殊科，而家与国所繇异道也。盖古郅隆之世，自国都以及乡遂，靡不建学，为之立官师，辨时物，布功令；故民生不见异物，而胥底于善。彼其教之国者，已粲然详备。当是时，家非无教，无所用其教也。迨夫王路陵夷，礼教残缺，悖德覆行者，接踵于世，于是家为之亲者，恐恐然虑教勒之亡素，其后人或纳于邪也，始叮咛饬诫，而家训所由作也。"① 正是因为家国同构的政治制度保障，有家才有国，主动为国分忧，自觉训育子弟"入则孝，出则悌，谨而信，泛爱众，而亲仁"。千百年来，我们的先辈始终乐此不疲，主动制作家训教戒家人，坚持训教于家而成教于国。

二　自给自足的自然经济基础

中国传统家训繁盛的历史告诉我们，不论在人类蒙昧时期以氏族采集果蔬为生的经济条件，还是自给自足的自然农业经济形态，也不论分配劳动成果和组织社会生产的主人是共同始祖母，还是父系家族的家长，在工业化经济时代到来以前的漫长历史进程中，以家庭（家族）为本位的农业经济长期的稳定与发展，显现出家对于农业经济的发展、对于社会的祥和与稳定的作用更加突出，表明家不仅是国家构成中的组织基石，而且治理好发展好家，则万事俱兴，因而治家齐家兴家便为所有古代先民所看重。

---

① 王利器：《颜氏家训集解》（增订本），中华书局1983年版，第615—616页。

众所周知，中国是世界上农业发展最早也是最充分的国家之一，早在仰韶文化时期，我国的黄河中上游地区，就已经出现了农耕业为主的生产经济方式。"后稷教民稼穑，树艺五谷，五谷熟而民人育。"① 到了夏商时期，中国的农耕生产已经达到了较高水平，不仅粮食作物的生产能力大大提升，而且对农业生产的认知水平也有了跃升。例如，在殷商时，人们已根据农业生产活动的周期性，制定出测查岁时的纪年历法和纪时方法。进入周代以后，农耕生产继续受到人们的普遍重视。与此相适应，与农耕经济发展为内容的训教之词便出现在家训教戒当中。其中，《尚书》便记载有周公以知稼穑之艰难教戒侄子成王的家训情景："呜呼！君子所其无逸，先知稼穑之艰难，乃逸。"② 虽然这一时期的农业生产技术还相当的原始和落后，但是与这一自然农业经济相适应的中国古代农业社会，已经是以大小不同的家庭为基本组织单位、以农耕为主要生产方式的自给自足小农经济，社会分工很不发达，生产的目的除了完纳税赋，主要是为满足家庭及其家族成员生产生活所需。但是，从其时家庭（家族）集家国功能于一体、集生产生活功能于一体、集经济组织与政治架构于一体的复合功能角度看，恰恰是这种自给自足的自然经济条件，决定了中国早期历史上有名的家训，大都产生和存在于具有较高社会地位或有较强经济基础的家族中，甚至表现为很少有哪个普通百姓家庭有家训。这一高下和有无的差别所产生的信息交流张力，正是家训及其文化社会化的运动趋势。

文化是一个"民族生活的样法"③。任何文化形态的产生与发展，都离不开其所依存的社会生产和生活方式，更离不开其为人类

---

① 《孟子·滕文公章句上》。

② 《尚书·无逸》。

③ 冯契：《人的自由和真善美》，华东师范大学出版社 1996 年版，第 95 页。

所普遍接受和持久遵从的经济基础。受制于自然经济条件而产生发展起来的家族式家庭，本来就是一个文化性质的存在，与社会生产的自给自足性质相一致，在官方正式学校教育能力相对不足的古代社会条件下，代出人才的任务便历史地转由家庭教育来完成，故治家教子不可或缺。如果说家训从整齐门内与和睦乡邻这些侧面真实地反映了特定社会时期人们的生产生活实际，那么，将以皇帝为代表的统治者所设计和期望的、万千家庭应该有的生活样法统一起来，不仅是政治推动的任务，也是文化传播社会化的现实需要。虽然，这种以自然经济为特征的封建社会经济形式，使人的社会化还离不开自然血缘关系的束缚，因而将人的活动仅限于在狭小的地区范围内，并由此造成了人的认识与社会活动的狭隘和保守；但是，中国传统家训及其文化的社会化普及，无可辩驳地证明，当这种在自然经济的土壤中人为地培育成长起来的家训现象，被社会普及成为中华传统文化重要组成部分的时候，家训便现实地表现为中国人社会生活的通行样法。与此相适应，制作家训和自觉应用家训培育后人，就表现为所有家庭生活的常态，从而实现了家训文化的社会化目标。

三　成教于家的传统文化追求

（一）我国社会早期的家训传播与家训文化社会化

从文化繁荣的表象上看，中国早期社会特别是先秦时期的传统家训，似乎全部由位居社会上层的统治者所著，即使发展到春秋战国时期也才开始出现由极少数饱读经书的文人著述的情况，与早期历史上相应的家训所及的教戒训育活动只反映帝王将相和文士贤哲的事迹或史实相吻合。之所以存在这样的现象，是因为在一个家庭中，如果存在文化含量相对集中的家训，那么表明这个家庭应该有

较为深厚的文化基础做依托。在"凡有文字，莫非史官典守"① 的
文化垄断社会条件下，普通百姓虽然创造了知识和文化，但并不能
占有知识和文化，即使到了春秋战国时期，随着周王室的衰微和政
治统治的分崩离析，出现了"天子失官，学在四夷"的文化下嫁现
象，致使文化学术活动才开始往民间大众下移。而且，也有了以孔
子为代表的许多古圣先贤纷纷开门设教，力图将文化知识向平民大
众传播开去，但最终产生的影响和普及的程度实在有限，根本没有
发展到将文化教育普及平民百姓的社会化程度，充其量也只是下移
到了诸侯各国的侯王权贵及其王公大臣等少数新兴的大族人家。因
此，对于以先秦时期为代表的普通百姓家庭来说，他们迫于生活的
压力，也限于认识的不足，绝大多数普通百姓人家无暇关注那些高
雅和专门的家训问题，流传和存续于那些社会最底层人家的训教之
词，大多数也只是局限于口耳相传，很少有人通过严整规范的文字
专门创作家训。

我国先秦时期存在的文化社会化的不充分不平衡现象，显然
是符合当时社会实际的。若以今天的标准去衡量，则难免隔靴搔
痒式的主观武断。试想一想，在自给自足的自然经济条件和"鸡
犬之声相闻，老死不相往来"的社会文化背景下，生产力水平的
相对低下和物质财富的极度匮乏，加之"普天之下，莫非王土；
率土之滨，莫非王臣。天有十日，人有十等，下所以事上，上所
以共神也。故王臣公，公臣大夫，大夫臣士，士臣皂，皂臣舆，
舆臣隶，隶臣僚，僚臣仆，仆臣台，马有圉，牛有牧，以待百
事"，② 生活在这种封建专制统治和宗法等级制度森严体制下的民
人百姓，若能免于冻馁以致富足，很大程度上仰仗圣王之治，
"温良而和，宽容而爱，刑清而省，喜赏而恶罚，移风崇教，生

---

① 《章民遗书·逸篇》。
② 《春秋左氏传·昭公》。

而不杀，布惠施恩，仁不偏与，不夺民力，役不逾时，百姓得耕，家有收聚，民无冻馁，食无腐败，士不造无用，雕文不粥于肆，斧斤以时入山林，国无伏士，皆用于世，黎庶欢乐，衍盈方外，远人归义，重译执赘，故得风雨不烈。小雅曰：'有渰萋萋，兴雨祈祈。'以是知太平无飘风暴雨明矣"。[①] 然而，从文化的本质属性出发，我们很容易得出一个结论，那就是所有这些文化传播和文化社会化程度不高的原因，归根结底都是由其时相对落后的自然经济条件所决定的。当然，受文化进步和社会化传播的文化本质属性所驱使，家训文化的社会化潮流不可阻挡，从一定意义上讲，中国先秦社会时期的家训及其文化传播，正好给人们提供了以史为鉴的考察范型，以便让人们更好地观察和把握家训文化社会化的进程和规律。

（二）人的社会化需要推动了家训及其文化的社会化

人的本质即文化本质，突出地体现在人的社会属性方面。马克思为此指出："人的本质不是单个人所固有的抽象物。在其现实性上，它是一切社会关系的总和。"[②] 不论什么人，在现实性上自然当是他们在各种社会关系中所应当表现出来的样子，包括他们待人接物的态度和方式，无不是一个人活着就必须通过学习训练来解决和适应的社会课题。所以，一个人成人的先决条件不在年龄的增长和身体的发育，而是在于其能否顺利融入其时的社会生产与交换关系当中，成功实现社会化，从而使自己成为既定社会所需要和接纳的道德存在。因此，人的社会化（socialization）是个体在特定的社会文化环境中，学习和掌握知识、技能、语言、规范、价值观等社会行为方式和人格特征，适应社会并积极作用于社会、创造新文化的

---

① 《韩诗外传·卷八》。

② 马克思：《关于费尔巴哈的提纲》，载《马克思恩格斯选集》第 1 卷，人民出版社 1972 年版，第 18 页。

过程。它是人和社会相互作用的结果。① 社会化是一个人由自然人到社会人的转变过程，每个人的成长必须经过这个社会化的以文化人过程，只有这样，一方面才能使那些外在于个体的社会行为规范和道德准则内化为自己的行为标准和心性定力；另一方面才能通过一个人不断参与社会生产和社会交往活动，实现自己存在和发展的社会化人生目标。

现代社会学理论提出，人是社会性的文化存在，一个人只有认同他所处时代的社会文化，才有可能成功地在这种文化体系当中生存与发展下去。因此，完全可以讲，是人的社会化发展需要，推动了家训及其文化的社会化。在古代中国的家长眼里，一个刚刚出生的婴儿，完全不具备认同和遵从社会文化的品质，必须对孩子倍加呵护的同时，悉心施以教诲，否则便是"子不教，父之过"。这与今人的认识与判断并无二致，《尚书》警告曰："于父不能字（子）厥子，乃疾厥子，是不慈。"② 一个人为人父母若不能自爱其子，乃疾恶其子，便是不慈，而况于公侯伯子男乎？考察家训所教的内容，除了教导子女学习知识和掌握生活必要的技能以外，重在教会幼小子弟修身处世和待人接物等参与社会活动的基本知识。所有这些，表面看似乎全是进退洒扫和言谈举止等生活琐细，无关紧要，但家训所教的志趣，却在洒扫应对是其然，教之必有所以然也。因此，中国的先民们，即便是没有多少文化知识的家长，他们也深知教育和培养自己的子女长大后有出息的重要含义，懂得"上敬老则下益孝，上顺齿则下益悌，上乐施则下益谅，上亲贤则下择友，上好德则下不隐，上恶贪则下耻争，上强果则下廉耻，民皆有别，则贞则正，亦不劳矣，此谓七教。七教者，治民之本也，教定是正

---

① 郑杭生：《社会学概论新修》，中国人民大学出版社 1999 年版，第 172 页。
② 《尚书·康诰》。

矣"。^① 即便是那些处居于分散封闭的乡间农户，虽然由于信息的闭塞和交通的阻隔，使得一家一社众人甚至终其一生都过着几乎与世隔绝的生活，遑论更高水平的社会化，但是让子弟后嗣"入则孝，出则悌"，时刻不忘"昨日何生？今日何成？必念归厚，必念治生；日慎一日，完如金城"。^② 为了便于传承和接续，很多家训便以歌谣的形式，教戒勉励自己的儿女和兄弟姊妹，"我日斯迈，而月斯征。夙兴夜寐，无忝尔所生"。^③ 哪怕是那些大字不识的家长们，出于让子弟家人顺利实现社会化目标，也一样不忘抓住一切有利时机，寄望子女成长成才而随时施教于日常。

（三）治家教子的经世致用思想助推家训及其文化的社会化

家庭对于中国社会和中国人而言，具有极其重要的地位，家庭不仅是人们安身立命之所，而且是中国人世界观价值观人生观形成的重要场所。不同于西方民族的家庭那样强调家庭成员的自我主体性，中华民族的大小家庭因其极具凝聚力和归属感而突出强调家庭成员的共同体属性，"在中国文化中，家一直是各种价值的一个承载，是核心。这是跟西方一个显著不一样的地方。我们今天说家训、家教，其实还是在用另一种形式来解读家的重要性"。^④ 如此重要而又温情无价的家庭，激励和牵动着一代又一代中国人出于长保家国的经世致用理想，尽心尽力地制作家训，并自觉坚持以身垂范而勤于治家教子。不论从上古时期出现的相对简约的家训文本和家教实践中，还是从后来体例完备的家训专书中，我们都可以强烈地感受到中国先民们制作家训培育新人的良苦用心。"夫圣贤之书，教人诚孝，慎言检迹，立身扬名，亦已备矣。魏、

---

① 《大戴礼记·主言第三十九》。
② 《韩诗外传·卷八》。
③ 《毛诗·小雅》。
④ 梁枢：《整齐门内 提撕子孙——家训文化与家庭建设》，《光明日报》2015 年 8 月 31 日第 16 版。

晋已来，所著诸子，理重事复，递相模效，犹屋下架屋，床上施床耳。吾今所以复为此者，非敢轨物范世也，业以整齐门内，提撕子孙。夫同言而信，信其所亲；同命而行，行其所服。禁童子之暴谑，则师友之诫，不如傅婢之指挥；止凡人之斗阋，则尧、舜之道，不如寡妻之诲谕。吾望此书为汝曹之所信，犹贤于傅婢寡妻耳。"① 这是士林学界和民人百姓都称道的《颜氏家训》的序言部分内容，也是家训作者颜之推阐明自己为何要制作训词并施教于家的原因。

一方面，面对人口兴旺和族众人等血缘关系的疏离而存在的家族矛盾与冲突纷呈的治理状况，以及家室臃肿和家务凌乱导致的族人言行失范等弊端，用齐以刀切物的治家方法，让万千家长无不致力于修身齐家，而积极主动地治理着自己的家庭，因此，"夫风化者，自上而行于下者也，自先而施于后者也。是以父不慈则子不孝，兄不友则弟不恭，夫不义则妇不顺矣。父慈而子逆，兄友而弟傲，夫义而妇陵，则天之凶民，乃刑戮之所摄，非训导之所移也"②。不仅如此，善于家训者，其必然明白"治家之宽猛，亦犹国焉。……如能施而不奢，俭而不吝，可矣。……生民之本，要当稼穑而食，桑麻以衣"③ 等的道理，以及掌握着"宽仁节量""妇主中馈""婚姻素对"等的治家要略。所有这些，无一不是从儒家文化元典精神出发，将奥雅难懂的传统文化要旨，通过处埋一件件家庭琐细事务而滋蔓渗透一家老小的头脑心田当中，不仅推动了家训及其训教活动的广泛开展，也带动了中华传统文化的社会化。

另一方面，面对大量普通家庭子弟因为无法享受到官方提供的

---

① 《颜氏家训·序致第一》。
② 《颜氏家训·治家第五》。
③ 同上。

正式教育，① 而造成的不同社会阶层接受教育和训导机会的极度不均等社会窘境，中国早期社会的有识之士看到了问题的症结所在，并以知识分子当有的责任担当，率先在家制作家训而训育自己的子孙后辈和家人，因而开启了家学之源澜。"丧乱以来，庠序隳废。学校极其发弛，而文教因之日衰也。今庠序之教缺焉不讲，师道不立，经训不明。士子惟揣摩举业，为戈科名掇富贵之具，不知读书讲学、求圣贤理道之归。高明者或泛滥于百家，沉沦于二氏，斯道沦晦，未有甚于此时者也。"② 于是，利用家训的优势，立意让自己的子弟后嗣成人后能够出人头地以扬显父母，中国的先民们走出了一条通过在家教育子女成人成圣的家训之路，直接推动了家训及其文化的社会化。

（四）家训及其文化的社会化，是中华优秀传统文化"以文化人"精神的大众反映

以儒学为基本内核的中华优秀传统文化，在回答和解决育人新民这一人类普遍问题时，始终站在以人为本的人学立场上，坚定人性可教的育人理念，坚持化民成俗和教人成德的实践理路，同"育民造士，国之根本"的官方正式教育体制殊途同归，创立了一套以家训为主要形式的"化民成俗，不坠家风"民间大众育人新民范式，也有力地实现了家训及其文化的社会化。

首先，家训的繁盛与社会化推延，得益于开明帝王的倡导与传布。"儒家者流"的历史功绩，在于让儒术自汉代确立独尊统

---

① 《四书章句集注》一书，系宋代著名理学家朱熹于 1190 年在漳州刊出的最有代表性的经典训诂著作，他在该书大学章句序中，针对中国上古时期的官方正式教育写道："三代之隆，其法寝备，然后王宫、国都以及闾巷，莫不有学。人生八岁，则自王公以下，至于庶人之子弟，皆入小学，而教之以洒扫、应对、进退之节，礼乐、射御、书数之文；及其十有五年，则自天子之元子、众子，以至公、卿、大夫、元士之适子，与凡民之俊秀，皆入大学，而教之以穷理、正心、修己、治人之道。此又学校之教、大小之节所以分也。"该书上承经典、下启群学，可谓金科玉律，因而代代传授，对中华传统文化的影响不可低估。

② 《清史稿·列传·熊赐履》。

治地位以来，儒家思想所推崇的"家国一体"和"修齐治平"等指导思想就成为统治者化民成俗的核心内容和价值追求。例如，孟子提出的"天下国家"理念，让中国人在明了"天下之本在国，国之本在家"①精神实质的同时，让中国古代先民们明了"古之欲明明德于天下者，先治其国；欲治其国者，先齐其家；欲齐其家者，先修其身；欲修其身者，先正其心；欲正其心者，先诚其意；欲诚其意者，先致其知；致知在格物。物格而后知至，知至而后意诚，意诚而后心正，心正而后身修，身修而后家齐，家齐而后国治，国治而后天下平。自天子以至于庶人，壹是皆以修身为本"②。此般上行下效之德风，赢得了全民齐家教子和修身养德家训的兴盛繁荣。历代贤明之君不仅身体力行亲自制作家训训教后嗣王臣，而且不遗余力地向全国子民推广和传布家训，极大地推动了家训及其文化的社会化。《尚书》所载的诰辞、清华简所出文王《保训》和唐太宗的《帝范》等，都是家训社会化的代表力作。

其次，以家训为载体和手段推动中华文化下嫁民间大众，体现了中国有识之士特别是中国上古时期的知识分子"为天地立心、为生民立命、为往圣继绝学、为万世开太平"③之浓厚的家国情怀，重道义和勇担当的强烈社会责任感。随着这些先哲秉持言行一致，自觉投身文化大众化社会化的历史大潮，主动以"天之生斯民也，使先知觉后知，使先觉觉后觉。予，天民之先觉者也，予将以此道觉此民也"④的认识和胸怀，坚持通过学习、教育和修养来塑造人的德性人格，尊奉"人皆可以为尧舜"和"涂之人可以为禹"的"有教无类"平等施教理念，坚持用仁义礼智信为教化内容，不仅

---

① 《孟子·离娄章句上》。
② 《礼记·大学》。
③ 《张载集·张子语录·语录中》。
④ 《孟子·万章章句下》。

公开设馆施教，而且模范地庭训于家，成为家训及其文化社会化的标兵和急先锋。

最后，家训及其文化的社会化，有赖于民间大众的实践与创造。家训及其文化的产生与发展，本质上应归功于广大的劳动人民。虽然，从表面上看，是社会上流阶层的先民们有效实现了古代家训教戒目标并成功地推动了家训的社会化发展，但是，就这样简单地将家训及其文化的创造与发展归功于少数帝王将相和名士贤哲，那就大错特错了。考证一下我们熟知的家训制作者和家庭教育的积极实践者，不论是传说中的三皇五帝，抑或是功名显赫的圣哲明君，其先祖和千秋功业初创者，哪个不是出自普通民人？哪些家训思想不是他们的先辈在长期的社会实践中，以自己的人生经验和获得的教训，最早用耳提面命的口述训教的方式传授于他们的子孙后代的？反之，正是有了他们的聪慧体悟与执着实践，才将散漫地存续在普通大众当中的灵性创造结果，提炼凝结成为一般的社会哲理性知识，使大众创造的家训精神得以升华；也正是有了万千家庭对贤哲名儒总结提炼出的家训理论和有效方法的实践接纳和代代传承，才成就了家训活动的繁盛以及家训文化的社会化发展。

第三节　家训文化社会化的实践范式

中华民族历来重视家训，连续数千年坚持不懈地恪守家训教戒传统，秉持家庭教育的常态化生活样法，在漫漫历史长河中，逐渐积淀铸就了中华传统家训文化，成为训育中国古代先民成人、成圣过程中，相较于地域文化和佛道文化而言，最为有效和最深刻持久的教育型塑文化部分。正如习近平总书记指出的："孩子们从牙牙学语起就开始接受家教，有什么样的家教，就有什么样的人。家庭教育涉及很多方面，但最重要的是品德教育，是如何做人的教育。"① 同时，作为文化的传人，我国古代先民始终聚焦对人的精神塑造和人格涵养，致力于培养人的个体道德、家庭美德、社会公德，通过以家训、族规、家学、道德楷模和乡约等社会化的多种家庭教育实践范式，不仅成功地训育出一代又一代中国人，而且探索出了一条中国特色家训文化传承创新的社会化发展之路。

一　家训

家训不仅是中华优秀传统文化体系当中的大众瑰宝，而且位居家训文化核心，族规、家学、道德楷模和乡约等其他社会化的家庭教育形式，最主要的文化渊源和实践范型，无不出自传统家训这一实践文化源泉。如前所述，从现实意义上讲，家训及其文化的产生与发展，除了教育训导家人族众掌握文化知识和生产生活技能外，突出地表现为从人的灵魂深处强化道德培育的亲情感染作用。"我铭父母之教于灵台，与生俱生，与死俱死，而不忘者也。天高地下，日照月临，有违家训，雷其殛之！"② 类似符咒誓言式的决心和态度，足以让每个中国人对家训刻骨铭心，从而自觉支撑起人们对家训这种有温度有价值有活力文化的自觉认同与尊崇，也体现着家训教戒作用的深刻与持久。从文化的抽象意义看，家训及其文化的产生与传承，作为中国古代社会上层有识精英与基层民众在思想观念领域达成一致认识的重要媒介，将原本玄奥抽象的社会一般价值原则、道德规范渡向平民大众时，成功地架起了一座思想沟通与价值认同的文化桥梁，将以儒家思想为核心的中国古代社会的世界观价值观人生观，润物无声地下嫁穿透社会最底层平民农夫心田的同

---

① 习近平：《在会见第一届全国文明家庭代表时的讲话》，http://news.china.com.cn/2016 - 12 - 13。

② 《郑思肖集·中兴集二卷》。

时，也以家训及其教戒活动的大众普及成功地实现了对以儒家思想为主脉的中华文化的社会化。从历史与现实的角度看，中国古代的传统家训思想，发端于五帝禅让皇位的育人和选任忧思。如前所述，有典籍可供参考和有文本记载的家训产生于上古三代，早在殷商初年，商汤、伊尹就有零散的家训语录留传于世，其中第一篇完全意义上的家训，当推《尚书》所载的《伊训》篇。相对严格意义上的家训，则成型于两汉，教戒思想和社会流行的家训范本成熟于隋唐，民间普及与大众推广繁盛于宋元时代，家训及其文化的社会化程度最高的要数明清时期，到近现代即由盛转衰，至今一蹶不振。从家训文化的演化路径看，中国传统家训由最初的帝王将相等极少数贵族家庭生发成型，伴随着皇朝官府的推广，逐渐普世下行，最终滋蔓穿透进入寻常百姓之家。"至若号令之行，风教之出，先及于府，府以及州，州以及县，县及乡里。自上而下，由近及远。譬如身之使臂，臂之使指，提纲而众目张，振领而群毛理。"①走了一条自上而下、由少到多、由贵及贱、从家到国的传承发展道路。从家训的存续媒介和文化导向上讲，中华传统家训文化的物质载体，主要表现为一代代接续传承于亿万家庭之中的家训文本，有的以家训、家范、家诫、家令、家规、家言等相对规范的文本或典籍流传于世；有的以家谱、家乘、家传、宗谱、祠规等相对综合的物态传家宝存续在民间；有的以家语、格言、内训、遗言、家书等口语化生活化形式传承于普通百姓人家；有的以先祖遗物、家传碑刻匾额、前辈英雄楷模、祖上的功业大德等为训育子弟后嗣的象征而世代流芳；有的还以区域民众在长期的生产生活实践中历练出来的人生经验、造福一方的传世绝技、流传广泛的惨痛教训等为施教原型流传于普通大众家庭。家训的传承和存续形式，可谓丰富多

---

① 《日知录·部刺史》。

彩，家训文化的影响力，可谓广泛深刻。

当然，家训文化之所以能成为中华优秀传统文化的重要组成部分，是由家训及其文化产生的我国古代社会的小农生产经济所决定的。由于生产力水平的限制，即便是古代太平盛世，庠序太学辟雍等官学设置往往仅及于公卿大夫之元士嫡子，不可能像今天的义务教育一样，有庞大的国库开支惠及全体士庶民众子弟，而是与中国古代社会自然经济条件下自给自足的小农生产方式相一致，以家庭生产生活为单位的古代先民，不论是出于教会子弟最起码的生存之道，还是为子女计从长远教其成人、成圣，以家训为代表的家庭教育无一例外地成为亿万家长的自觉选择。加之中国人普遍固有着早教的理念，如武王妃、成王母为了使胎教之法能世代相传，周王室便将"胎教之道，书之玉版，藏之金柜，置之宗庙，以为后世戒"。①这样一来，家训便历史地成为每一个家庭长辈苦口婆心教育子弟成长成人的行为自觉，伴随着朝廷官府的旌表传布，家训得以顺利地推延发展为惠及所有民人百姓人家的普适文化形式。事实上，除了包括古代圣王在内的先贤圣哲"正官名，定服色，兴庠序，设选举"外，无数的普通民众都乐此不疲地在自家坚持开展家训教戒活动，使家训广泛普及，成为中国古代的社会风气和流行时尚。

二　族规

现代社会学研究理论认为，可以根据我们已经知道的人类发展历史，将社会演进划分为两种不同性质的社会形态，一种是没有明确具体的共同目标，只是因为有很多人相伴而生，因而基于血缘亲疏关系，形成的在一起生产生活所结成的"熟人社会"。按照费孝通先生的研究结论，除了皇权止于县的少数帝都府郡县城以外，中

---

① （汉）贾谊：《新书·胎教》。

国两千多年有文字史料记载的广袤乡土社区，就是这样一个"熟人社会"形态。与古代通行的政治分封、经济自足、文化自制的乡土社会制度相一致，中国古代乡土社区的基本构成单位是村落，支撑村落的基本单位是家族；村与村之间比较孤立，族与族之间"鸡犬之声相闻，老死不相往来"；以土地为生的人们世世代代处居于同一片土地上，安土重迁、爱好和平，流动和迁移不仅非常少见，而且常为无奈之举，甚至是生离死别。在这样一个名为村落实为家族的单位人口聚居环境中，每一个生于斯、长于斯的人，无不尽是他长时间频繁接触到的"熟人"，大家互相知道对方的生活和为人底细，各种社会关系特别是信用关系建立在相互熟悉的人格担保基础之上；维持乡土社会秩序所用的力量和根据，主要由"礼俗"和"传统"等习惯了的道德规范来保障。在中国古代的乡土社会里，法律是用不上的，社会秩序主要靠老人的权威、家族教化以及村民服从于传统的习惯来保证的。礼是社会公认的行为规范。"礼并不靠外在的权力来推行，而是从教化中养成个人的敬畏感，使人服膺。"① 这一"礼俗"和"传统"发挥作用的基础，实质上便是通行于中国乡土社会而极具约束力量的族规。另一种是性质的社会发展形态，是人们为了共同完成一项任务或实现一个远大目标而结合起来的生活"法理社会"。社会组成人员来历和出身的复杂多样，决定了将大家组织起来目标一致、令行禁止的保障力量，既不能依靠组织头领的德高望重和决策英明来昭示规范，也不可能建立在互相熟悉而信任的基础之上，唯一能让众人舍小家而顾大家的维持力量，便是基于权利和利益让渡基础上的合议契约。现代社会秩序必须由法律来保障的铁律便由此而出，法律执行的有效性，靠国家力量去推行。与此相适应，工业化发

---

① 费孝通：《乡土中国·生育制度》，北京大学出版社1998年版，第50—51页。

展和人口的城镇化，推动了社会分散和家庭（家族）的小型化，以三口之家的小家庭或以此为标准的核心家庭，成为"法理社会"标准的家庭模式。家训，因其天然具有的私密特性，在现代法理社会，随着家庭小型化和分家离族导致的亲缘关系淡化，族规则仅存于地处偏远的贫困乡村和少数民族村寨之中，家训及其文化的社会化遇到了新的挑战（如图3—8）。

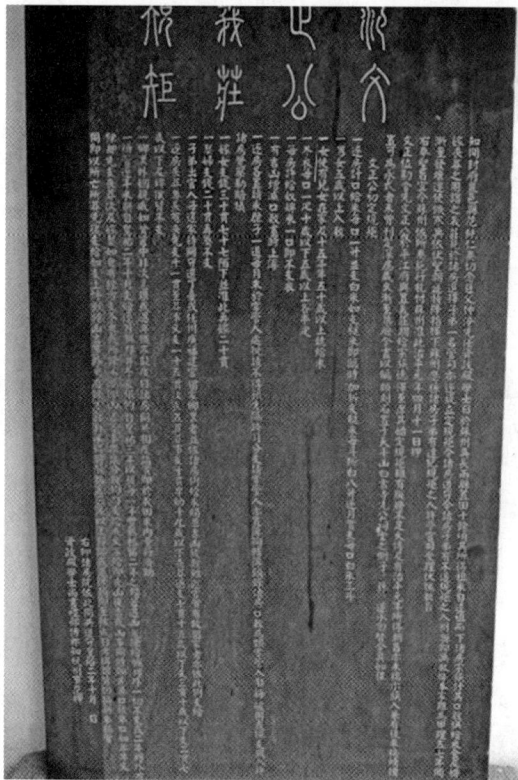

图3—8　《义庄规矩》

注：《义庄规矩》是宋代范仲淹父子制定的范氏家规，不但劝谕子孙，更使范氏义庄的存续有章可循。相传范仲淹的儿子将其刻于石碑，立于祠堂。

因此，严格地讲，家训概念的提出和普及，是今人回望古代先民治家教子经验时，比照眼下自己的家庭组织而给予大家庭族规的学理性描述。按照这一学理认识，如果家训的作用范围和适用力量超出核心家庭，在现实中不得不用于规范同姓家族成员时，原来作用范围仅限一家的家训便历史地推延发展成了族规。实际上，如果让我们回到历史的现场，所有今天为人津津乐道的古代家训，原本当是族训（族规），那时聚族而居、合爨共食的中国先民们大都敬称其为"祖训"。与此相适应，族规产生和发挥作用的组织基础，正是那些我们现在所指称的家族（实为家族），是构成古代社会的最基层组织单元。其时社会上大量存续的古代家族，实质上是一些结构相对松散的同姓血缘宗亲家庭的聚合体。"族者，凑也，聚也，谓恩爱相流凑也。生相亲爱，死相哀痛，有会聚之道，故谓之族。"① 按照中国古代社会的政权组织制度，以官府设置为标志的国家权力远没有触及社会最底层，而是往往是"皇权止于县"。其中，先秦、魏晋南北朝直至两汉时期，国家政治权力所及的范围，以社会繁盛和平发展的最高水平为标准考察，也只管理到乡，没有再往下延展而设置同现代意义上的行政村、街道、居委会、家委会等的哪怕是自制的管理运行机构。其实，在广袤的农村地区，家族原本就是基本自治的，中国古代家族就是将同一姓氏的血亲成员聚集和组织在一起生产生活的基层社会组织。所以，从社会治理和新民育人的角度讲，是家族维持着广大的乡土社会秩序，是家族造就了中国人"家国天下"的普世情怀，当然也是家族演绎着训教子弟后嗣的家训生活。

　　族规的产生与繁盛，除了完全具备家训齐家教子的基本职能外，突出地表现为族规齐家和育人的强制性特征，由此使得族规这一原本基于亲情诱导的家训范式，最终上升成为家法。由于家族人口的增加，导致宗亲辈分和血缘关系的疏远，不遵守惯常家规、不

---

　　① 《白虎通义·宗族》。

遵从家族尊长训令和不服家长管教的逾矩言行在所难免，说明要管理好人口众多的家族，没有规矩和强制力量是难以为继的。出于家族管理和育人的强制性需求，"齐以刀切物，使参差者就于一致也。家人恩胜之地，情多而义少，私易而公难，若人人遂其欲，势将无极。故古人以父母为严君，而家法要威如，盖对症之治也"。[①] 当然，无论是齐家礼法的训教性质，还是家法惩戒族人的昭示用意，由族规延展出来的家法，实质上仍然是家训的强制性表现和效力实践方式，族规之所以要对亲属子嗣动用家法课以重责，除了直接责罚和教训犯过子弟后辈外，还通过让每个族人都来参与裁断和见证处罚，目的在于给广大族众以训教警示，有利于保障家族（家庭）秩序井然和代出有德新人。

三　家学

绵延不绝于中国古代社会的家学，不仅仅指私塾（如图3—9）、家塾、族学等家族家庭成建制的学校，其内涵更多地指向包括家训、家传、技艺等在内的一门学问、独家绝技、祖传的秘方，以及流传在一个家庭（家族）的学术授受传统等多个方面。"书香门第"和"家学渊源"不仅是华夏民族重视家训家教、传承家学的文化贡献，也是中国人向善好学、学术繁盛的真实历史写照。古代中国"家学之源澜，庭训之敦实，上启帝聪，下袛流靡，卓然振世，于古未之有也"。[②] 尤其值得肯定的是，古代家学作为中华传统文化发展和延续当中的民间传承方式，在育人和维护社会礼制方面，发挥着比那些有章可循的官方制度更为深厚和更为基础性的思想教化作用。

检视家学繁盛的历史发展过程，我们可以清晰地看出，作为古

---

① （明）吕坤：《呻吟语·内篇·礼集》。

② 《黄漳浦文选》卷4，台湾省文献委员会，1994年，第211页。

图3—9　距今300年的江苏南通如皋市白蒲镇顾家私塾及守塾人

代传统家训的重要范式，家学在我国得以兴盛，是历史选择的结果。一是"天子失官，学在四夷"① 的文化社会化。从源头意义上

---

① 《春秋左氏传·昭公》。清代汤蛰仙在其《变法》一文中，释疑"孔子曰：天子失官，学在四夷（彝）"有言："春秋之例，彝狄进至中国，则中国之古之圣人，未尝以学于人为惭德也。然此不足以服吾子，请言中国有土地焉，测之绘之化之分之。审其土宜，教民树艺，神农后稷，非西人也；度地居民，岁杪制用，夫家众寡，六畜牛羊，纤悉书之，周礼王制，非西书也；八岁入小学，十五就大学，升造爵官，皆俟学成，庠序学校，非西名也；谋及卿士，谋及庶人，国疑则询，国迁则询，议郎博士，非西官也……交郭有道，不辱君命，绝域之使，非西政也；邦有六职，工与居一，国有九经，工在所劝，保护工艺，非西例也；当宁而立，当宸而立，礼无不答，旅揖士人，礼经所陈，非西制也；天子巡守以观民风，皇王大典，非西仪也；地有四游，地动不止，日之所生为星，悫纬雅言，非西文也；腐水离木，均发均县，临鉴立景，蜕水谓气，电缘气生，墨翟亢仓关尹之徒，非西儒也。故夫法者天下之公器也，徵之域外则如彼，考之前古则如此，而议者犹曰彝也彝而弃之，必举吾所固有之物，不自有之，而甘心以让诸人，又何取耶？"（见清代贺长龄主持，魏源代为编辑辑录的清人经世文选《时务分类文编·变法论》）

看，中国古代特别是上古时期，"天子失官"造成了学术下移的结果。在文化专属于统治阶层的上古时期，皇朝所设立的每一个官职都富有文化含义，因履职所致，这些官员往往饱读诗书、身怀绝技，或见多识广、履历丰富，加之其时担任官职者均世代相传，受其家训培育出来的接续者，个人修为和文化水平更高。可是，当发生政治变故或出现王朝更替时，这些元老旧臣若能幸免于难，却难免"一朝天子一朝臣"的制度淘汰，他们离开官位回归平民时，自然带去了其所职掌的学术技艺和进步思想。所以，当时的周"天子失官"，就造成了明显的学术下移现象，这些学术或思想先由周王室下移于侯国，再由各侯国下移于民间。二是士大夫为代表的世家大族的推广助力和影响。中国古代土地分封和以国为姓的政治经济制度，不仅保护和促生了无数皇族血亲家族的兴盛和繁荣，而且通过士林选官的入仕机制让士大夫家族主动保持"家学渊源"的优势而传承不弃。"今所谓门第中人者，为此门第之所赖以维系而久在者，则必在上有贤父兄，在下有贤子弟，若此二者俱无，政治上之权势，经济上之丰盈，岂可支持此门第几百年而不弊不败？"[1] 这些世家大族要长保自己的官宦士绅地位和家业门风不坠，当然很有必要在族内设家学读书论道以辈出人才。三是少数普通百姓人家事业勃兴和家道昌盛后所创立的家学。包括因为科举高中，或因武功盖世，或因贤孝乡里而成为"朝为耕田郎，夕登天子堂"的荣兴贫苦百姓人家；有以一技之长或自创独门绝技而发家致富的普通人家；也有不得志的先哲士人因忧愤其时道之废弛和制度暗淡，或因自己仕途穷退而致力于著书立说和开馆教授生徒的没落贵族。总之，在中国古代经济文化很不发达的社会条件下，演绎着家族属性极强的"子承父业"家学传统。

---

① 钱穆：《略论魏晋南北朝学术文化与当时门第之关系》，《香港新亚学报》1963 年第 2 期，第 73—78 页。

　　家学兴盛的历史和现实表现，以其敦睦宗族和辈出人才的目标定位，有力地证明了其与家训设教的相同价值指向，因而将其置于家训社会化的重要范式，恰如其分。正如傅斯年曾经阐明"中国学术思想界之基本误谬"的那样，"中国学术，以学为单位者至少，以人为单位者转多，前者谓之科学，后者谓之家学。家学者，所以学人，非所以学学也"。① 将此番话用于界说家学传统，亦当恰切不过。与中国人道德立论的为学传统相一致，家学的根本，首先注重的是士人贤哲的气节和品行，在立功、立言、立德的人生三达德追求中，做人是第一要紧的，学还在其次。所以，古代几乎所有的名门望族都置有家学，也留下了无数优秀的家训。从表面上看，家学出于"弟子入则孝，出则悌，谨而信，泛爱众，而亲仁。行有余力，则以学文"② 的亲情仁爱办学理念，秉持学富五车而心无所放纵的追求圣贤心境和修身立德的目标指向，虽然成教于家，但家学之要，"本诸心之性情，致谨于隐微显见之几，推诸中和位育之化，极之乎无声无臭，而后为至，盖家学之秘藏也"。③ 基于学以成人的家学育人实践，中国人成功训育子弟后嗣的根本，不至于学问的功夫，家学的兴盛正源自人才辈出的历史功绩。"遗传之美，家学之善可知。此所谓父兄渊源者也。"④ 因此，中国古代的家学或读书风气，在历代书香门第的影响范导下，不论是源自退隐官僚家族的"家学渊源"，抑或崛起于俗学时艺的无源家学，在有识家长的悉心教导下成一家之言，一家族众和子嗣幼承庭训，长而渊博，仁义礼智无不兼备，经史子集无不通晓，因而造就出了无数的大家贤哲。在这些世家大族的影响和带动下，即便是平头百姓也无不心向往

---

　　① 傅斯年：《中国学术思想界之基本误谬》，载《大家国学：傅斯年卷》，天津人民出版社2009 年版，第 32 页。

　　② 《论语·学而第一》。

　　③ 《王阳明集补编·年谱附录二》。

　　④ （金）元好问撰：《中州集·辛愿传》。

之，通过积极建设自己的家园，或通过求学苦读、武功求荣等的方式或渠道，立意争取让自家进入社会上流，而坚持让子嗣后人读圣贤之书，成人上之人。

纵观中华文化发展的历史，"家学渊源"之所以成为绵延不绝的家训文化传统，除了受独立封闭的自给自足自然经济条件制约外，深层次原因跟古代中国的育民新人教育方式和自治家族制度有关。与中国传统儒家文化思想的影响相一致，出身名门世家和跻身士林，不仅在当时是一种荣耀，更重要的是，这些名门士林家庭中往往存续着优异的血统和遗传、良好的家庭教育和环境熏陶，可谓"渊源有自"，尤其是能在个人的气质禀赋和学业奠定方面，有着普通民众家族难以企及的学术资源和优秀家传。为此，国学大师钱穆分析魏晋南北朝的家族训教现象后指出："当时门第传统共同理想，所期望于门第中人，上至贤父兄，下至佳子弟，不外两大要目：一是希望其能具孝友之内行，一则希望其能有经籍文史学业之修养。此两种希望，并合成为当时共同之家教。其前一项之表现，则成为家风；后一项之表现，则成为家学。"[1] 实际上，这一古老的传统家学育人形式，成为中国古代对应于政府"官学"而长期存在，在更大的范围承担着培育普通民人子弟成人成圣任务的民间"私学"，早在春秋战国时期就已经初具规模。"周礼（保氏）：教国子先以六书；汉律：学童十七以上始试，讽籀九千字，乃得为吏。……春秋所以重世家，六朝所以重门第，唐宋以来，重家学、家训，不仅教其读书，实教其为人。"[2] 可见，家学肇始于上古时期世家大户的家训活动，勃兴于春秋战国时期的"百家争鸣、百花齐放"，真正独立完善的家学制度，到东汉后期便逐渐成形。"盖自汉代学校制

---

[1] 钱穆：《略论魏晋南北朝学术文化与当时门第之关系》，《香港新亚学报》1963 年第 2 期，第 67 页。

[2] （清）刘禺生：《世载堂杂忆》，辽宁教育出版社 1997 年版。

度废弛，博士传授之风气止息以后，学术中心移于家族。……公立学校之沦废，学术之中心移于家族，太学博士之传授变为家人父子之世业，所谓南北朝之家学是也。"① 自此以降，不论官学教育如何兴废盛衰，在民间设学立馆教育子弟或传承祖业的家学便蔚然成风，成为贯穿整个中古近古时期独具特色的中国民间学术和德育范式，开辟了中华传统家训文化社会化发展的一条新路。

四　道德楷模

榜样的力量是无穷的，在重视发挥亲情感染和品德培育作用的家训及其文化育人实践中，我国古代社会的家长们无不坚持正人先正己，打铁还需自身硬的言传身教原则，实践着只有父母带好头，教育子弟后嗣才有说服力的家训范式。正是在这个意义上讲，传统家训成功的原因有多种，其中很重要的一方面便突出地表现在家长往往就是道德楷模，并能自觉坚持做到家训施教的以身垂范。另一方面，以身示范的家训家教，对一个人的熏陶和影响作用之所以明显，因为直观而生活化的榜样就在身边，受教子弟只需"听其言而观其行"，不用刻意设身处地和换位思考，其范导教化子弟和族人的家训自然见效，中国人正是在这些看似平淡的榜样示范当中，无意间成功地塑造出了家人子弟的德性人格。孔子所提倡的"君子之德风，小人之德草。草上之风，必偃"② 的德教箴言，以及中国人自古以来崇德修身的育人理念，体现在传统家训教戒活动中，就转化为万千家长始终模范地践行着以身作则的榜样示范施教方法，指引着他们率先垂范而身教于家。

从政治和历史的视域出发，我国的传统家训能够顺利实现社会化发展和普及，一个非常重要的原因，在于"家国一体"的古代中

① 陈寅恪：《隋唐制度渊源略论稿》，中华书局 1963 年版，第 17—19 页。
② 《论语·颜渊第十二》。

国政治制度设计和国家组织形式推动。但是，这并不妨碍我们利用西方政治社会学的"国家—社会"二元对立理论来分析我国古代社会的许多问题，相反，正是古代中国"城市—乡村"二元经济结构和政权运行模式，决定了我们很有必要对应于"中央—地方"二元政权划分来研究我国古代的社会治理问题。其中，在通过树立国家典型和塑造道德楷模来教化民人的家训实践方面，就有朝廷代表国家标榜树立的精神典范和民间大众通过自我修养超脱出来的道德楷模两类非常成功的范例，对于劝喻百姓、敦化民风和秩然社会发挥着成建制的官方正式制度难以企及的润物无声的教化作用。

国家层面树立的典型。一方面，旨在通过歌颂君王功绩和宣明政教，来树立统治者的高大形象，以帮助实现统治阶级的治国理想；另一方面，通过这些典型人物和事件，教育国民懂得感恩，要向以最高统治者皇帝为代表的英雄模范学习和看齐，自觉遵从统治者所提出的治国理念。例如，《诗经》大雅篇位列第二的《文王》一诗，即以脍炙人口的诗歌艺术形式，歌颂和刻画出周代开国皇帝文王及其父祖的高大楷模形象，"明明在下，赫赫在上。天难忱斯，不易维王。天位殷适，使不挟四方。挚仲氏任，自彼殷商。来嫁于周，曰嫔于京。乃及王季，维德之行。大任有身，生此文王。维此文王，小心翼翼。昭事上帝，聿怀多福。厥德不回，以受方国"。①在歌功颂德的同时，还将小邦周克大邦殷的以德配天制胜根本，活脱脱地揭示了出来。此外，对于周王朝而言，周公（姬旦）乃世人公认的楷模。面临天下初定、武王早终、侄子成王年少的治国窘境，周公以己之身相成王，兢兢业业，允公允能，而使其子伯禽代自己就封于鲁国，临行前特意对儿子严加教戒，成就了言传身教家训的美谈："我文王之子，武王之弟，成王之叔父，我于天下亦不

---

① 《毛诗·大雅·文王》。

贱矣。然我一沐三捉发，一饭三吐哺，起以待士，犹恐失天下之贤人。子之鲁，慎无以国骄人。"① 以此观之，一方面，古代中国的家国一体政治建构，的确由来已久；另一方面，儒家思想所追求的内圣而外王的明君治国理想是一脉相承的，除了极少数荒淫无度、数典忘祖，甚至昏庸无道而导致亡国者外，历代皇帝均无一例外地被尊奉为至高无上的典型形象。《清实录》以"大清圣祖合天弘运文武睿哲恭俭宽裕孝敬诚信中和功德大成仁皇帝"尊称少年天子康熙大帝爱新觉罗玄烨（1654—1722），以"大清高宗法天隆运至诚先觉体元立极敷文奋武钦明孝慈神圣纯皇帝"② 敬称清高宗乾隆爱新觉罗弘历（1711—1799），树立皇帝至尊地位和高山仰止典型的用意昭然若揭。当然，从治理国家与陶染民众相结合的角度出发，中国古代的统治者睿智地发现，除了树立并维护好帝王的领导形象外，旌表和培育出符合统治阶级要求的时代楷模，对于化民成俗，作用和意义也非常重大。例如，"夫子温、良、恭、俭、让以得之"③，不仅成就了孔子"大德不逾距"的理想人格，而且历代统治者均以其中正不偏和据仁游义的儒行规范形象，旌表型塑固化为中国古代社会最著名的文人学士道德楷模，从古至今，一直成为中国人普遍景仰的儒雅道德化身。"温良者，仁之本也。敬慎者，仁之地也。宽裕者，仁之作也。孙接者，仁之能也。礼节者，仁之貌也。言谈者，仁之文也。歌乐者，仁之和也。分散者，仁之施也。儒皆兼此而有之，犹且不敢言仁也，其尊让有如此者。"④ 不仅如此，检视孔子不平凡的一生，不论其独善其身还是兼济天下，其视听言动无不中节仁义礼智信和温良恭俭让等道德规范。"圣人之所谓道者，不离乎日用之间也。故夫子之平日，一动一静，门人皆审

① 《史记·世家·鲁周公》。
② 《清实录·圣祖仁皇帝实录（康熙、乾隆）》。
③ 《论语·学而第一》。
④ 《礼记·儒行》。

视而详记之。……于圣人之容色言动，无不谨书而备录之，以贻后世。今读其书，即其事，宛然如圣人之在目也。虽然，圣人岂拘拘而为之者哉？盖盛德之至，动容周旋，自中乎礼耳。学者欲潜心于圣人，宜于此求焉。"① 立志"究天人之际，通古今之变，成一家之言"而著述《史记》的太史公司马迁评价万世师祖孔子曰："《诗》有之：'高山仰止，景行行止。'虽不能至，然心乡（向）往之。余读孔氏书，想见其为人。适鲁，观仲尼庙堂车服礼器，诸生以时习礼其家，余只回留之不能去云。天下君王至于贤人众矣，当时则荣，没则已焉。孔子布衣，传十余世，学者宗之。自天子王侯，中国言《六艺》者折中于夫子，可谓至圣矣！"② 作为学习和效法的师长，孔子第一得意弟子颜渊称许其"仰之弥高，钻之弥坚；瞻之在前，忽焉在后。夫子循循然善诱人，博我以文，约我以礼。欲罢不能，既竭吾才，如有所立卓尔。虽欲从之，末由也已"③。师者之楷模，教者之师表，孔子的循循善诱和约人以礼功夫，均体现在夫子温温恭人的圣人楷模形象、在乎其日用行事之间，永远昭示和启迪着后人。再如，清代大儒和近代理学传人曾国藩，虽然在中国近代历史上饱受争议，但他却是成功实现了立功、立言、立德"三不朽"达德目标的典型代表，一直被人们视为道德修养的楷模。在外，曾国藩是位高权重的政治家，被大家誉为近代唯一的圣人。在家，对于父母而言是最好的儿子，除了扬显父祖还能使父母宽心；对同辈家人来说是最好的兄长，体贴入微而不忘悉心教导；相对于子女来讲，曾国藩是慈爱的父亲，更是儿女效法的好榜样，为儿女谋求长远而不忘言传身教，辅以频繁而质朴的家书训育子弟。"读书以训诂为本，作诗文以声调为本，事亲以得欢心

---

① 《四书章句集注·论语集注·子罕第九》。
② 《史记·世家·孔子》。
③ 《论语·先进第十一》。

为本，养生以戒恼怒为本，立身以不妄语为本，居家以不晏起为本，作官以不要钱为本，行军以不扰民为本。此八本者，皆余阅历而确有把握之论，弟亦当教诸子侄谨记之。"① 曾国藩在商量和处理平淡琐碎的家务时，不忘对事中的家人们施以真知良言。通过大量的《家书》，他成功地将为人当有的道德修养和人生理想，以及做人的精神境界贯通一气，劝谕教戒家人情理兼备，以身作则，不仅成就了家训的典范，也树立了一位可亲可敬的家长楷模（见图3—10）。

图3—10　士绅和乡贤：中国古代民间社会的道德楷模和秩序维护者

　　基层社会自然成长起来的道德楷模。从历史和现实相结合的角度梳理，除蒙昧原始社会时期以外的中国古代，主体是一个典型的农耕社会，国家政权组织分布较为分散，政府机构和行政能力也较现代弱小。其中，最基层的国家政治机构州或县往往设置在城郭，但州县权力所及和要管辖的区域主要是广大的乡村县域，所要处理

---

① 《曾文正公家训》。

的事务自然及于权限所属的众多乡民。由于信息闭塞和交通的不发达，在社会最底层客观上存在着行政、司法甚至军队建设都与乡村社会的实际需要相脱离的状况。因为"山高皇帝远"，一些偏远地带或边陲村寨的地方势力对当地的影响往往超过了王法制度，存在着乡民自治的事实。因为"国权不下县，县下惟宗族，宗族皆自治，自治靠伦理，伦理造乡绅"①。对于乡土中国的乡民自治，费孝通先生通过大量细致的调查，认为"皇权统治在人民实际生活上看，是松弛和微弱的，是挂名的，是无为的"②。可见，在我国古代社会，除狭小的城区外，县以下的广袤乡村社区缺乏正式制度的管束。那么，中国古代如此广大的乡村社会到底在依靠什么来维系？又是谁在具体负责治理呢？对此，不仅是学理考察的费孝通们，还是生于斯、长于斯的先民后辈，大家都一致认为：在我国数千年的乡村历史发展中，是那些通行于乡里的传统习俗和民间规矩，通过有效解决社会矛盾和协调乡民关系在维系着农村社区的社会秩序，而实际执掌和落实这些乡村制度规范的主角，则是学高可以为师、身正足可为范的乡绅、士绅。③ "乡绅，国之望也，家居而为善，可以感郡县，可以风州里，可以培后进，其为功化比士人百倍。"④ 乡

---

① 《曾文正公家训》。

② 费孝通：《乡土中国·生育制度》，北京大学出版社 1998 年版，第 63 页。

③ 根据日本学者重田德就中国《乡绅支配的成立与结构》考察，我国宋代就已经出现了"乡绅"的称谓，后来"在明代文献中出现的同类用语中，绝大多数场合用的是'缙绅'"。（参见日本寺田隆信《关于"乡绅"》，辑录于《明清史国际学术讨论会论文集》，天津人民出版社 1982 年版，第 113 页）缙绅，又作搢绅或荐绅，原名起源于汉代，本义为"搢绅而垂绅带也"，即古代仕宦或儒者束在腰际的衣外大带。后来用此指代做过官员的人。明清时期，"缙绅"又用来通称"乡宦之家居者"。既然特指居乡的官宦，就与普通士子在权力地位和声望影响等方面有很大的区别。19 世纪美国传教士何天爵（Holcombe Chester）将中国的乡绅士绅解释为："这一阶层的人都是在他们所居住的地区受过教育的读书人，他们一般都完成了读书人所必读的内容，而且已经通过了一两级通向仕途的科举考试。如果把这一类人用西方社会的各阶层作一比较的话，他们非常近似于我们西方国家不在政府中任职的大学毕业生。"（［美］何天爵《真正的中国佬》，鞠方安译，光明日报出版社 1998 年版，第 168 页）

④ 颜茂猷：《官鉴》，载陈宏谋编《从政遗规》，《谢文艺斋刊本》，第 41 页。

绅是"乡宦之家居者"，他们多因为长期做官后告老还乡而家居故里，抑或辞官返乡，也有的因为仕途多舛被罢官回乡，这些人不仅受过传统文化的扎实熏陶，而且做官为人堪称楷模。士绅则是中国古代大一统的专制皇权制度之下衍生出的独特社会阶层，如果从环境成人的角度讲，甚至可以说古代中国最基层的乡村社会有士绅与农民两种类型的人。农民世世代代耕种田地，直接从事以粮食为主的物质生活资料的生产；士绅则是未出仕的学者或少数受过良好教育的地主，多以地租为生活来源。士绅与农民在经济地位、社会交往和政治地位等方面的差别很大，士绅的社会影响和活动范围相较农民而言更大，我们在批判封建地主阶层盘剥贫民百姓、自己不劳而食的罪恶的同时，绝不能抹杀他们在家族当中的地位和影响，以及通过自己的人格魅力来教化乡民的历史功绩。历史上很多的文人笔记和正史中所记载的大多都是当时社会中上层士绅的事迹，反映出士绅在给官府建言献策方面确有一定的分量，位居下层的士绅，虽然他们的事迹难以在史书典籍中找到，但在兴学校、促公益、厚民风和推动儒学的大众化发展过程中发挥的作用更加突出。这些士绅们身居乡里，有落魄文人、书院山长、私人塾师，也有乡贤乡董、江湖郎中、行脚术士，所从事的职业多种多样，因为有一技之长或是在社会生活的某个领域有重要影响，使他们在日常生活中成为百姓大众的品德楷模和行为表率。"这些数量相当可观的，不同职业的士人阶层逐渐渗透到民间，实际上就会将'文明'的观念与规则，从城市推向乡村，从上层移至下层，从中心扩至边缘。"① 这些以士绅为主体的地方精英是国家和地方尤其是广袤乡村社会政治衔接的桥梁，士绅们或本然或经由官府旌表授权，既自上而下地在当地承担着许多管理协调和指引范导职责，又能够自下而上地代表

---

① 葛兆光：《中国思想史》第 2 卷，复旦大学出版社 2001 年版，第 271 页。

着地方和乡民的利益。更为重要的是，在"万般皆下品，惟有读书高"的中国古代社会，士绅及其家庭的生活方式明显地影响着周围民众的思想认识和行为方式，士绅们的家训族规往往成为众人传抄的对象，士绅们的言行举止也成为乡民效仿的道德楷模。如万历《江浦县志》便记载有利用士绅化民成俗的施政之举，"勤俭之习渐入靡惰，农不力耕，女不务织，习于宴起而燕游，服饰强拟京华，冠婚之礼虽士大夫家鲜行，丧祭礼略如古，而不免杂以民间修斋设醮之习。……欲一道德以同风俗，当先酌四礼行之而锄其异端之惑，民者庶几其本正矣，若其勤俭之道在上之人一振剔之耳，风行草堰是有望于君子之德焉"。[①] 作为道德楷模，士绅们也以高度的自觉和担当，充分利用自己的学识和影响力，办学校教乡民，立规矩化民风，一方面在实际上发挥着一个基层地方官吏的德政功能；另一方面士绅们对乡民品德培育的垂范[②]作用，比任何一种官方教育机制更显得直接有效。

五 乡规民约

传统意义上的乡规民约，是我国古代先民们为了实现"德业相劝，过失相规，礼俗相交，患难相恤"的社会生活理想，立足于既有的地缘和血缘关系，由乡民大众自发制定出来，用以处理乡民之间特别是协调乡民个体与村社集体、家庭与家族，以及家族之间诸如生产、治安、民风礼俗、教育救济等各种关系和可能面临问题的制度规范及保障组织。从文化发展的角度看，沿着我国传统文化最鲜明的推衍哲学理路，中国古代家训及其文化社会化的实践运思，现实地表现为由近及远、推家及族，由内而外、家国天下。所以，

---

① （明）《江浦县志·典地志》，《天一阁藏明代方志选刊》，上海书店影印本1990年版，第543页。

② 此类德教的历史范型很多，如刘勰所撰《文心雕龙·诏策》：（汉武帝）"策封三王，文同训典；劝戒渊雅，垂范后代；及制诰严助，即云厌承明庐，盖宠才之恩也"。

那些有识家长（最初创始者为上古帝王）制作出来用以范家教子的家训，放大为管摄同姓族众的族规而得以扩展勃发，经由士绅乡绅们的积极推行和以身示范，继续由内而外、自上而下向广大乡村社会的平民阶层推延扩展，最终在更大范围和更多乡民参与守约的基础上，历史地拓展社会化为乡规民约。如果说家训是一家之长通过教戒子弟家人成长，目标指向修身齐家治国平天下；族规旨在通过齐心收族和管摄族众，目的在于修身齐族和光宗耀祖；家学主要侧重于对世族子弟学术艺能和士人品行的培养，办学第一要紧的照样是立身做人。那么，乡规民约则是在更大范围上通过让世代一起生活的乡民自愿受约和互约来劝喻百姓、敦厚民风，以维护既有的社会秩序和保障大众的合法利益。作为家训及其文化社会化传播推广的实践范式，众多的乡规民约形式，以乡约的发展最为典型。这一完全民间化的德育形式，最初形成并广泛普及于古代中国，后来还成功地传播到朝鲜、韩国、日本和越南等国家，一度成为东南亚社会流行的共同制度文化现象。从本质上讲，乡规民约虽然是一方乡民自治的制度化体现，但仍然是家训文化的社会化存在形式，对中国古代社会秩序的建构维护和民众教化发挥着深刻的基础性作用。

　　乡规民约的产生与发展，和乡绅、士绅这一乡村道德楷模的产生与存续一样，都基于古代中国农耕经济形式和皇权止于县的社会政治构造。因为在古代中国广袤的农村社会治理中，影响和实际作用发挥最大的当属"一里百家"的乡里组织，这一半自治化的乡村社会治理制度，初步形成于春秋战国时期，到秦汉时期才被官府正式确立为乡、亭、里三级准组织建制，汉代大体上因袭秦制。[①] 在我国先民以血缘和地缘关系为纽带建立起的广大乡村社区，为了满足协调解决那些超出了家庭、家族等家训调节范围而大量存在的乡

---

① 宁可：《汉代的社》，载《文史》，中华书局 1980 年版，第 32—36 页。

民关系实际需求，在乡绅、士绅们的积极倡导和地方官府的旌表传布下，通过乡民自律而自发的立约这一集体行为方式，有效地制定出了通行乡里且为广大乡民所普遍遵守的乡规民约。"我国聚族而居的传统，往往一村一乡就是一个家族，这样的地域关系便转化成了血缘关系，乡约也就有了家范的意义。"① 可见，在家国一体和家国同构理念指引下，那些文化十分落后而以家族为村落社区的基本构成单位所形成的自然血亲乡村社会，家训、族规和其他乡规民约的文化本质，就化民成俗的本质意义很难严格区分，特别是在新民育人方面，通过家训管理族众和利用乡规民约维护一方安宁所追求的人格养成目标是完全相同的。不仅如此，正是家训及其文化在修身齐家与处世睦族等方面的精神理念和现实关照，为血缘关系日渐疏远但依然同处一地生产生活的乡民实现自治，提供了自觉制定并自愿遵守乡规民约的文化基础。

作为家训及其文化的社会化存续样态之一，乡规民约大多以成文、半成文甚至不成文的口头语言形态存在。就其相对完备的文本形态而言，将乡规民约可以分为劝戒性与惩戒性两种。就其制定和作用发挥的内在逻辑而言，乡规民约虽然具有明显的乡土气息与地方色彩，但都是以封建宗法礼教思想为指导，出于维护乡村社会秩序的需要而自行制定，以组织化和制度化的乡民组织保证顺利执行，违反乡约者"如不受罚，察官究治"，最终由官府力量保证执行。就其保障作用发挥的组织形式而言，早期的乡规民约往往依托自然存在的村落组织，自宋代以后，很多地方还逐渐发展成为专门的乡规民约组织。就其治理乡村社会的合法性而言，乡规民约的发展走出了一条开始以乡民自愿合意为基础，但由于历代王朝的推崇，而后则发展完善成为国家官方正式制度认可和保障的民间制度

---

① 徐梓：《家范志》，上海人民出版社 1998 年版，第 276 页。

规范。就其自下而上的文化社会化发展功能而言，乡规民约因地制宜的产生需要和训教特性，决定了其不断与其时当地的家训、族规、宗教教义和传统习俗等民间大众规范交流融合，共同发挥着教化乡民和秩然乡村的文化作用。然而，如果从文化的理论高度看，原本就出自文化落后的乡民群体的乡规民约，表面上完全不具备社会普遍价值原则和道德观念的抽象性，其针对违约行为和出格现象的保障也缺乏自我强制力。但是，由于自愿受约的乡民无一例外均出自各自生长生活的家庭，因而天然地将乡规民约的价值和作用植根于家庭家族门风的约束力量之上，所以收到了比官府强权和王法规范所建立的正式制度更显见的规范效果。更为统治阶级看重的是，以如此深得民心而又廉价省事的方式，获得了对广大乡村社会的有效治理，实在是求之不得。于是，那些有名望的士绅乡绅便以世家族长的身份，受地方官府的支持和旌表，行走乡里，负责订立和严格执行乡规民约，并联合家庭和家族力量治理一方乡民。当然，统治阶级也分明看到了乡规民约的价值所在，因而随着政府的介入和官吏的范导推崇，乡规民约的内容不仅被朝廷颁行认可，而且默许在这些规约基础之上发展出的一套比较完整的乡约组织和管理体系，最终定型为凌驾于家庭之上的社会组织形式，成为民间道德教化的一种有效范式。

第 四 章

现代家训文化乱象

　　家训或家庭教育是人类特有的文化现象，中国人一以贯之地秉持端蒙养、重家教、守家风传统，不仅成功地走出了一条施教于家而成教于国的家训之路，而且经过漫长的历史积淀，最终形成了中华优秀传统家训文化，成为上下五千多年延续至今，依然繁盛不衰的中华优秀传统文化的精华部分，支撑着民间化大众家训德育范式至今不没。育民新人是一切文化最基本的实践生命状态，也是家训文化选择与家训文化变革的根本动力。"苟日新，日日新，又日新。"① 前事不忘，后事之师，我们传承家训文化，第一要紧的当然是对文化创新性继承，因为包括中华优秀传统家训文化在内的文化本身便是在日日新、又日新，不可略有间断和停滞。自新新民，止于至善，是中国人的文化追求，也是中华民族的文化性格。但是，"周虽旧邦，其命惟新"，生活在不同时代的人，都有各自不同的历史际遇和机缘，一代人有一代人的使命，一代人有一代人的担当。承继着数千年优秀传统家训文化的新生代，面对多元文化条件下的信息浪潮，应该坚定中国人自己的文化自信，提振家庭教育文化精神，传承好家训优良传统，以成功有效的家庭教育，承担起实现中华民族伟大复兴的大众化育人新人使命。

---

① 《礼记·大学》。

　　然而，随着我国家庭从过去的统一大家族转变为核心家庭、主干家庭、联合家庭等多样化、小型化的家庭模式，现代家庭的存续机制、人员结构、子女教养模式日益多样化，新生代家教目标重知轻德、很多家长对孩子溺爱少教等，给现代家训和家庭教育带来了许多新情况新问题新挑战；与市场经济体制相伴而生的功利主义、实用主义、消费文化等思想，致使新生代家教凌乱、家风失范、大家小家矛盾冲突，严重腐蚀着传统的家训文化观念；随着信息化时代融媒体的迅猛发展，另类家训的渗透和心灵鸡汤式的价值迷雾，让许多负面信息对现代青少年成长成才产生了很大影响。正因如此，习近平总书记 2015 年 2 月在春节团拜会上发表重要讲话时强调：“家庭是社会的基本细胞，是人生的第一所学校。不论时代发生多大变化，不论生活格局发生多大变化，我们都要重视家庭建设，注重家庭、注重家教、注重家风，紧密结合培育和弘扬社会主义核心价值观，发扬光大中华民族传统家庭美德，促进家庭和睦，促进亲人相亲相爱，促进下一代健康成长，促进老年人老有所养，使千千万万个家庭成为国家发展、民族进步、社会和谐的重要基点。”[1] 深刻阐明了自古至今的家国关系，指出现代家庭教育在传承和弘扬中华优秀传统文化中的特殊地位，为消除现代家训文化乱象，发扬光大中华民族优秀传统家训文化指明了方向。

第一节　重智轻德的目标偏误

一　重智轻德系家长急功近利思想作祟

　　人类乃万物之灵，思想观念决定着人的行为。同样，一切家庭教育行为的选择，归根结底要受制于家长或父母的教育观念和价值

---

[1]　习近平：《在 2015 年春节团拜会上的讲话》，《人民日报》2015 年 2 月 18 日第 1 版。

取向。现代家庭的年轻父母主观上一味强调孩子的知识掌握和课业学习,客观上则体现在他们选择家庭教育内容和方式时,愿意花大价钱为孩子选报各类课外学习辅导班,并不惜花费大量时间和精力陪伴监督孩子学习文化知识或选修各类特长技艺。所有这些现象产生的背后,都与家长所坚持的教育价值趋向密切相关。如果将"唯分数"和"唯学校是教"现象归结为"万般皆下品,惟有读书高"的传统观念误导所致,那么,选择课外"恶补"和通过各种各样的知识与技能培训,就是"不要让孩子输在起跑线上"这一急功近利思想作祟。北京大学经济学教授汪丁丁在分析《教育是怎样变得危险起来的》时写道:"当整个社会被嵌入一个以人与人之间的激烈竞争为最显著特征的市场之内的时候,教育迅速地从旨在使每个人的内在禀赋在一套核心价值观的指引下得到充分发展的过程,蜕变为一个旨在赋予每个人最适合于社会竞争的外在特征的过程。"① 当今社会比较典型的家庭教育是,家长一般都被焦虑和贪婪所役使,急功近利、揠苗助长,早已将家庭教育演变成分数竞赛的一部分。深陷其中的家长们虽然个个表面反对、显得苦不堪言,但很多家长都被裹挟其中,并积极参与家庭教育这场"武装到牙齿的智力战争"中。究其原因,是由于我国的现代家庭教育一开始就没能协调好德与智的教养关系,对子女获取知识、增长才能十分看重,以为考高分、上名校、学高科技便成了才,不考虑孩子的兴趣爱好,一味加大学习任务,鼓励竞争向上,而忽视了道德与人格培育,造成大量幼小孩子在获得科学文化知识的同时,缺乏为人之道的训育,不仅影响其健全人格的形成,甚至还可能酿成畸形人格。"昔孟母,择邻处"与当今社会择校热、择地热现象相比,分明可见今天的家长们乐此不疲的原因,相对少的是为了能给孩子选择一个良好的生活环

---

① 杨红星:《功利化目标不该是教育的全部》,http://www.jyb.cn/2016-11-11。

境和学习成长环境，更多的都是为了实现其对孩子知识教育的加码目标。这些家长或许对"近朱者赤，近墨者黑""染于苍则苍，染于黄则黄"的理解，仅限于对提高孩子文化知识水平、能够和集中获取高分更优秀同龄人相处而增长才干有足够清晰的认识，但是比较古代家长对于"白沙在涅，与之俱黑""蓬生麻中，不扶自直"等环境育人的德育精华思想，则不能够让人信服地认同这些家长的选择。因为"昔孟母，择邻处，子不学，断机杼"的经典故事，绝对不是在宣扬择校、择地、择优质文化教育资源的经验。"这种教育手段是个灾难性的错误。这如同放逐一艘小船于暗流之中，却希望小船能自己进入安全的港湾。"① 一个健全的人，应是德智兼备的人，借鉴中华优秀传统家训文化中重视德育、推崇完善人格塑造的教化内容，无疑有助于改善当前家庭教育的偏颇与混乱状况（见图4—1）。

图4—1

① ［美］琳达·艾尔：《塑造儿童的价值观》，黎晴译，高等教育出版社2009年版，第3页。

二 重智轻德是家长转嫁教育责任的一种表现

转嫁教育责任的实质，表面上展现为家庭教育的责任主体移位，实际上是家长对家庭教育责任的转嫁。一般家长由于不能正视社会现实，不能正确把握德育方向，甚至从未考虑过家庭教育应当包括哪些内容，应该采取什么方式、途径、方法对自己的孩子进行道德教育。于是，家庭教育的责任心便转化为人云亦云的跟风潮，很现实地认为孩子只有念好书，才有好的大学上，将来找到好工作，长大后才能有高的社会地位。有的家长针对不太好的社会风气和道德滑坡现象，认为家教注重德育、让孩子诚实做人会老吃亏，对德育实际没用的看法反映在对孩子的教育上，便促生了重智轻德现象的普遍存在。很多家长没有认识到自己在子女教育中的重要地位，把教育的希望寄托在各种讲座、培训班上，不惜一切代价投入。每年 8000 亿元的规模，1.37 亿人次的学生，近六成受访家长愿意拿出一半以上的家庭收入用于课外辅导，这是 2016 年我国中小学课外辅导市场的现状。[①] 遗憾的是，现在对品德重视的人不是越来越多，而是越来越少，至于说到一个人的胸襟和抱负，更是为很多家长们所不愿听的奇谈怪论，因为它与当下的考试分数无关！许多家长只重视孩子的文化学习和智力开发，把大量的时间和精力放在提高孩子的学习成绩和特长培养上，认为思想品德教育是学校的事，由此便顺理成章地将家庭德育的责任转嫁给了学校。

长期重智轻德的结果，导致文化教育过度与德育不足并存。现代社会的家庭教育，普遍存在文化教育过度和德育不足的矛盾问题。一方面，家庭教育从不能让孩子输在起跑线上的胎教早教、零

---

① 胡浩：《2016 年我国中小学课外辅导"吸金"超八千亿》，《中国教育报》2016 年 12 月 28 日第 3 版。

岁方案、一对一辅导，到变味的陪伴学习、虎妈狼爸教子、最给力家长，不同版本的家庭教育成功方案甚嚣尘上，各种宣扬高效成功的家庭教育策略令人眼花缭乱。另一方面，现在的家庭教育完全围绕学业成绩和排名而展开，家长只重视智力培养，无视孩子的非智力素质培育。长期这样重智轻德的跟风行为，结果导致家庭对孩子的文化教育过度和家庭德育不足现象并存，更让所有的孩子都背负着家长们巨大的期望压力艰难行进。不仅如此，"纵观我国当下的社会文化生态，之所以出现经济发展、生活水平提升，而道德滑坡、腐败严重的现象，尽管有各种因素，但中国千百年形成的赖以维系社会和谐发展、道德教化的家庭建设基础的断裂，家庭教育的缺位、错位、不到位，是不能回避的问题"①。文化教育过度与德育不足现象的出现，表面上看似乎是家长们对教育的重视程度提高了，所以才有教育目标过高、追求过多和速度过快等的畸形与失常。实际上，文化教育过度的根源，在于人们特别是家长们对自己教育能力不足的恐慌和欲望的过度贪婪，只抓能见效、见效快的学业教育，由此还造成了今天虚假的家庭教育繁荣。但对需要虚工实作、出长效、见效慢的道德教育，很多家长便一推了之，造成对孩子们的道德教育普遍欠缺。

三　重智轻德让家庭教育变成学校教育的附庸

在竞争日趋激烈的当今社会，家庭正在变为学校的第二课堂，父母已经沦为学校教育的助教，真正的家庭教育价值被抛弃了，家庭教育应有的功能也被遮蔽。由于长期重智轻德，已经让家庭以及文化教育变成学校教育的附庸，现在的家庭教育几乎全都变成学校教育的随从和辅助，很多家长变成在校学生的作业和课业

---

① 翟博：《家庭建设是培育和弘扬社会主义核心价值观的重要基础》，《中国教育报》2015年2月27日第4版。

辅导员。对于学校和家庭而言，如果出于人才培养的共同目标、遵照功能划分而心甘情愿走到一起，自当可以为社会广泛接受；然而，时下因为学校的绝对强势而导致家庭跟从附庸的一边倒格局，不仅与教育规律相悖，也让参与其中的家长和学校老师双方的怨言和苦衷一样多。家庭作为学校教育的附庸，对教师所定的课外安排，很多家长认为是老师们越俎代庖管得太多，而且明显有违国家三令五申的减负政策；针对家庭教育的不力或乱象，学校教师埋怨家长不负责任，"没有教育不好的孩子，只有不称职的家长"。甚至指责家长对孩子教育不当、监管不严。"一切为了孩子，为了孩子一切"的教育初衷，到头来却落得教师叫苦不迭、家长怨声载道。针对时下中小学教育当中不断加码的"家长作业"和家长辅导负担过重的问题，变身学校教育附庸的家长调侃提出：陪写作业是道"送命题"，因为很多家长对陪孩子写作业，几乎都有一段"心酸血泪史"而一时成为轰动新闻被迅速刷屏；有的家长甚至如此调侃和排解："亲爱的未来亲家你好，我女儿有房有保险会游泳，年满18会配车，过年随便去哪家。结婚送车送房，包办酒席，礼金全给孩子！唯一的要求，能不能现在就接走，把作业都辅导一下，谁家的媳妇谁养！"① 由于家长大多在外奔波打拼，已经实属不易，加上很多家长对辅导孩子作业的力不从心，所以在辅导孩子作业时，"恨铁不成钢"的良苦用心，很容易情绪上头，顺便也将自己的压力嫁接到孩子身上。实际上，出现"不写作业父（母）慈子孝，一写作业鸡飞狗跳"等家庭教育非常状况的根本原因，在于混淆了学校教育和家庭教育的职责与分工，最终激化家长和孩子在面对家庭作业时的双重焦虑。因为过度重视孩子的分数和成绩排名，一切围绕知识

---

① 《"致未来亲家书"背后的教育焦虑》，http：//news. sina. com. cn/2018 - 11 - 13。

教育而展开的家庭教育，盲目追捧学校教育模式而自甘沦落，让扭曲的家庭教育变成了学校教育的延伸和附庸。

四　重智轻德催生出虎妈狼爸式教育

在"望子成龙、望女成凤"等急功近利心理驱使下，一些家长成天为了孩子的教育急得团团转，终日惴惴难安，不断地跟周围的人做比较，生怕自己的孩子学得少了、学得晚了、学得差了，不断地提高对孩子学习的要求和期望值，也让不少家长变得几近疯狂。早在2010年，一本《虎妈战歌》的书掀起了对新时代家庭教育问题的激烈讨论，有人对"虎妈"的教育方式表示赞同，认为严教是培养精英的必要条件，更何况"棍棒之下出孝子"还是中国家训的传统经验之一。同时，虎妈狼爸以"严"著称的家庭教育，除了让孩子学习成绩优异外，还能培养孩子多方面的兴趣爱好。例如，"虎妈"的大女儿索菲娅14岁就登上了世界音乐的圣殿——著名的卡内基音乐厅弹奏钢琴；小女儿路易莎12岁便当上了耶鲁青年管弦乐团首席小提琴手；"狼爸"萧百佑出版了一本书叫《"打"进北大》，书中介绍了他的4个孩子中有3个先后考上了北大，因而得出"棍棒精神是萧家一宝"的结论。并提出，学习成绩下降，打！不遵守家规，打！不尊重长辈，打！而且，萧家的体罚是连坐制，会连带其他家人或其他事项一起责罚。有人对此持反对的态度，认为责打会侵犯孩子的人身安全，忽视了甚至没有关注到孩子自身的心理需要，一味打压，只是为了实现父母自己的梦想，而非孩子的真实意愿。

虎妈狼爸家庭教育的一个共性，就是依靠惩罚换取孩子的优异成绩，为了让孩子达到这一高要求，家长们便以一个权威者的身份对孩子的每一事项都有明确规定并强制执行，除了保证孩子在学习中避免差错，把握节奏，最终取得理想成绩外，还如"虎妈"一样，规定两个女儿的每门成绩均不得低于 A +,① 否则，将会受到惩罚。当然，虎妈狼爸家庭教育之所以受部分家长看好，在于家长对子女的严苛教育还包括为防止孩子变坏的严加管教。除了对学习严格要求外，虎妈狼爸还限制子女课余自由，如不允许看电视看电影玩手机，不允许孩子与异性同学交往，防止和避免孩子沾染恶习，以保证子女实现自己的梦想。虎妈狼爸严苛教子，表面上看似乎一切都是为了孩子，似乎可以与《周易》"家人有严君焉，父母之谓也""棍棒之下出孝子""三天不打，上房揭瓦"等中国传统家训文化的传承相媲美，但却忽视了孩子自身的发展需要，严格要求和一味地打压，事实上只是为了实现父母自己的梦想。要知道，惩罚带来的只是表面的蛰伏与顺从，实际上更多的可能是，让叛逆的性格与崇尚暴力的个性倾向在孩子的心中慢慢地生根发芽。

五　德才兼修是克服重智轻德偏误的有效出路

教育的起点和归宿都在于成人，对孩子人格的培养应该放在家庭教育的首要位置。② 相对而言，家庭教育注重人格塑造，学校教育重在认知储备，社会教育偏重公民养成，而且家庭教育的人格塑造在一个人成长成才和成人成功中具有不可或缺的奠基作用。《易经》所称许的"蒙以养正，圣功也"，就是在突出强调教子婴稚、勿失时机的同时，莫大之圣功在于养正。蒙以养正，家长最需要做的就是对孩子进行道德教育，通过进退洒扫庭除等生活实践，注意言行举止训导，培养孩子的良好行为习惯，而教孩子学习文化技术倒在其次。"将教天下，必定其家，必正其身；将正其身，必治其心；将治其心，必固其道。"③ 通过家训、家教培育子弟德性人格，

---

①　Amy Chua, "Battle Hymn of the Tiger Mother", *Bloomsbury Publishing*, No. 2, 2012, pp. 17–54.

②　翟博：《树立新时代的家庭教育价值观》，《教育研究》2016 年第 3 期，第 92—98 页。

③　（宋）赵湘：《本文》。

我们的祖先以数千年成功的实践为我们留下了无比丰厚的文化遗产（见图4—2）。

图4—2

　　古之欲明明德于天下者，先治其国；欲治其国者，先齐其家；欲齐其家者，先修其身；欲修其身者，先正其心；欲正其心者，先诚其意；欲诚其意者，先致其知。致知在格物，物格而后知至，知至而后意诚，意诚而后心正，心正而后身修，身修而后家齐，家齐而后国治，国治而后天下平。自天子以至于庶人，壹是皆以修身为本。其本乱而末治者否矣，其所厚者薄，而其所薄者厚，未之有也。此谓知本。①

————————

① 《礼记·大学》。

　　中国先民知道人本之所在，故而不出家门教之所以道。同中华优秀文化的博大精深相一致，我国古代社会的"家庭教育，除向家庭子弟灌输为人处世之道——即伦理规范、道德观念、社会礼仪等之外，还要传授文化知识和生产、生活技能。与学校教育相比，家庭教育的内容事实上可能更丰富一些"。① 而且，中国传统家训及其家庭教育，始终将品德培育作为最终目标，表现在日常生活现实当中，家庭教育训导子女时没有将目光聚焦在物质上追求富足享乐、在学识上追求高分数，而是将注意力集中在精神追求和人格塑造当中。

　　智力不是最重要的，比智力重要的是意志，比意志重要的是胸怀，比胸怀重要的是一个人的品德。正如吴麟征在《家诫要言》中所讲："人心止此方寸地，要当光明洞达，直走向上一路。若有龌龊卑鄙襟怀，则一生德器坏矣。"万世师表孔子提出，一个有学问修养的人，要通过修养身心，实现他人生的成长和发展，大体上要经历三个重要阶段："入则孝，出则悌""谨而信，泛爱众，而亲仁""行有余力，则以学文"。这与我们经常说的"要做事，先做人"有异曲同工之妙。然而，以"趋利"为基本特征的市场经济及由此决定的利益至上社会价值取向，使我国现代的家庭教育出现了比较严重的问题，种种急功近利的短视行为，不仅助长了偏狭的应试教育风气，而且加剧了科技至上的实用主义潮流，还造成了全社会人文关怀的普遍缺失。所有这些，都集中反映在貌似为子弟计从长远的重知轻德家庭教育当中，很多家庭存在道德训育和人格塑造真空，甚至出现违反人道和教育基本规律的家教异类。无论是政府部门、社会组织，还是现代家庭，对同样是培育新人的教育，其关注的焦点几乎都集中在学校教育上，而且斤斤计较于升学率和各种排名，对于家庭教育的基础性和重要性认识严重不足。在很多青

---

① 张国华主编：《中国家庭史》，人民出版社 2013 年版，第 20 页。

少年身上表现出的待人接物行为失范、为人处世不讲文明礼仪、利益面前当仁不让坐享其成、面对收获不知感恩孝敬，甚至近年来频繁出现的有才无德的高学历败类，其人格沦丧的根源，本质上都可以追溯到他们的家庭教育没有为其成人打好人格基础上来。透过家庭教育现状所折射出来的当今中国家训文化乱象，让人们不得不深刻反思，也让大家明确认识到，只有德才兼修，才是克服重智轻德偏误的有效出路。改变过去政府的消极无为，消除法律制度规范不力现象，把家长需求导致的教育热度降下来，让利益驱动下令人眼花缭乱的家庭教育回归初心，需要社会各方力量的共同努力。

第二节　溺爱少教的励志错失

一　爱之不以道适所以害之

教子以义方，给孩子正确的爱，是中国古代先民立家训、育民造士的优良传统，是留给我们最突出的历史成就和成功印象，也是中华民族引以为豪的家训及其教育文化价值。然而，非谓今人易犯溺爱少教的错误，我国历史上"爱之不以道，适所以害之"的事例也是不胜枚举，对今人的启示和借鉴意义非凡。《左氏春秋传》便记载有卫庄公因过分宠爱嬖妾所生子州吁而对其无限放纵，最后竟然将兵权都交给了这个庶子而受谏于大夫一事。卫大夫石碏担心长此以往会生变故，于是劝谏卫庄公曰："臣闻：爱子，教之以义方，弗纳于邪。骄奢淫泆，所自邪也。四者之来，宠禄过也。……夫宠而不骄，骄而能降，降而不憾，憾而能珍者，鲜矣。"[①]饱受宠爱而能够珍重自持的人，实在是太少见了，石碏进谏提醒卫庄公娇宠不是爱子的明智之举，如果真正疼爱自己的儿子，最好的做法莫过于

---

① 《春秋左传·隐公三年》。

用规矩约束和良好的家教训导教育，以防其走上邪路。无独有偶，《资治通鉴》所述赵王虎任命秦公韬为太尉，与太子宣一起迭日上书奏事，专决赏刑，并且授权免于上报告示。对王虎此爱子不以道之举，司徒申钟谏曰："赏刑者，人君之大柄，不可以假人，所以防微杜渐，消逆乱于未然也。太子职在视膳，不当豫政；庶人邃以豫政致败，覆车未远也。且二政分权，鲜不阶祸。爱之不以道，适所以害之也。"① 但是，王虎没有听从建议，最终导致发生太子宣杀韬的历史惨剧。古有前车之鉴，溺爱等于伤害。今有太多的溺爱少教家庭，父母视孩子为掌上明珠，顶在头上怕摔，举在手中怕掉，含在嘴里怕化，疼爱无比、关怀备至而管教不足、放任迁就，很多家长对孩子的宠爱已经达到娇生惯养的程度。如果不用道义来加以规范，也不用道义教化自己的孩子，不仅收不到爱的效果，反而很可能因此害了孩子（见图4—3）。

溺爱等于伤害

图4—3

① 《资治通鉴·卷第九十六》。

不仅如此，中国先民对子弟家人的爱，更多地体现在对其训育的用心良苦和家教的严格规范上。教子以义方，不仅饱含着家长对子弟的深爱，而且体现着家长对家族先辈的责任和敬爱，以及推己及人而体现着对于族人的爱戴。因为对一个家庭（家族）而言，爱自己的子孙与敬爱自己的祖先情理相通，而且敬爱自己的祖先最好就是通过爱自己的子孙来实现的。因此，中国古代先民不出家而成教于国，自觉坚持教子以义方来扬显父祖，便是对家人子弟和祖辈先人最有效的爱。关于这一点，从先民们对以义方教子的分寸拿捏也可见一斑。昔者君子不教子，因伦序尊卑之势所不当行也。教者必以正，以正不行，继之以忿。继之以忿，则反相苛求责备。父子相夷，则恶生。否则，本为爱其子而施教于家，继之以怒，则父子相夷，父子之间相互苛求正误对错，则会背离父子亲情，父子有爱便可能变得冷漠无情，甚至反目成仇。可见，古者君子远其子和易子而教的缘由，深层含义在于保全父子之恩，这样才不失教的真义。

家庭不是从来就有的，是社会历史发展到一定阶段的产物。家庭是以夫妻关系以及亲子关系为基础的、受物质资料的生产方式制约的人类生活的组织形式。"夫妻之间的关系，父母和子女之间的关系，也就是家庭。"[1] 防止亲子关系的疏离，通过保持父（母）子之间不责善的家庭教育关系张力，中国先民对我们今天做好家庭教育和处理家庭关系提供了宝贵经验。但是，绝不是因为溺爱而少教，我们当然也不能以此为蓝本为现代社会溺爱少教的问题找到借口。

二 溺爱少教造成励志教育缺失

中国古代家训及其教育文化，非常重视对子女家人的励志教育。"天行健，君子以自强不息；地势坤，君子以厚德载物。"[2] 这

---

① 《马克思恩格斯选集》第 1 卷，人民出版社 1995 年版，第 33 页。

② 《周易·第一卦乾乾为天乾上乾下》。

一法天则地的教育激励机制，正是通过励精图治的家人生命延续和奋勇搏击成长过程来展开的。韩愈的家训"业精于勤而荒于嬉，行成于思而毁于随"，不仅教戒子弟树立勤学善思和终身学习的思想，而且要家人子弟明白学业因勤奋而精专、因嬉娱而荒废的道理，一个人往往由于善思考而有所成就，由于守旧随俗而终生败坏。《中庸》所言"人一能之，己百之；人十能之，己千之"① 告诉人们，有果能行此道者，则虽愚必明，虽柔必强。同时，中华传统文化的主流思想中，所蕴含的深刻忧患意识非常明显，孟子所讲"生于忧患而死于安乐"，立意强调在忧患中成才、在忧患中兴家、在忧患中强国，注意对民人大众进行忧患意识教育。所有这些都成为应对"逆水行舟，不进则退"的现实挑战，让人们相信"天道酬勤"，即便是对于因天分所限的中庸下愚之人，也一样可以通过勤奋弥补不足，实现学习修养的高远目标。"途之人皆可为禹"，激励大家即便是身处船到中流浪更急、人到半山路更陡的危难时刻，也必须抱定愈进愈难、愈进愈险而又不进则退、非进不可的必胜信心。

考察爱与教的关系，我们可以清楚地看到：爱与教不可分离，爱之愈深则教之愈切。可以毫不夸张地说，如果没有爱，也就没有教育。《颜氏家训》的制作与模范实践者颜之推，对此便一针见血地指出："吾见世间，无教而有爱，每不能然；饮食运为，恣其所欲，宜诫翻奖，应诃反笑，至有识知，谓法当尔。骄慢已习，方复制之，捶挞至死而无威，忿怒日隆而增怨，逮于成长，终为败德。孔子云：'少成若天性，习惯如自然'是也。俗谚曰：'教妇初来，教儿婴孩。'诚哉斯语！凡人不能教子女者，亦非欲陷其罪恶；但重于诃怒，伤其颜色，不忍楚挞惨其肌肤耳。"② 这对于今天那些溺爱子女的父母，无异于醍醐灌顶。说明舐犊情深，人皆有之；爱子

---

① 《礼记·中庸》。
② 《颜氏家训·教子第二》。

之心，古今同比。然而要使子女能自立于世，成为社会有用之才，仅仅付之以爱是远远不够的。溺爱少教，是因为爱的畸变，才有育的少教；因为溺爱少教，只顾眼前，必然造成对子弟家人励志教育的缺失。

因此，一个人爱后世子女是其开展家庭教育的前提和动力，而且爱的程度和方式，直接决定着教育的优劣成败。但是，打着爱的幌子而过分地关爱和照顾孩子，甚至包办代替子女的课业学习或生活起居等事务，不仅打乱了家庭成员角色定位，而且阻断了子女接触现实生活、培养自理能力的实践渠道，更遑论励志教育。长此以往，使孩子一旦离开父母和家庭庇护便不知所措，励志教育的缺失导致孩子遇事缺乏自信，最终直接影响孩子独立人格的养成。好的家庭教育，家长应当注意鼓励孩子在他们遇到困难和挫折时，不论在思想认识，还是在学习工作中，都要努力克服困难，勇于接受挫折的考验，不仅增强孩子面对困难和挫折的耐受力，而且练就分析问题和战胜困难挫折走向胜利的本领。一般而言，生活在各种严要求、高标准的家庭环境中，孩子所要承受的压力往往超出普通家庭的孩子，同时在遭遇失败时所能面对的打击能力更强。在这样的家庭教育环境下成长起来的孩子，更有能力适应环境和气氛的高压情况，善于平衡自己内心的矛盾和冲突，能够想办法找到缓解压力的路子。这些能力和经验的获得，让他们在今后的社会生活中，能够顺利承受来自工作和生活上的压力，提高抵御挫折和风险的心智水平，顺利完成人生道路中的每一项任务和挑战。

三　溺爱少教致使家长完全依赖学校教育

从家庭教育培养孩子成长成人的过程来看，家庭德育作用发挥最为持久和影响最为深刻有效的婴幼儿时段，是一个人认识世界、感悟人生、把握自我的起步环节，施教不当、家教不严，甚至溺爱少教都将成为一个孩子终生的遗憾。加之烦琐的家庭事务和繁重的社会工作任务，往往在客观上造成许多家长没有足够的时间和精力对孩子进行相应的家庭教育，让很多家长无奈地把孩子的教育责任全权托付给学校或培训机构。相反，面对因长期溺爱而造成子女无视教育，听不进一点批评意见、容不得说一句不好、受不了一丝挫折的现实，一些家长也完全没有意识到自己在家庭教育中的地位和应该发挥的作用，甘愿放弃自己在家庭教育中的责任，把孩子完全托付给学校。这种忽视家庭教育和"唯学校是教"的做法使得家长主动进行家庭教育的意识较为薄弱，甚至有许多家长干脆放弃家庭教育的权利。① 如果说完全依赖学校教育是许多上班族和打工者的主动之选，那么，因为溺爱少教，或者家长因为溺爱而无法正确施教，只能完全依赖学校，则是溺爱少教家长们的无奈之举。

相对而言，家庭教育具有学校教育、社会教育不可替代的优势和功能。为此，鲁迅先生曾经说过："倘有人作一部历史，将中国历来教育儿童的方法，用书作为一个明确的记录，给人明白我们的古人以至我们，是怎样被熏陶下来的，则其功德，当不在禹下。"② 家庭教育相对于学校教育和社会教育而言，教育的主客体是家庭中的长辈对晚辈，将教育活动融入血缘亲情，故而所教内容易于感化和沟通；家庭教育的目标不仅在传授知识，更主要的在教子弟为人之道，培养他们的道德品质和健全的人格；家庭教育的生活化惯常施教方式，让教育不仅易于发动和操作，而且往往贯穿整个幼小孩子的教育黄金期，教育的持续时间最长，教育的作用发挥时间也最持久。但是，对于如此重要的教育活动，很多家长却因为溺爱而显

---

① 陈建翔：《新家庭教育论纲：从问题反思到概念迁变》，《教育理论与实践》2017 年第 4 期，第 11—14 页。

② 鲁迅：《准风月谈·我们怎样教育儿童的》，载《鲁迅著作全编》第 2 卷，中国社会科学出版社 1999 年版，第 577 页。

得无能为力，因为溺爱而少教的家长，只能依赖学校教育指导自己的孩子成长。

随着时代的进步，家庭教育的基础性作用和战略意义不断上升，在新时代，高质量的家庭教育需求供给不足成为教育发展不平衡不充分矛盾的主要表现之一。"唯学校是教"的教育思想使现行家庭教育自甘沦落，而且现行家庭教育一味迎合学校教育，把家庭教育看作学校教育的补充，放弃了家庭对子女进行人格培养的责任担当。这样一来，让家庭教育成为学校教育附庸的同时，家庭教育也失去了原本应有的地位和作用。一方面，盲目地把学校教育视为唯一标准和模板，推动家庭教育跟从、模仿和迎合学校教育，违背了原有的家庭教育传统，自然无法按照家庭教育自身的特殊规律教育孩子。另一方面，"唯学校是教"的片面教育理念，以及言教育必学校、言学习必课本、言成长必分数的教育法则，导致现代社会的家庭教育被严重削弱而自乱营盘，也让家庭教育失守应有的职责。

四 隔代教育是溺爱少教的最大温床

隔代教育是以祖父母或外祖父母替代孩子的父母，主要承担幼小孩子家庭教育和抚养任务的家庭教养形式。隔代教育虽然不是家庭教育领域的新事物，但却在现代社会条件下，因新生家庭父母工作、人员变故和离婚等原因的加速出现而成为新的普遍社会现象。随着现代社会生活节奏的快捷化，迫于生计，很多年轻家长选择外出打工来赚钱养家，将孩子留给长辈或其他家人亲戚看管，造就了越来越多的留守儿童。据统计，2016 年全国外出打工农民工有 16934 万人，较 2015 年增长了 0.3%。① 市场经济条件下正常的流

---

① 国家统计局：《中华人民共和国 2016 年国民经济和社会发展统计公报》，http：//www. stats. gov. cn/2017－02－28。

动人口，在促进经济社会发展、改善农村面貌和农民生活水平的同时，也带来了比较严重的社会管理问题。大量农村家庭空巢化，失独老人、留守妇女儿童、迁徙流动儿童等，管理、服务和教育问题尤其突出。农村家庭的隔代教育大都停留在由父祖辈老人们仅仅满足孩子基本的吃饭穿衣睡觉等生理照顾上，既不能辅导作业，也缺乏对孩子心理发展和精神诉求的关注。城市家庭的祖父母或外祖父母不像农村家庭那样完全包办孩子的一切，很多只是在一定程度上参与隔代教育。但由于代际教育观念存在差异，所实施的不同教育往往会给孩子造成不合时宜的落后影响。据《中国家庭发展报告2016》显示，在1—5岁的儿童中，隔代抚育率达到41.1%。① 由于"隔代亲"，隔代教育往往容易出现宠溺孩子的情况。加之代际间情感与利益关系的不同，中国人自古以来便存在着"隔代亲"而严教疏的传统，很容易助长儿童失教问题。

因此，对独生子女的溺爱和留守儿童的缺爱并存，是新时代家庭教育现象的一大特征，也造成了新时代家庭教育的新矛盾。纵观我国教育发展的历史，与家国一体的社会政治、经济、文化基础相一致，同为以育民造士为己任的教育，我国历史上自古延续至今的家庭教育现象，按其育人作用的大小为发展演变依据，大致经历了单一家庭教育这一人类最早的教育形式、家庭教育为主学校教育为辅、学校教育为主家庭教育为辅、唯学校教育等多个阶段。由此可以看出，面对大量存在溺爱少教孩子的时代挑战，唯学校是教除了加大学校品德教育力度外，通过净化社会环境、动员社会力量参与家庭建设和家风门风传承外，提振家训和家庭教育精神，发挥家庭教育的基础性作用，成为解决新时代教育基本矛盾的重要方面。

---

① 渭南市卫计局：《〈中国家庭发展报告2016〉显示，近九成家庭有照料需求》，http：// www.wnwjj.gov.cn/2017－02－17。

第三节 家教凌乱的实践迷途

一 家庭教育观念偏误

现代社会的家长们普遍认为，只要孩子的学习成绩好，其他的问题都可以忽略不计。除了学习，孩子在家什么都可以不用干，言谈举止和生活习惯存在不良倾向也可以容忍。在这种错误理念的支配下，凌乱的家教现实地表现为家长越俎代庖、自觉不自觉地代替孩子做了本该由他自己做的日常事务；很多家长在家好为人师、絮絮叨叨、指手画脚而自以为是；有的家长教育方法简单粗暴、管得太多，总喜欢教导干预、批评制止和训斥打骂孩子；有的家长对孩子随意发号施令，态度生硬而方法不当，不是处理事务，而往往是在发泄情绪；有的家长完全以孩子为中心，不仅造成家庭教育功能的缺失，而且培养出来的孩子缺少道德观念；等等。家庭教育观念的偏误，往往反映出家长（父母）或孩子的监护人相互之间教育观念的不一致甚至相左，教育实践当中则表现为对孩子的要求经常不一致、朝令夕改、言行不一，长此以往，这样的家庭教育不仅搞不好，家庭成员之间也很容易产生矛盾，最终放大了对孩子有效教育的负面影响。可见，要想教育好自己的孩子，在家庭中建立科学一致的教育观念非常重要。家训缜密、家门严正、家教一贯，是中国先民们的家训突出特征，也是中华优秀传统家训文化留给我们的精神瑰宝。实际上，科学而一致的家庭教育观念，经过一代代家长的接续传承，便可能历史地积淀成为一家一族普遍认可和持守的家训家教家风，不仅能让幼小孩子接受家长的教育引导变得有权威、很自然、很有效，而且更有利于促进家庭的幸福和睦。比如，当今很多新生代家庭的年轻父母，在孩子的教育实践当中常常表现出意见的不一致，虽然家中的一切均以孩子为中心，但由于父母的个性存在差异，往往是母亲对孩子要求严格，孩子的父亲就出面袒护，造成孩子机会主义心态和投机取巧的错误认识，缺乏标准，哪方有利于自己便会认同哪方，客观上不仅会造成孩子和父母的关系紧张，而且会让年轻父母常常因为孩子的教育琐事拌嘴吵架，最终影响家庭和睦。相反，如果家长们的家庭教育观念科学一致，孩子不仅不存在陷入左右为难造成行为选择上的偏误，而且很容易让孩子接受家长的一致教育引导，既有利于让孩子形成正确的教育认知，也有利于家庭的和睦与幸福。

关于家庭教育观念的树立，中国古代先民以其成功的家训实践为我们留下了丰富的经验，面对传统，必须以扬弃的态度坚持取其精华、去其糟粕、创新传承。对古代家训及家庭教育的成功经验，我们要本着择其善者而从之、其不善者而去之的科学态度，既要牢记历史传统，又要牢记历史警示。一方面，坚持通过施教于家，真正让家庭子弟立于天地之间，成长为顶天立地的大丈夫，能够担当未来家庭建设和社会发展的历史使命；另一方面，在遵循个体成长规律和坚持与时俱进的顺时而变中满足不同子弟的成长需求，通过家庭教育顺承天地运行之道来育民新人。承认中华优秀传统家训文化的历史价值，明确传承的意义，就要忠实于对优秀家训文化精华的继承和发扬，少一些曲解和偏误。例如，明确家庭教育中的正本与胎教、早教、环境感染相结合、爱教结合的思想，① 坚持用"正道"引导子女成长，教育子女应该因材施教和循序渐进的思想等。在家庭教育实践当中，引用有些精辟的成语和有见地的谚语，应当

---

① 中国古今社会关于"胎教"和"早教"的认识相去甚远。"古者圣王有胎教之法。怀子三月，出居别宫，目不邪视，耳不妄听，音声滋味，以礼节之。"《颜氏家训·教子》所讲的胎教，就是以古代帝王之家为代表的胎教方法。妇女妊娠三月之所以要搬出居所别宫另住，重要的是让孕妇眼不见邪恶丑陋，耳不闻靡靡乱音，一切声音滋味均以规范节制，以利创造胎儿适宜生长的环境。而今人所称道和乐此不疲的"胎教"与"早教"，意在通过让胎儿、婴幼儿听音乐或诗文来增进智力，与古人通过规范母亲的有德言行，为婴幼儿创造适宜成长的环境立意，有着本质的差别。

尽可能摒弃错误与曲解，忠于原典。例如，面对当今社会普遍存在的道德失范，以及频频出现的是非颠倒、善恶不分乱象，教育自己的孩子如何正确应对"恩怨"困扰时，援引孔子在《论语》中精妙回答"以德报怨，何如？"子曰："何以报德？以直报怨，以德报德。"① 教育孩子明确圣人以于己所怨者，均能以德报之；那么对人之有德于己者，又将何以报之的反问，明白简约地提出自己"以直报怨，以德报德"的观点，掷地有声而精妙无穷。当然，选取元典内容或历史故事，教育家人子女以此为鉴来塑造自己光明磊落的人格时，必须坦率面对社会不公的事情和那些有负于自己的人，便会让受教者懂得如何爱憎取舍，让自己的言行合乎社会道德规范和公序良俗。

二　家庭教育标准混乱

没有规矩，不成方圆。如果说华夏民族以卓有成效的家训文化培育出一代代有德子弟的历史功绩，让后世之人对中国古代先民确立的家训标准无比信服，那么，现代社会家教凌乱、家庭教育的作用和地位严重下滑的事实，便是时下家庭教育标准凌乱的明证。历史和现实告诉我们，我国古代家训和家庭教育的终极目标设计是有标准的。首先，致力于培养家族子弟的德行，是我国传统家训和家庭教育对人格塑造的目标要求，"儒家的价值追求最终指向理想人格境界，正是成人（人格的完善）构成了儒家最终的价值目标"②。中国优秀传统文化崇尚以德治国、追求圣人治世理想国的目标设计，反映在培养新人的大众家庭德育理念当中，便突出地表现为以塑造子弟内圣外王治世人格为最高境界、以涵养君子贤人为士林理想人格修养目标、以陶铸顶天立地的大丈夫为普通家庭和家族脊梁

---

① 《论语·宪问第十四》。

② 杨国荣：《善的历程》，华东师范大学出版社 2009 年版。

的多层次人格追求。① 这是家训教子育人的多重标准。其次，对于齐家的标准设计，中国先民站在家是构成国家的基层组织角度，认为实现修齐治平的人生理想，要求家长首先得按照封建社会的伦理标准修养自己的身心，再次以身作则教育全家人修身齐家。而且只有一家人教育好了，推己及人、推家及国，便可以不出家而成教于国。因而以创设传统家庭美德为抓手，顺理成章地便把家庭建设标准引入家训之中。再次，民人大众家庭的家训标准，朴素的指向培育社会好公民。由于以孝悌、和睦、勤劳、节俭等传统家庭美德建立和规范家庭伦序，不仅适用于指导和规范人的生命过程，而且从其时家庭教育的实际效果看，家庭美德的建立还有利于社会好公民的养成。虽然，从表面上看，传统家庭美德是人们在家庭生活中和合家庭成员关系、处理家族内外事务、辨别言行高下曲直的既有准则，实际上，围绕家庭美德而展开的，恰恰是评价族人日常生活和交往当中的是非善恶标准，也是社会好公民的基本要件。最后，家训和家庭教育的成败，关键在于家庭教育所塑造的人是不是符合国家所需，是不是实现了对人的社会化目标。因此，家庭教育的标准必须符合对人的社会化标准，符合好国民培养标准。其中，最突出的一条标准，便是对其时社会核心价值观的自觉认同和对社会制度的全面服从。

知著见微，才能以小见大。当我们有感于中国古代家训有章可循的顶层设计时，千万不可忽略中国古代先民对家训标准掌握的细微和紧扣。"父母威严而有慈，则子女畏慎而生孝矣。"② 著名的《颜氏家训》作者颜之推郑重告诫世人，如果孩子开始犯错父母视而不见，甚至恣其所为，宜诫反奖，不及时纠正孩子的错误，甚至

---

① 马建欣：《论中国优秀传统文化的家庭德育》，《甘肃省会科学》2017 年第 3 期，第 237—243 页。
② 《颜氏家训·教子第二》。

为孩子开脱袒护或变相地鼓励孩子的所作所为，长此以往，孩子终为败德所困。当然，对于成功家教必须有明确的执行标准这一通理而言，不单单中国先民有如此真知灼见，以警醒世人闻名的《伊索寓言》中便有一个颇具讽刺意味的家教故事——"偷东西的小孩与他的母亲"①。借以告诫人们，在家（平时）教育子女恪守一般社会规范有多么重要：有个顽皮的小孩在学校里偷了同学一本书，带回家交给母亲。母亲对于孩子的不良行为，不但没有批评教育，反而还加以赞美和鼓励。第二次，他又偷了一件大衣回家，交给母亲，母亲看见华丽的大衣非常高兴，对儿子更是称赞不已。这样，在孩子心目中，偷人家的东西不但没有错，也不觉得羞耻，似乎还很光荣。小孩长成大小伙子，便真的开始去偷更值钱的东西。有一次他正在行窃的时候，被警察当场拿获，由于这次他偷盗的数目巨大，又是屡教不改的惯偷，按当地律法被判处死刑。在行刑的那一天，他被反绑着双手，在刽子手的押送下，去刑场执行死刑。他的母亲跟在后面的人群中，捶胸顿足、失声痛哭。小偷看见了他母亲这样，便向刽子手请求说："在这最后的时刻，求你让我在母亲耳边说一句悄悄话，好吗？"刽子手见此情景，便同意了他的请求。儿子等母亲靠近，没有说话，而是猛然咬住她的耳朵并愤恨地用力把母亲的耳朵撕了下来。他的母亲悲愤交加，骂他是不孝之子，犯了杀头之罪不够，还要让母亲成为残疾。儿子此时却回答说：如果在我初次偷那本书时，你能打我一顿，或者骂我几句，我也不至于落到今天这样的下场。这个流传千年的故事，同样告诉广大家长们，孩子要从小严格教育，防微杜渐。而坚持既有的道德规范和社会一般行为标准，是家庭教育最基本的标准要求，绝不能姑息纵容看上去不大的错误，否则必将酿成大错，也有违家庭教育基本精

---

① 《伊索寓言》，黄桂玲译，北方妇女儿童出版社2014年版，第89页。

神。蜀汉先主刘备遗《诫子书》所言，"莫为善小而不为，莫为恶小而为之"，此之谓也。

时至今日，随着市场经济的越来越发达，中国人的规矩意识和平等观念日益增强。然而，在承继着两千多年辉煌历史的家庭教育领域，却有着令人无法接受的标准凌乱和传统丢弃现象，今天的中国人无比自信地面对中华优秀传统文化时，却对传承优秀传统家训文化、做好自己的家庭教育显得力不从心。有的家长对子女不讲民主，缺乏平等沟通，动辄用长辈权威压制孩子，要求绝对服从；有的家庭管教太严，对孩子的兴趣爱好、交友往来干涉过多；有的家长把"不打不成才"奉为信条，对孩子出现的细小错误，不调查研究，张口就骂，动手便打，不进行说服教育；有的家长不顾孩子生理和心理发展的特点，忽视孩子的个性，不管孩子的爱好，一味强迫孩子学习不感兴趣的专业知识；有的家长对孩子希望值过高，达不到标准要求孩子就受罚，使孩子心灵受到创伤；有的家长不关心子女的思想品德养成，不重视教孩子如何做人，不教孩子如何做事，不教孩子学会生活，不注意培养孩子长大后就业需要的各种素质，不支持孩子参加公益活动和家务劳动，甚至连孩子该做的事都由父母包办，违反了全面发展的教育方针。凡此种种家教舛误，根本上都是由于家训标准缺失所导致，自然也造成了家教实践的凌乱。因此，出于对子弟家人的厚爱和责任担当，古往今来，从来没有哪一个家长不为自己的孩子计从长远而在家庭教育中坚持教戒训育的。尽管一家之内，是亲情所系之地，但家庭教育的成功从来都是出自高标准、严要求的。今天出现的家教乱象，问题不是出自高要求，而是出自家庭教育的标准混乱。

三　家庭教育方法失当

家庭教育的生活化方式和自由灵活的施教方法，是古今中国家训及其文化长盛不衰的生命力所在，特别是家庭教育比较自由灵活的教育方法，更是为学校教育和社会教育等其他教育形式望尘莫及。在家庭教育场域当中，家长既可以和孩子一起谈论某个事件的对错得失，也可以针对孩子已经完成或即将进行的某一事务，适时提出褒奖（批评）意见或预设行动方案。家训及其家庭教育的有效性，主要来源于家长以亲情关切的感染方式，将社会一般的道德规范和价值原则不知不觉地渗透到家庭生活当中，辅之以家长的耳提面命和以身示范等切实有效的感染方式，便于寻常日用间培育出家人子弟的德性人格。当然，要做到这一点，父母首先必须自己做表率先行示范，以榜样的力量身体力行、去影响教育孩子。"家人之道，宽则伤义，猛则伤恩。然则是无适而可乎？——君子以言有物而行有恒。至矣，言之有物也，行之有恒也！虽有悍妇、暴子弟，莫敢不肃然，而未尝废恩也，此所以为至也。曾子曰：'君子所贵乎道者三：动容貌，斯远暴慢矣；正颜色，斯近信矣；出辞气，斯远鄙倍矣。'如是，何闲之有？"[1] 说明父母们在家以身作则的榜样示范、教戒标准宽严适度，是家人子弟成长过程中必不可少的。

当今社会的家庭教育方法，更多地表现为简单粗暴或施教不当。有的家长对孩子溺爱过度，恨不得常常把孩子含在口中、捧在掌上，不仅上下学来回接送、不让孩子外出、不让孩子干家务活，而且越俎代庖，为孩子穿衣喂饭、洗脸洗衣服、代写作业，不让孩子动手动脑，闲置了孩子的手脚；有的家长骄纵自私，对孩子讲究吃穿的偏误任其发展，对孩子在学校的平时表现不管不问，甚至对孩子出现的上学迟到、逃学等不良习惯也不当回事，助长了孩子的恶习；有的家长过于严苛，不仅剥夺孩子自由选择的权利，限制孩子玩耍娱乐，而且在家庭教育中搞一言堂；有的家长在家教育孩子

---

[1] 《东坡易传·家人卦》。

时，动辄打骂抑或冷嘲热讽，不仅伤及孩子的自尊，而且容易导致孩子的仇恨心理和暴力倾向；有的家长对待孩子标准太宽，无端夸奖，容易使孩子变得骄傲自大或自以为是。

家庭教育方法失当，极易导致学龄儿童出现校园暴力倾向。校园暴力作为不良情绪发泄和攻击性格的外显，往往表现为一种冲突方式，这种冲突既包括肢体冲突、恶语相向、性的攻击，也包括可能采取更隐蔽的网络、手机攻击方式实施欺负、侮辱等。校园暴力既可能造成人身伤害和财产损失，也可能构成师生关系的疏离与排挤。一般来讲，以培育新人为己任的各级各类学校，本应是生活最阳光、人身最安全的地方，这既是社会常识，也是学校教育的性质使然；但是，校园暴力事件却频繁发生在校园内、上学路上、放学途中，甚至发生在学校正常教育教学现场。暴力行为既有学生单人、结伴抑或组团实施的，也有针对教师发动的，包括蓄意滥用语言、肢体力量，以及利用网络手机等媒介力量，针对他人身体、心理、名誉和财产权利等实施的严重侵害行为。《中国教育发展报告（2017）》发布的一项调查结果显示，北京市的初中和小学是校园欺凌的高发地，学生几乎每天都遭受身体欺凌、语言欺凌和被同学联合起来孤立的关系欺凌等的比例相对更高，分别为 7.5%、13.3%、3.5%。警觉的人们开始反思和诘问，究竟是什么原因让孩子变得如此暴戾？中国教育科学研究院的一项针对"校园欺（霸）凌"成因的研究揭示出，"很大程度上，校园欺凌的根子在家庭"。① 教育部关心下一代工作委员会"新时期家庭教育的特点、

---

① 丁雅涌：《什么让孩子变得暴戾》，《人民日报》2016 年 11 月 18 日第 20 版。中国教育科学研究院研究员储朝晖在报道中表示："许多施暴的孩子都有着相似的家庭背景：或是家境优越，认为不管出了什么事，家长都可以摆平；或是家境恶劣，自己有过被父母暴力对待的经历。家长处理问题的方式，往往会引发孩子的模仿。……做事不讲程序规则、处理问题简单粗暴、缺乏友好协商意识……诸如此类的社会大环境，也会潜移默化地影响孩子，成为校园欺凌滋生的土壤。"储朝晖还提出："比如影视、游戏中的暴力，会让孩子形成一种'心理免疫'。一旦现实生活中出现了矛盾，他们就会不自觉地将暴力行为应用到其中。毕竟，青少年心智发育不成熟。"

理念、方法研究"课题组对 135 名违法犯罪青少年进行调查后发现，他们当中的父母或主要家庭成员行为有劣迹者占 76%，父母离异者占 34%。而由于父母教育方式方法不当导致的高达 91%。① 因此，完全有理由说，校园欺凌这种本不该发生的犯罪行为，事件虽多发生在学校，但造成事件发生的源头却在家庭。

随着家长对教育的重视程度越来越深，父母对孩子的期望值也越来越高。受日益攀升的教育期望驱使，各种不当家教方法纷纷登场，其中最突出的，便是恨铁不成钢的严教方法。由于很多家长都信奉"不打不成器""棍棒底下出孝子"的古训，所以，一方面让望子成龙、望女成凤变成了逼子成龙、逼女成凤，家长无视孩子的自尊心，动辄采取简单粗暴的方式责打谩骂孩子，甚至把自己的意愿强加在孩子身上。这样做很容易导致孩子形成极端性格，严重者走上违法犯罪的道路。另一方面受高期望值和狭隘功利性驱使的重智轻德家庭教育，让家庭关系充满了火药味，家园不再美好，众多家长受社会和市场行情刺激，常年处于中高度焦虑之中，导致家长婚姻关系和亲子关系紧张，让家长和孩子都变成了受害者。其实，对于家庭教育方法的宽严尺度掌握，也是中国先民家训的难题之一。如《颜氏家训》便提出"笞怒废于家，则竖子之过立见；刑罚不中，则民无所措手足。治家之宽猛，亦犹国焉"。虽然亲情感化的教育方式是家庭教育中最常用的有效方法，但唯德教并不是传统家训的唯一选择。颜之推就主张治家须"训导""笞怒"和"刑戮"并重，否则"世间名士，但务宽仁；至于饮食饷馈，僮仆减损，施惠然诺，妻子节量，狎侮宾客，侵耗乡党，此亦为家之巨蠹矣"。② 家训成功的诸多方式方法中，家教宽严尺度的把握至关重

---

① 教育部关心下一代工作委员会"新时期家庭教育的特点、理念、方法研究"课题组：《我国家庭教育的现状、问题和政策建议》，《人民教育》2012 年第 1 期，第 6—11 页。

② 《颜氏家训·治家第五》。

要，对于屡教不改者，甚至可施以"刑戮"之教。

因此，分析被世人所称许的中国传统家训文化，借鉴传统家训经验，传承优秀家训施教方法更显紧要和迫切。例如，分析在家庭教育中普遍存在，负面影响最深的简单粗暴型家庭教育方法，就会发现，长期施行这一方法往往会形成"暴力型家庭文化"，最终导致孩子出现校园欺凌行为。一般而言，家长因为拥有绝对的管教权力，一方面常常严厉惩罚过错孩子；另一方面家长却很少能够做到晓之以理、动之以情的家训教诲。在这种"暴力型家庭文化"教养下成长的孩子，出于对暴力的隐忍，表面顺从而内心暴怒，遇事敏感、态度冷漠，平时寡言少语，社会交往能力欠缺。这类孩子既可能成为欺凌者，也可能沦为被欺凌者。目前，不论是有计划的统计研究，还是见诸报端和网络的极端事件，都以大量的事实证明：那些生活在暴力阴影下的孩子①，一般都会不同程度地带有冲动和攻击性，很多人对外界事务怀有敌意，如果性格沉稳自制力强，则可避免意外发生；如果缺乏自制力和同情心，这样的孩子很容易成为校园欺凌事件的参与者。在"暴力型家庭文化"熏陶下成长起来的青少年，不一定都扮演欺凌者的角色，其实，那些被欺凌的学生，其家庭教育文化往往与欺凌者拥有类似的"暴力型家庭文化"。所不同的是，因为"暴力型家庭文化"所塑造出来的儿童个性，欺凌者一般自我意识超强、性格外向、遇事感性而控制欲强，被欺凌者则内心焦虑自卑、平时沉默少语、不善与人交流，难怪他们受到欺凌时自己往往很难找到有效的危机解决办法。

---

① 家庭暴力、家庭暴力阴影或家庭暴力倾向，不仅仅局限于为人所熟知的施加于肢体的物理暴力，现实生活中还存在着很多、也更容易被忽略的家庭暴力阴影，这类家庭暴力既有语言暴力，也有其他形式的精神折磨，而且这些看似隐性的家庭暴力往往很容易演变为肢体暴力。社会心理学研究结果表明，存在暴力倾向的人，一是因自私而太过注重个人感受，无论做什么首先想到的是让自己占主动而不能失去主控权；二是因霸道而控制欲极强，施以暴力的目的是通过暴力来维护自己的权利；三是因主观而感情用事，为人处世往往比较极端，甚至以自残或伤害他人的形式表现出来。

四　缺爱少教的教养缺失

家庭为恩义之所，从充满亲情与关爱的家训及其文化视域来看，情义无价的舐犊提携，是从古至今所有家长制作家训和理家教子获得成功的前提。但是，相较于亲情感化，家训教戒及其文化育人的作用总是要通过相应的方法手段才能发挥现实效用。理一分殊，凡事总有极端。如果说溺爱少教导致今天的家庭教育问题频出，那么，缺乏关爱而又少教的孩子，出现问题的可能和程度自然会更高。

缺爱少教，主要原因在于父母当有的责任全失。在我国农村，留守儿童是未成年人中的一个特殊群体，也是我国经济转型期农村城镇化或劳动力转移而产生的一个新型社会弱势群体。伴随着越来越多农村劳动力的转移进城，农村留守儿童的教育问题日益突出，严重影响着留守儿童的成长成才（见图4—4）。由于农村经济发展相对落后，学校教育和社会教育的发展也较为滞后。加之农村家庭的教育环境相对封闭，对外部信息的输入量很少，一年到头父母外出务工，导致亲子之间心理和感情沟通明显不足，对幼小儿童的品行养成、人格完善、心理健康教育基本空白，极易造成孩子性格怪僻和行为偏差，甚至出现心理疾病或性情闭塞。2015年6月9日晚，贵州省毕节市七星关区田坎乡茨竹村14岁张某刚等4名儿童在家中集体服农药中毒死亡。根据贵州省民政厅随后发布的信息，4名死者所在家庭共有6口人，34岁的户主张某仅有初中文化，妻子任某32岁，也是初中文化。服农药中毒死亡的是这个家庭的兄妹4个孩子，其中最小的三女儿才刚满5岁，是当地一个幼儿园小班孩子。此事在社会上引起了强烈反响，到底是什么原因导致不谙世事的花季少年走上不归路呢？实际上，这个家庭在户主夫妇生育第一个孩子张某刚后即举家到海南打工，在海南又先后生育3个女儿后于2011年返乡。从2012年第二季度起，夫妻两人被纳入农村低保。虽然有 4 个孩子，但他们家有约 200 平方米的砖混结构三层楼房，2014 年春节杀年猪 2 头，养殖出售生猪 5 头，收入 7000 多元。据村干部及当地村民反映，该户人家的生活水平在当地属中等水平。显然，不是贫穷、也不是由于父母长期外出务工导致孩子们陷入生活绝境，而是家长夫妻双方感情恶化、时常吵架和打闹，以致经常打骂孩子，家庭缺失了对孩子最基本的亲情关爱。其长子张某刚曾被父亲暴打致手臂脱臼，耳朵被扯伤。更为不幸的是，女方于 2013 年 2 月离家出走，随后当父亲的张某时常外出打工，家庭日常事务主要由长子张某刚承担，包括照顾 3 个妹妹、饲养生猪等繁重家务。作为一个家庭，缺失了对未成年子女最基本的教养保障。在父母先后离家后，4 个子女的性情发生了明显变化，不愿与外界接触，经常闭门不出，甚至连他们的亲戚也叫不开门。① 周围知情的相邻群众都认为，张家出这样的恶性事件，主要原因不是穷，而在于缺失了父母起码的关爱，缺失了家庭温暖的教养。再如，2016 年除夕，云南省镇雄县盐溪村 17 岁的留守少年小宝（化名）自杀身亡，从他留下的遗书中得知：这些年里，没有一天是父母在照顾他。② 对于一个缺爱少教的孩子而言，管养不管教和教而不得法同样是错误的，而且精神的留守其实更为可怕。绝大多数留守儿童因为缺乏父母关爱，导致精神和心理出现严重问题。小宝的负气自杀，原因更多的不是指向父母不在身边，而是指向父亲常常把气撒在他身上，用暴力的方式与孩子进行沟通。"不要把脾气撒在自己儿女身上，他们是无辜的，上帝把他们送到你们身边是希望他们得到爱，而不是父母的怒火。"小宝在遗书里这样控诉，他用死亡来抗争父亲的冷漠和暴力，充分说明缺乏关爱和少教，对于一

① 白皓：《贵州 4 名儿童死亡事件调查》，《中国青年报》2015 年 6 月 12 日第 4 版。
② 李菁莹：《留守儿童不只是穷，更缺乏父母关爱》，《中国青年报》2017 年 2 月 20 日第 3 版。

个孩子是何等的恐怖与残忍。由于农村家庭受地域、经济状况、文化品位、人际交往圈、文化程度等因素的制约，对家长文化水平特别是教养孩子的文化资本提升是非常困难的，解决众多留守儿童的教养问题至今依然成为重要而又无可奈何的事情。因此，在农村要防范和减少"留守儿童"恶性事件的发生，首先要明确和落实父母当有的家庭责任，对农村父母们进行精神上的扶贫，同物质扶贫、脱贫一样重要。

缺爱少教，很大程度上是家长缺位的后果。家长外出务工，长期不在孩子身边，不仅仅使其失去良好的家庭教育机会，更重要的是让幼小孩子失去了亲情欢爱。因为父母的关爱对一个幼小儿童的成长至关重要，一旦缺失，不论有多么好的硬件环境和多么优裕的物质享受，均可能让孩子缺乏安全感，缺少对他人的基本信任，导致其他心理问题的产生。从近几年频繁见诸报端的留守儿童恶性事件看，由于缺乏必要的关爱呵护与教育引导，除造成许多留守儿童非正常死亡等恶性事件外，还让很多无辜的孩子沉沦为少年犯罪概率较高的问题人群，他们中既有性情暴躁的施暴者也有羸弱的受害者。针对这一现象，2016年3月，教育部联合民政部、公安部在全国范围内进行了一次农村留守儿童摸底排查。发现由于缺乏来自父母的陪伴与关爱，留守儿童普遍存在生活失助、学业失教、安全失保、心理失衡等问题，很多留守儿童实际上过着独居生活，身边没有任何亲属，成年人对他们的保护几近真空，一些留守儿童成为校园暴力的施暴者，或者成为被性侵等恶性犯罪行为的伤害者。2015年6月10日下午，湖南省衡阳市衡阳县界牌镇，两个小姐妹在放学回家的路上被人投毒致死，后经警方调查，凶手是同镇12岁的留守女孩陈某。陈某因为长期独自留守在家，性格孤僻怕生，非常不爱和人说话。在这个无人分享心事的女孩儿心里，原本在成人看来的芝麻小事，在她眼里变成了杀死对方，是自己解决问题的首选方法。[①] 2015 年 7 月，就读于贵州省毕节市纳雍县曙光中学的留守儿童郑某被同校 13 名学生围殴，后因伤势过重死亡。四川德阳市一名 13 岁的留守女童，自 7 岁起就不断被性侵，施暴者包括孩子母亲的"男朋友"及其儿子、自家邻居，但这个女孩因为无助而始终保持沉默，直到引起老师注意并报警。……所有这些极端事件，不断提醒着社会大众，必须严重关切留守儿童的缺爱少教问题。

满足一个孩子的成长成才，除了物质需求，还有精神需求，特别是对于不谙世事的幼小儿童，更需要父母的关爱，需要亲情呵护和温暖的沟通引导。学校和社会给予孩子们的只是文化训育，根本无法代替孩子对父母温暖亲情的需求与依恋。家庭结构不全、家庭环境不良、教养方式不当等偏误，都可能造成青少年人格缺陷，成为校园欺凌事件形成的重要原因。2017 年 1—11 月，我国检察机关批准公安机关逮捕的校园涉嫌欺凌和暴力犯罪案件达 2486 件共 3788 人。[②] 俗话说，"一个幸福的家庭无异于提早到来的人间天堂"。缺少父母的关爱和教育，一个孩子是很难身心健康地成长的。不仅如此，如果没有父母的关爱和教育，即使把孩子留在身边，或者父母挣到再多的钱，孩子也是孤独无助的，各类形形色色的留守儿童极端事件还可能重演。

五 家庭教育规范不足

随着信息时代的快速发展，不论家庭教育的社会普及，还是家庭教育培养社会公民的公共成果属性，无不在以越来越公开透明的标准要求并检视着过去一直被认为是私人空间的家庭教育活动。受文化价值取向的影响，西方主流文化认为，家庭和家庭教育完全属

---

① 卢美慧：《12 岁少女毒杀童年唯一玩伴》，《新京报》2015 年 7 月 16 日第 A20—A21 版。
② 黄雪梅：《青少年校园欺凌行为养成与家庭教育、人格特质关系探究》，《教育观察》2018 年第 16 期，第 83—87 页。

于私人领域，象征公共权力的国家或政府不应干涉，因而除了社会舆论和学者研究性引导外，没有哪一个国家专门制定针对家庭教育的制度或法典。相反，中国传统文化一直在深层意义上认为"家作为私法意义上的存在的同时，还是公法意义上的存在，即亦是通过国家权力掌握人民的单位"。① 中西文化的这一差异，决定了中华传统文化尤其是家庭教育具有为国家育民造士的隐性公共特征，因而中国人不认为家和家庭教育是完全排斥国家规范和法制干预的纯私人领域。其实，立法规范家庭关系与家庭伦理始终是中国数千年来的民间家法族规等传统家训文化的重要方面。我国历史上有关家族长教戒子孙的立法史可以前推到秦汉时期，其时很多源自皇家世族的家训家规都具有极力维护家庭伦理秩序和尊卑上下等级差别、注重子女对家长的顺从义务，同时也十分注重在立法上防止家长教令权力滥用的特点。② 其中，具有中国封建社会法典楷模之称，中华法系成文最早的典型代表——唐律，就有很多详备而完善的有关家长、族长和地方官吏一道管教民人子弟的法律条款。③ "部内有笃学异能闻于乡闾者，举而进之；有不孝悌，悖礼乱常，不率法令者，纠而绳之。其吏在官公廉正己清直守节者，必察之；其贪秽谄谀求名徇私者，亦谨而察之，皆附于考课，以为褒贬。若善恶殊尤者，随即奏闻。若狱讼之枉疑，兵甲之徵遣，兴造之便宜，符瑞之尤异，亦以上闻。其常则申于尚书省而已。若孝子顺孙，义夫节妇，志行闻于乡闾者，亦随实申奏，表其门闾；若精诚感通，则加优赏。其孝悌力田者，考使集日，具以名闻。"④ 礼法并用，褒贬有

---

① ［日］滋贺秀三：《中国家族法原理》，张建国、李力译，法律出版社 2003 年版，第 40 页。

② 孙家红：《关于"子孙违犯教令"的历史考察：一个微观法史学的尝试》，社会科学文献出版社 2013 年版，第 43 页。

③ 乔伟：《唐律研究》，山东人民出版社 1985 年版，第 48—49 页。

④ 《唐六典·三府督护州县官吏》。

别，官方倡导与家训德育同向而行，令行禁止而民人向善。自此以降，宋元和明清时期都基本延续了唐律中规定家长教戒子孙的律法原则。近代以来，家庭教育立法也逐渐从过去的附属条文法形式逐步发展到制定家庭教育专门法典的新型模式。例如，我国晚清时期在 1903 年颁布实施的《蒙养院及家庭教育法》、南京国民政府教育部在 1938—1945 年，先后颁布了 7 部关于家庭教育的法令……我国台湾地区延续了重视家庭教育立法的传统，在 2001 年 4 月通过《家庭教育法（草案）》，2003 年年初正式颁布了《家庭教育法》，2004 年公布实施了《家庭教育法施行细则》。① 以比较严整的形式，通过国家公共权力调节和保障家庭教育开展的规范有序（如图4—4）。

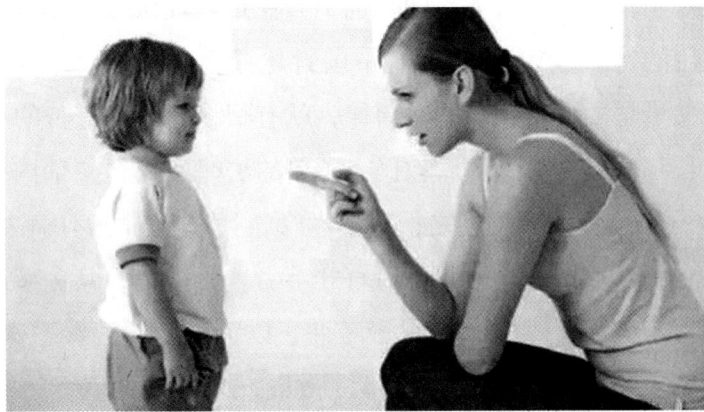

图 4—4

① 姚建龙：《从子女到家庭：再论家庭教育立法》，《中国教育学刊》2018 年第 9 期，第34—38、80 页。根据我国台湾地区家庭教育法实施细则第 2 条的界定，家庭教育法所指的家庭教育活动：一是亲职教育，即履行父母职能的教育活动；二是子职教育，即明确子女本分的教育活动；三是性别教育，即辩白家庭成员性别知能的教育活动；四是婚姻教育，即调谐夫妻及姻亲关系的教育活动；五是单亲教育，即针对因故未能接受父母一方或双方教养的未成年子女的家庭认知教育；六是伦理教育，即增进家庭成员融洽尊卑长幼关系的教育；七是多元文化教育，即旨在解决家庭成员理解和尊重多元文化的教育；八是家庭资源管理教育，即针对家庭共有资源的运用及管理的教育。

目前，面对各类问题频繁出现的窘境，开展家庭教育指导，通过立法等途径加强家庭教育规范化建设的呼声越来越高。基于家庭教育规范建设重要性的考虑，我国自1992年《九十年代中国儿童发展规划纲要》明确提出要制定"家庭教育法"以来，希望通过立法促进家庭教育已成为全社会的共识。全国妇联在近几年就家庭教育问题进行的公众调查数据显示，在全部接受调查的民众当中，高达74.3%的人认为有必要或非常有必要通过法律来规范家庭教育服务和管理工作。① 2016年5月27日，重庆市第四届人民代表大会常务委员会第二十五次会议正式审议通过《重庆市家庭教育促进条例》②，实现了家庭教育地方立法和依法调节管理家庭教育工作的重大突破。2017年8月3日贵州省第十二届人民代表大会常务委员会第二十九次会议也审议通过了《贵州省未成年人家庭教育促进条例》。③ 这都充分说明，随着学校教育和社会教育立法工作的先行先试，以及包括台湾在内的地方政府立法实践，已经为家庭教育立法奠定了认知基础。现在，万事俱备，亟待通过立法规范家训家教活动和确认家庭教育应有的地位，通过专门法规明确国家、社会、学校和家庭等相关责任主体在家训和家庭教育中的权利与义务，以规范家训家教活动。

第四节　家风范导的作用消解

一　家风传承认识存在偏差

家风是一个家庭或家族特有的治家教子传统和家训文化精神。

---

① 《全国妇联提交相关提案　家庭教育需要立法支撑》，《中国妇女报》2016年3月10日第A01版。

② 《重庆市人大常务委员会公报》2016年第3期，http://www.ccpc.cq.cn/2016-08-19。

③ 《贵州省未成年人家庭教育促进条例》，《贵州日报》2017年8月10日第4版。

"人有恒言，皆曰'天下国家'。天下之本在国，国之本在家，家之本在身。"① 这一亘古不变的道理，不仅时常挂在中国人的嘴上，而且深深烙印在中国人的心里。在中国上下五千多年的历史长河中，人们对优秀家风门风的传承，就像培育出的颗粒饱满种子一样，不仅在万千家庭中传承不坠，而且还能让人从各自的家里带出，将这些种子不断播撒到更广阔的社会领域。这些"种子"的生根发芽，不仅成功地影响到更多的人，而且营造出了一个和谐美好的中国社会好风气。正如习近平总书记所强调指出的："家风好，就能家道兴盛、和顺美满；家风差，难免殃及子孙、贻害社会。"② 关于如何正确认识和对待中华优秀传统家训文化当中的家风问题，习近平总书记多次讲话中指出："不忘本来才能开辟未来，善于继承才能更好创新。"③ 对于灿烂辉煌的历史文化，特别是先人以家风门风的形式遗留下来、散见于各种家训当中的育民新人价值理念和道德规范，必须要坚持古为今用和推陈出新的原则，有鉴别地加以取舍，有扬弃地予以继承，努力将中华民族创造的一切优秀精神财富承续下去，通过创新型现代家风门风模式，实现风化成俗、以文化人、以文育人的家庭教育新目标。

然而，家风的建设与传承，以及民风的敦厚与持载，并不是自然而然和自发成型的自然过程，其实，家风门风的建设与持守，自古至今从来都是君王治世和圣哲贤士主动作为的结果。当年季康子问政于孔子曰："如杀无道，以就有道，何如？"孔子对曰："子为政，焉用杀？子欲善，而民善矣。君子之德风，小人之德草。草上之风，必偃。"④ 孔子在这里明确提出，为政以德，上行下效，以身

---

① 《孟子·离娄章句上》。

② 《十八大以来，习近平这样谈"家风"》，http：//newsxinhecanet.com/2017－03－29。

③ 习近平：《在中共中央政治局第十三次集体学习时的讲话》，http：//xinhua.com.cn/2014－02－24。

④ 《论语·颜渊第十二》。

教者从，以言教者讼，以杀教者则民免避祸而不知耻。为政者，民所视效，君上欲善，则民向善，根本用不着杀伐禁绝。而且，此德风下吹的结果，必然是华夏民族数千年持守家训传统，从善如流而培育出一代代贤子孙的德教历史。与这一漫长历史相得益彰的，是传承数千年而不坠的优秀家风门风。梳理数千年以来我国家训和家庭教育思想与家风门风训育实践，不论是盛世述华章，还是乱世求生存，通行于我国古代社会的家训和家教门风范式，往往集中反映了社会精英阶层的治世理想和治家教子观念，历经族人传承接续和提炼醇化，便形而上为特色鲜明的祖传家风门风。例如，制作《颜氏家训》而成就家训之祖的颜之推，就出身南梁士族官僚家庭，早年受过良好的家庭教育，官至北齐黄门侍郎。颜之推的一生大多处于社会动荡时期，以致其"三为亡国之人"。自己历经磨难坎坷，更耳闻目睹过许多士大夫家破人亡的残酷现实，使其看到了社会生存的险恶和长保家族繁盛的危机四伏，所以站在维护世家大族长远安康的利益角度，结合自己的人生经历和持家体验，撰写出我国古代社会第一部最为系统完整的家训教科书——《颜氏家训》。从狭义的角度看，该家训专书的家庭教育思想，主要是针对士大夫和贵族家庭"整齐门内，提撕子孙"，如何成功教育训导家人，有效治理家庭（家族）。从广义的角度看，与中国古代许多士林先哲所认为的一样，"书靡范，曷书也？言靡范，曷言也？言书靡范，虽联篇缕章，赘焉亡补。乃北齐颜黄门家训，质而明，详而要，平而不诡。盖序致至终篇，罔不折衷今古，会理道焉，是可范矣。……夫振古渺邈，经残教荒，驯至于今，变趋愈下。岂典范未尝究耶？孰谓古道不可复哉？乃若书之传，以禔身，以范俗，为今代人文风化之助，则不独颜氏一家之训乎尔！兹太平刻书之意也"①。时至今

---

① 王利器：《颜氏家训集解卷第七》。

日，虽然社会经济文化和政治制度均发生了翻天覆地的变化，但是社会分层现象依然存在，而且还有阶层分化和社会地位差异加大的趋势。面对家庭教育这一社会现实背景，北京师范大学珠海分校教育学院熊和妮提出家庭教育"中产阶层化"的观念，认为"家庭教育中产阶层化是指中产阶层家庭教育的理念和方式成为社会主流，得到社会、学校和家庭的认可与肯定，被认为是科学、合理、有效的教育理念与教育方式"①。这一主流模式的存在，对于社会地位相对较低的劳动阶层而言，他们的家庭教育活动不仅容易受到左右或影响，而且大量劳动阶层家庭教育的价值也很容易被遮蔽和忽视。我们不否认家庭教育"中产阶层化"判断的有限合理性，只是相较于古代先民的认识而言，作为饱受中华优秀传统家训文化熏陶的后来人，则显得偏狭不少。更为费解的是，对家风门风的认识，大家总是停留在静态的认知层面，没有将家风门风看作家训文化或家教精神的活态实践。受此认识偏差的影响，反映在当今社会的人们对家风门风的传承往往只局限于僵化地传抄和记忆家训格言、刻画家教门楣、设计家风图像，但却不会在家庭教育实践中正确运用、真做实训，也便不能有效实现家风门风的现代传承。当然，从严格意义上讲，没有家风，其实也是一种家风。要知道，家风门风虽然有其生发的天然土壤，也离不开有识之士的适时提炼与总结，但是，家风门风的成型与传承必定离不开生活化的家训实践，同在一片天空下，没有家庭教育、没有家风门风而能长久延续下去的家庭，是不可想象的。

二 家风建设滞后的不利影响

家风门风对于家庭建设的重要性，以及对于培育优秀子弟家人

---

① 熊和妮：《家庭教育"中产阶层化"及其对劳动阶层的影响》，《教育理论与实践》2017年第3期，第30—34页。

的意义，是有目共睹的。正如《易经》所言："积善之家，必有余庆；积不善之家，必有余殃。"① 如此符咒般的格言警句，难道真如唯心主义有神论者所理解的那样，有上帝司其祸福；如道家所谓天神察人善恶；如佛家释氏所谓因果报应之说吗？显然都不是，按照中国传统文化精神，善与不善乃人一气之相感应，如水之流湿火之就燥，不期然而然，当然无不感而无不应也。说明不论什么样的家庭，也不管其家有什么来历，有了好家风，一如"德润身、富润屋"，一家之人作为"天之牖民，如埙如篪，如璋如圭，如取如携。携无曰益，牖民孔易"。② 相反，如果没有好的家风门风，不但难以确保家人子弟清白做人，甚至都无法保障他们专心做事。因此，从家庭建设抓起，总结提炼好各自的家训，培养呵护与传承好家风，最终会因此而形成好民风好社风。自古至今，其推延发展的道理是一样的。然而，如果说一个家庭的家风门风形成，有赖于历代家长勤勉治家与不倦教诲子弟的生活化家训实践，那么，经过提炼总结最终凝结而成的家风门风，则更需要家人子弟的世代恪守与传承。在这一文化接续承传方面，中国古代先民确实为我们做出了好榜样，也留下感人至深的家风门风。例如，以铁面无私和刚直不阿著称的包拯，不仅代表着中国封建社会的清官形象，而且以家风严正为世人所称道，作为持守家传门风不坠的典型案例，后世所传《包拯家训》这样记述包拯遗风："后世子孙仕宦，有犯赃滥者，不得放归本家，亡殁之后，不得葬大茔之中。不从吾志，非吾子孙也。"③ 后来有人经过考证，认为这是包拯临终前给次子包珙留下的遗嘱，并且要求"仰珙刊石，竖于堂屋东壁，以诏后世"。包拯以此刚直严明的家训教戒子孙后代，且将其刻刊于石，"竖于堂屋东壁，

① 《周易·第二卦坤坤为地坤上坤下》。
② 《诗经·大雅·板》。
③ 《宋史·列传·包拯》。

以诏后世"，其目标指向显然在于保持清介家风，无怪乎史官这样评价他："拯为开封，其政严明，人到于今称之。而不尚苛刻，推本忠厚，非孔子所谓刚者乎?"① 中国人重门风、端蒙养，仅从包拯维护家风门风的决绝与良苦用心，便可见一斑，也足以警示后人。

前事不忘，后事之师。我们应该有传承家风门风的文化自觉，在传承与秉持优良家风传统文化精神鼓舞下，中国人应该自觉看重家风门风建设，注意涵养呵护祖辈传承下来的独特家风。从浙江省青少年工作研究课题组对舟山群岛新区的调查数据可以看出，尽管受现代社会发展诸多制约因素的影响，仍然有63.17%的受访者认为"传统家训"对人的教育有作用，在现代社会有必要存在；有62.37%的受访者认为"传统家训"对社会有积极影响。在被问到"您是否希望您的家族或者家庭有'传统家训'"时，有54.03%的受访者坚定地认为希望有。② 其实，国人这种对家训文化的认同，在现代社会很具代表性和普遍性，只是没有像中国古代先民那样普及成风而已，表明中国人对家风门风建设的心理期许。当然，对于那些明于持守家传祖训美德，自觉延续先辈遗风的积善之家，人们无不肃然起敬而诚意信服。例如，当今在武汉新洲区邾城街做"良心秤"的江氏姐弟，作为"江家秤"的第五代传人，信守做秤"准确公道、分毫不差"的祖训，近30年坚持不做计量偏差的"劣秤"，更不做缺斤少两的"短秤"。不仅如此，"江家秤"的传人，祖祖辈辈五代200多年规矩做秤，始终不为利益诱惑所动，坚持不赚昧心钱，自从创出品牌后，从来没有做过一杆缺斤少两的短秤。严守祖训，坚持传承"江家秤"优秀家风门风的江远斌这样讲："下一代会看着上一代。从父亲那一辈开始，家里名声就非常好。

---

① 《宋史·列传·包拯》。

② 2015 年度浙江省青少年工作研究课题组：《传统家训文化的创新性发展转化与青少年教育研究——基于舟山群岛新区的调查》，《山东青年政治学院学报》2016 年第 5 期，第 43—48 页。

到了我这一辈，我和姐姐也很努力。我希望我的子女也规规矩矩做人。就算做不成大事，也要多做好事，不做坏事，不能坏了祖上传下来的好名声。"① 如此看来，家风门风离当下每一位新生代其实并不遥远，也没有那么高深莫测。然而，对传统的偏见与漠视，伴随着文化多元与生活的快节奏，现代人明显地放松了对传统祖德和家风门风传承的呵护与坚守。一方面，我国青少年对家训文化往往一知半解，通过问卷调查和实地采访，我们发现大多数青少年即便是一些高中学生，仅仅是从祖辈或其他家长那里听说过传统家训，对家训文化有一定程度的了解。但是，这些了解仅仅停留在浅表层面，甚至把家训简单地理解为箴言警句。另一方面，由于现代家庭教育的偏误，很多家庭从来没有制作过家训，也没有以家训教戒子弟家人的文化体验，更遑论对祖传家风门风的提炼总结和传承。大家总体上对家训文化的价值、家风门风的内涵与外延，以及对家教家风出现偏差后如何及时矫正范导知之甚少。再如，据《新京报》2017 年 1 月 30 日报道，时值大年初三，原本是国人万家团圆，尽享天伦之乐的美好时刻，然而许多大学生过年在家却被嫌弃。"我严重怀疑自己回的是个假家，遇到的是个假妈，一天到晚被嫌弃，早上不起啊，晚上不睡啊，见人不打招呼啊……"② 有媒体调查后发现，大学生被家长"嫌弃"的原因很简单，而且相对集中，主要包括房间脏乱差、生活作息不健康、懒惰（让做点事喊不动）。针对这种状况，有学者指出，大学生放假回家遭父母"嫌弃"，除了反求诸己，反思那些让父母抱怨的行为习惯是不是健康外，也再一次提醒嫌弃孩子的父母们，别忘了这些习惯根本不是石头缝里蹦出来的，而正是由于父母平时对孩子放松教育要求，放弃本该从小就开始的生活习惯和基本做人规范的养成教育，根由在于熏育子女良

① 《道德模范风采》，http：//www. hbwmw. gov. cn/2015 – 06 – 19。
② 学者：《大学生过年在家被嫌弃该怨谁》，《新京报》2017 年 1 月 30 日第 2 版。

好生活习惯养成的家风缺失。因此，家庭教育的基本任务是做人，大学生们身上存在的让许多父母看不惯的不良习惯，根本原因就在于缺失了最起码的做人教育。然而，家长们对此看似一边倒的判断，却有着他们自己的苦楚：因为孩子以前读中小学任务确实很重、升学淘汰很残酷，孩子们一般不会也不能睡懒觉，家长也不敢让孩子做除学习之外的一切。道理讲起来很简单，而且道理也只有一个，面对文化学习与做人教育的矛盾与冲突，到底怎样才能在家庭教育当中完成对孩子的做人教育任务呢？注重家庭建设，注重对家风门风的提炼总结，特别注意对家庭传统的范导与呵护，注意通过家风门风这一无声的教育潜移默化，自然天成。当然，更需要年轻的大学生们主动改变自己，学会自我教育、自我管理、自我监督。

三 道德失范影响家风作用发挥

一个家庭的家风好不好、正不正，对所有家庭成员的一生都影响很大。好的家风往往能泽被后代，保障家庭内部和谐稳定，保证后世子孙家庭美满富足、生活安定、远离灾祸；家风正，则可以保证每一个家人子弟树正气、走正道，对家庭成员在个人修养、操守品德、为人处世等方面产生重要而积极的影响。相反，如果一个家庭的家风不正，则会家教混乱、祸延子孙，长期生活在这个家庭中的成员，其个人品行和道德操守就很可能会出现问题。在现代社会条件下，我们的家风门风建设与传承存在很多问题，但是，造成这些问题的根本原因在于构成一个个家庭的主要成员尤其是家长道德失范所致。如果这些问题不解决，对于普通家庭而言，家风不好，子女很容易走入歧途、招惹祸端；而对于领导干部家庭来说，家风不正，则不仅祸害家族，而且必将损害党和政府的形象。

一是规矩意识淡薄，导致代际关系、上下关系扭曲。按照中国传统文化精神，良好代际关系的存续与维护，有赖于以家庭为单位、把人格尊重和亲情依赖等道德权利义务作为不断延续的纽带。在中国古代，如果规矩意识淡薄，代际关系混乱，"居上不宽，为礼不敬，临丧不哀，吾何以观之哉？"① 宽为居上之本，敬为礼义之本，哀为临丧之本，如果一个人忘本而不守规矩、不讲秩序而表现得失态丧本，则像万世师表孔子所感叹的那样，让人凭什么判断一个人的言行得失呢？在当代社会条件下，随着家族组织的弱化和家族观念的淡漠，与三口之家为代表的核心家庭相伴而生的，不仅仅是代际关系的简化和代际链条的断裂，更为突出的问题在于，晚辈不再虔诚尊敬甚至不赡养父母、视老人为累赘的不良现象普遍存在。父母们年轻时为了孩子成长所甘愿付出的青春年华与财力、物力、心力，最终换回来的不仅仅是颜面全无的轻慢，甚至是啃老、弃老和虐老等悲惨结局。所有这些，不仅给社会的发展和稳定带来了严峻挑战，更为重要的是，很可能让父祖辈终其一生承继下来并精心呵护的家风门风，因代际关系和上下尊卑关系的扭曲而就此中断。

二是家教传统缺失，家风建设主体缺位。自古以来，所有的家长没有不希望子女成才的，因而表现在平时的家庭生活和社会交往当中，家长们无不珍重自己的言行身动。其目的就在于通过自己的言传身教，在树立自己好家长形象的同时，树立其家可教、其身可范的家风门风。然而，当今社会以身示范的家庭教育传统，却没能很好地被持守传承为各个家庭的家风门风。习近平总书记借用古人之言，"将教天下，必定其家，必正其身""心术不可得罪于天地，言行要留好样与儿孙"。② 主要强调的就是家风门风建设与传承的重

---

① 《论语·八佾第三》。
② 习近平：《在第十八届中央纪律检查委员会第六次全体会议上的讲话》，《光明日报》2016 年 1 月 12 日。

要性。分析现代家庭教育现状可以看出，出现家风门风传承问题的根本原因之一，在于家风建设的主体缺位。从家风门风的形成、秉持与呵护传承实践角度看，狭义上理解的家风建设主体，在古代社会是家族英雄（家族内为学、为官、为商，或武功、德行突出者），现代社会则更多地指向每一位普通家长。时至今日，随着城镇化进程的加快，无论城市还是农村，家风建设主体缺位已经成为影响家庭建设、制约家庭教育成效、影响社会风气的主要因素。一方面，在城市的家庭里，越来越多的年轻家长忙碌工作生活而顾不上教养孩子，甚至干脆将孩子交给父母抚养，或者将孩子完全推给学校教育，客观上造成家风建设主体缺位。另一方面，在农村的家庭，家长为改善生活条件或迫于生存压力，很多家长作为农村劳动力转移对象而外出务工，把孩子独自留在农村老家或托付给亲戚代为抚养，直接造成家风建设主体缺位。可见，家风建设主体缺位，不是因为现代社会的家庭没有家长，而是由于现在的家长主观上不重视家教家风建设，或不懂得如何将家训文化提炼凝结为可用以世代传承的家风门风，客观上无意间放弃了自己建设家风门风的责任所致。

三是尊老敬老观念淡薄，遵守孝道存在偏差。"百善孝为先"，是中国人自古以来不忘祖训、崇德尊祖、恪守家风门风不坠于世的深层次心理基础，也是评判一个家庭家教门风好与不好的最低标准。"孟懿子问孝。子曰：'无违。'樊迟御，子告之曰：'孟孙问孝于我，我对曰，无违。'樊迟曰：'何谓也?'子曰：'生，事之以礼；死，葬之以礼，祭之以礼。'"① 按照孔子的界定，生事与死葬、丧祭，人间事亲之始和事亲之终俱在其中。所谓"无违"之孝，便是一个人按照先辈所定、以理节文的礼制行事，自始至终都

---

① 《论语·为政第二》。

要做到依于此礼而不苟。"无违"① 就是不背于理，要做到"无违"之孝，不仅要求在态度上对父母长辈要和颜悦色、在日常言行当中事亲以礼，更为重要的是，要顺从父母长辈的意志，尤其是对父祖长辈承继续订的家风门风传承而"无违"，这也是古代家风门风得以很好传承不坠的主要原因。

　　曾子曰："孝有三，大孝尊亲，其次弗辱，其下能养。"公明仪问于曾子曰："夫子可以为孝乎？"曾子曰："是何言欤，是何言欤！君子之所为孝者，先意承志，谕父母于道，参，直养者也，安能为孝乎？"曾子曰："身也者，父母之遗体也。行父母之遗体，敢不敬乎？"居处不庄，非孝也；事君不忠，非孝也；莅官不敬，非孝也；朋友不信，非孝也；战阵无勇，非孝也。五者不遂，灾及于亲，敢不敬乎？亨孰膻芗，尝而荐之，非孝也，养也。君子之所谓孝也者，国人称愿然曰："幸哉！有子如此，所谓孝也已。"众之本，教曰孝，其行曰养。养可能也，敬为难；敬可能也，安为难；安可能也，卒为难。父母既没，慎行其身，不遗父母恶名，可谓能终矣。仁者仁此者也，礼者履此者也，义者宜此者也，信者信此者也，强者强此者也。乐自顺此生，刑自反此作。曾子曰："夫孝，置之而塞乎天地，溥之而横乎四海，施诸后世而无朝夕，推而放诸东海而准，推

———————————

　　① "无违"一词最早见于《尚书·多士》："成周既成，迁殷顽民。周公以王命诰，作多士。告尔多士：予惟时其迁居西尔。非我一人奉德不康宁，时惟天命'无违'。朕不敢有后，无我怨。惟尔知惟殷先人，有册有典，殷革夏命。今尔又曰，夏迪简在王庭，有服在百僚。予一人惟听用德，肆予敢求尔于天邑商，予惟率肆矜尔，非予罪，时惟天命。"中国古代先民的认识当中，一个人能够立身立言立德，成就大业，一切均是受命于天的结果。对于能否主宰天下特别是当皇帝，更是天命。以周武王和周公为代表的西周肇始者，面对"小邦周灭大邦殷"的成功，却在内心显得怵惕惊惧，于是在很多场合通过祭天告祖、安抚殷商后人、说服民人百姓，为自己"无违"天命而革殷之命找到合理依据。

而放诸西海而准，推而放诸南海而准，推而放诸北海而准。"①

由此可见，传统孝道观念不仅要求子女"先意承志，谕父母于道"，而且自己立身的前提是"扬名于后世，以显父母"②。正是因为中国古代先民以敬畏之心对待父母长辈所传家风门风，不论是知其然而故相违背，还是有相去而未逮之苟且，均会让有违父祖旧制之礼者怵惕惊惧，此乃家风门风传承不坠的心理基础。时至今日，随着科技与信息技术的日新月异，中国古代社会主要依靠经验传授而显重要的孝道礼制与尊祖观念一去不返，随之而来的是思想解放对权威和盲目尊崇的否定，由此带来了对家风门风传承的冲击与影响，在价值多元、平等观念和主体意识渐强潮流当中更被削弱，现代家庭的孩子不孝事件频现，原因就在于此。亲情淡漠、啃老弃老虐老等对父母老人不养不敬的怪象多发，不仅严重背离了孝道传家的家风门风思想，也偏离了倡导爱国、敬业、诚信、友善，积极培育社会主义核心价值观的精神实质。

第五节　大家小家的价值冲突

一　中华传统家训文化舍小家顾大家的育人理念，体现在家国同构的家庭建设实践当中

人有恒言，皆曰天下国家。以儒家思想为核心的中国传统家训文化，突出强调个人、家庭与国家存亡兴衰的命运关联性。按照中国人的传统育人理念，如果将"人"或"个人"置于家庭和国家之中，则三者的关系便成为"天下之本在国，国之本在家，家之本在身"。儒家的这种家国情怀和理念不仅把个人的道德修养、家庭

---

① 《礼记·祭义》。
② 《孝经·开宗明义章第一》。

的幸福安康，以及社会的繁荣稳定看作关联性很高的关系范畴，而且明了三者的相互关系对于培养新人的逻辑理路。正是立足于个体修身对于齐家治国平天下的基础性作用，所以，中国人执拗地选择并长期持守的家训及其家庭教育思想，反映在家训及其家庭建设实践当中，不仅把家国情怀作为对家人子弟、民人族众教育的重要内容，而且始终站在培养有利于国家社稷和民族长远发展有用之才的角度而展开，甚至不惜舍小家顾大家，因而在家庭教育方面表现得勤勉谨慎而又深明大义。古代最为著名的家训专书《颜氏家训》，在教育子弟家人立身择业方面，便突出地反映出这一重要方面的内容选择。

> 士君子之处世，贵能有益于物耳，不徒高谈虚论，左琴右书，以费人君禄位也。国之用材，大较不过六事：一则朝廷之臣，取其鉴达治体，经纶博雅；二则文史之臣，取其著述宪章，不忘前古；三则军旅之臣，取其断决有谋，强干习事；四则藩屏之臣，取其明练风俗，清白爱民；五则使命之臣，取其识变从宜，不辱君命；六则兴造之臣，取其程功节费，开略有术，此则皆勤学守行者所能辨也。人性有长短，岂责具美于六涂哉？但当皆晓指趣，能守一职，便无愧耳。吾见世中文学之士，品藻古今，若指诸掌，及有试用，多无所堪。居承平之世，不知有丧乱之祸；处庙堂之下，不知有战阵之急；保俸禄之资，不知有耕稼之苦；肆吏民之上，不知有劳役之勤，故难可以应世经务也。①

《颜氏家训》的制作者果然是一个有见地的好家长，立足于教

---

① 《颜氏家训·涉务第十一》。

会家人子弟应世经务之技而分述行业，实际教戒无不指向教育子弟成国之用才。其制作家训虽然有鉴于"梁朝全盛之时，贵游子弟，多无学术……无不熏衣剃面，傅粉施朱，驾长檐车，跟高齿屐，坐棋子方褥，凭斑丝隐囊，列器玩于左右，从容出入，望若神仙"①的奢华虚浮社会弊端，但出于让家人子弟能够成功融入社会的长远考虑，教给家人子弟明白"积财千万，不如薄技在身"的生存之道，以及明白"父兄不可常依，乡国不可常保，一旦流离，无人庇荫，当自求诸身"的自立自强之道，却是与我国古代许多优秀家训文化精神一脉相承的：那就是既现实地表现为强调治家以保持家业不坠的经世致用要策，又致力于在家教戒子弟家人成国之用才，从而将家人子弟个人的前途与长保家业不坠、希望国家长治久安紧密结合在一起。

如上所述，中国人的家国情怀，深藏于中华优秀传统家训文化当中，古代中国人的这种育人理念，一开始就没有大家小家的价值冲突。按照中国古代教育理念，所有中国人都认为其家不可教，而能教人者无之。在中国人的骨子里存在着这样一种朴素而通达的理念，认为不论统治天下，还是治理好自己的国家，成功与否的根本在于建设好每一个家庭，而建设好每一个家庭的根本在每个人自身修养的功夫，每个人的修养水平最终取决于包括家训在内的有效教育。换言之，如果每个人都努力修身养德做好自己，成功地构建起和谐美满的家庭，尤其是拥有良好的家教家风，那么由这些家庭构建起来的国家就能够稳定繁荣，最终由这些国家支撑起的天下才能够太平和谐。古代中国人的这种育人理念，深深地植根于中华民族的心性血脉，流布于社会各阶层组织和教育机构，呈现在全民族高度认同的家训教科书当中。例如，由孔子删定，素有教人"初学入

---

① 《颜氏家训·勉学第八》。

德之门"的经典文本《大学》，开篇即指出："大学之道，在明明德，在亲民，在止于至善。知止而后有定，定而后能静，静而后能安，安而后能虑，虑而后能得。物有本末，事有终始，知所先后，则近道矣。"古人指称新民者，不仅系指以孝、悌、慈、和、勤、俭等传统道德规范齐家而成教于国，而且务必要让全国大众都晓谕而从善如流。所以，古人施教于家，而成其教于国。正因如此，"古之欲明明德于天下者，先治其国；欲治其国者，先齐其家；欲齐其家者，先修其身；欲修其身者，先正其心；欲正其心者，先诚其意；欲诚其意者，先致其知。致知在格物。物格而后知至，知至而后意诚，意诚而后心正，心正而后身修，身修而后家齐，家齐而后国治，国治而后天下平"①。唯有那些心系万民众生、胸怀天下百姓的治世贤君，不仅明了育民新人的理论逻辑和实践道路，而且看清了齐家而成教于国的意义和根本所在。因此，想要宣明政教、实现德治于天下，必须先使天下之人皆有方式和渠道以明其明德。这不仅是家国一体、家国同构条件下的封建帝王，以及官僚士大夫为了实现他们"内圣而外王""修己以安百姓"的治世目标所需要的，也是饱含家国情怀的民人百姓祈愿修齐治平的政治和文化理想所需要的。

二　中国传统家训之所以成功有效，自有其立德树人之家国同构文化营养

在自给自足的自然经济条件下，代表民间大众教育范式的家训及其训教文化，无疑成为实现圣王治世目标而育民造士的重要渠道，因而受到历代皇族的重视和青睐，也得到历届官府的褒掖和推广传布。一方面，家训通过大众化、生活化、个体化的普适训育方

---

① 《礼记·大学》。

式，与各类学校教育一样成功地实现着让人对事物知无不尽，意可得而实，心可得而正的育人初心。通过究竟事物之理，让人穷至事物极处而无不到心的认识逻辑推延开去，让那些聪明睿智者足可自达，为齐家提供良好的认识论基础。另一方面，重要的问题在于让更多的普通百姓在格物致知后，通过意诚心正而达致修齐治平，实现家训及其教育文化的使命和功夫，为家齐国治铺平道路。关于这一问题，揭示人性可教本真的坟典《中庸》提出：

> 天命之谓性，率性之谓道，修道之谓教。……自诚明，谓之性；自明诚，谓之教。诚则明矣，明则诚矣。唯天下至诚为能尽其性，能尽其性，则能尽人之性；能尽人之性，则能尽物之性；能尽物之性，则可以赞天地之化育；可以赞天地之化育，则可以与天地参矣。①

按照中国人的这一人格塑造理路，对于德无不实而明无不照的圣人之德，很大程度上是天道赋予人的本然属性而超然拥有的，可以无师自通；对于普通大众而言，凡诚则无不明，但只有那些意诚心正而坚持反身内求者，才可能明其明德，而对于明乎善而实其善的圣贤之学，一般的人道则由教而导入。于是，以家训为代表的家庭德育，首要任务在于让置身于特定家庭伦序当中的个体（子女）正确认识自己。因为一个人只有认识了自己，知道了自己的本性、长处抑或短板，才能真正做到尽己之性。然后通过生活化的家庭训教实践，让人明于内外有别，远近分殊。这种民间大众所施与的教民化俗，从教化发生发展的渠道和途径看，因为教出亲近，其成效当然自近者开始，由近及远、推己及人。与此同时，将欲明明德于

---

① 《礼记·中庸》。

天下的统治者教化（王化）也由近及远、由家及国，最终由本国而及于诸夏、及于夷狄蛮邦，正如由修身、齐家而治国，渐次至于平天下，故中国古代"自天子以至于庶人，壹是皆以修身为本"。上行下效、下情上达，家国同构、修齐治平，家训及其文化便将家国关系和大家小家利益浑然一体，在成功消除大家小家割裂与冲突的同时，将家国情怀烙印到了每一个中国人的心灵深处，外显于每一个中国人的身行言动当中。

三 家庭教育对人的社会化，客观上要求消除大家小家的价值冲突

家庭是个体实现社会化最重要最基础最具型塑力的培育环境，对人类个体在社会化过程中训育生活技能、帮助掌握社会知识、学会遵守既有的社会规范等起着最初和最为长久的先期训育和影响作用。人类发展的历史雄辩地告诉我们，无论什么样的家庭，教育培养出的人总是要进入社会、融入特定的历史发展潮流中去。现代社会的竞争特征更强化了社会化成才教育的不可或缺，也证明了出小家入大家学习知识与能力教育的必要性。实际上，每个社会个体从其人生幼小时起便从家庭中获得最基本的生活技能和社会知识，包括最起码的生存能力、自理能力、与人合作相处的能力、适应环境的能力、调适人与人之间关系的能力等，都在显示着家庭教育所发挥的促进家庭成员（个体）社会化的基础性作用，从而将小家庭教子成人成才与社会这个大家庭对国之用才的需求无缝对接，实现了小家与大家利益的同生共荣。不仅如此，成功的家教还通过小家庭辈出的人才，让其有意无意地将自己早已成型在心理结构中的家传家风带入到家庭生活、社会生活以及职业生活当中，进而直接影响社会风气、国家风气，最终对国家发展和民族进步产生影响，促动社会大家庭的建设水平提升。正是明于家庭育人的社会化功能，中

国人的内心深埋着一种由中华文化积淀而成的深层情理结构，主张把人的各种自然性情欲望同社会发展的合理性要求紧密联系起来，使情感交融着理性的亲子之间自然的爱，都被"塑造转化成一种非常社会化的理性情感，即把自然情感纳入特定社会所要求的规范法则之中"①。家是小小国，国是千万家，通过家庭教育使人社会化，自然就把家和国这些小家大家的利益都贯穿一体，不仅有利于个人成长和家庭建设，而且更有利于国家稳定和天下太平（见图4—5）。

图4—5

从家训和家庭教育的目标设计上看，在理性对待小家庭和大家族的利益冲突，合理平衡家庭和国家这一对小大悬殊组织的价值关

---

① 李泽厚：《说文化心理》，上海译文出版社2012年版，第22页。

切和矛盾冲突方面，中国人不仅有跨越一切群体分割的修齐治平育人目标，更有舍小家顾大家的家风门风传统。正是从这个意义上讲，中国传统家训文化所主张的"修身、齐家"，对于"整齐门内、提撕子孙"的小家教而言是目标，但对于国家的大国教而言，"修身、齐家"本身自然不是目的，实现"治国、平天下"才是最高理想，教育子孙后代要有胸怀天下的担当意识。① 因此，传承中华优秀传统家训文化，就要尊重中国优秀传统文化的人本主义倾向，坚持以人格养成和实现人生理想为根本出发点，远离宗教和神灵，关注人生现实，以家国天下的入世情怀，培育中国人"国家兴亡，匹夫有责"的爱国精神，陶冶家人子弟"先天下之忧而忧，后天下之乐而乐"的政治胸怀，"己所不欲，勿施于人"的人生准则和"万物并育而不相害，道并行而不相悖"的和谐包容精神等多维社会公德。② 做父母的，既可以将孩子培养成胸怀广阔的人，也可以将孩子培养成心胸狭窄的人。在现代社会条件下，消除公与私狭隘的利益与价值紧张，帮助孩子从小酝酿一种大胸怀，更显紧要和迫切。父母要引导和教育孩子大度宽容、乐善好施，做人做事大气一点。否则，一遇挫折就心灰意冷，一两句不中听的话便久难释怀，眼界太窄、格局太小。譬如，要倡导爱国、敬业、诚信、友善，继承和发扬传统家训文化精神，深入挖掘我国传统文化中的仁爱思想精华，成功地将社会主义核心价值观中的"友善"理念纳入中国亿万家庭的家训及其家庭文化建设之中，顺利融入家家户户的家庭生活氛围，便可以在潜移默化中培养孩子的友善品质。再如，

---

① 开眼看世界的第一人林则徐，在中华民族可能沦入半殖民地社会的紧要关头，挺身而出，置祸福荣辱于度外，坚决禁烟和抵抗外国侵略，捍卫了国家主权和领土。他的诗，"力微任重久神疲，再竭衰庸定不支。苟利国家生死以，岂因祸福避趋之"（《赴戍登程口占示家人》），影响十分深远。

② 马建欣：《论中国优秀传统文化的家庭德育》，《甘肃社会科学》2017 年第 3 期，第237—243 页。

动员所有的家长在家庭教育实践当中，自觉以博大的胸怀和世界眼光教育自己的孩子树立"老吾老以及人之老，幼吾幼以及人之幼"的仁爱思想，由近及远、推己及人，做到爱己、爱亲、爱人，为培育和践行社会主义核心价值观提供思想之源。"君之所贵者，仁也；臣之所贵者，忠也；父之所贵者，慈也；子之所贵者，孝也；兄之所贵者，友也；弟之所贵者，恭也；夫之所贵者，和也；妇之所贵者，柔也。"① 古人如此看重角色不同而所贵分殊，本质上在于通过明确家庭成员的角色担当，能使幼小孩子明白做人的标准和不同的角色所应担负的责任，继而扮演好自己的角色，消除大家小家的价值冲突，为下一步更大范围内的社会角色转换打好基础。所以，正确合理的家训或家庭教育，应当使孩子从小就认识到，一个人先是在家庭中顺利生存成长，以后才能在社会上谋取到合适的地位，发挥应有的作用；才能在主观认识上既不夸大自己的地位和作用，也不逃避在家庭和社会中应当承担的义务和责任，从小注意不断认识和调适自己在家庭生活和社会交往中的合适角色，逐步打破家庭和社会隔阂、不断走出小圈子、消除小我与大我壁垒。唯其如此，受教子女才可能成长为个性发展和角色认同、享受权利和承担义务、养小家与顾大家等各方面和谐发展的人，也才能在未来走向社会后成功生存，成为既对社会有贡献，又能使自己有所成就的社会化的人。

第六节　另类家训的负面侵蚀

一　传统家训思想与现代家教观念冲突

家训是中华优秀传统文化中的精华部分，是中华民族的集体乡

---

① 朱锦富：《朱氏家训》，广东人民出版社 2009 年版，第 2 页。

愁和不可别离的精神家园。回顾家训历史、发掘和整理传统家训文化，重振家训和家庭教育精神，绝不是简单复古，而是为了更好地认识和汲取中国传统家训的普适价值和家教文化精华，对我们今天提高公民道德素质、弘扬传统风尚，推进新时期社会稳定和国家治理，培育和践行社会主义核心价值观，都将是一项基础性的长效工程。进入新时代，与国家发展与社会稳定所面临的诸多机遇和挑战一样，家教家风及其文化传承同样面临着新情况新问题新挑战，特别是层出不穷的各种另类家训，确实需要我们审慎应对。

（一）义利观畸变导致的重利轻义教育

受市场经济体制消极因素的影响，"人为财死，鸟为食亡"的自然物欲法则和功利思想，已经悄然进入寻常百姓之家，对我国传统意义上的义利观造成了极大的冲突。中国古代社会千年流传下来的，立足于传统义利观指导下的保持和追求家庭温馨与和睦的传统，时常被物欲横流和见利忘义的现实争夺所取代。从一些人家走出来傍大款、找小三、包二奶、养情人、搞一夜情、交炮友等所谓时尚年轻人的义利观来看，一方面，说明完全功利的社会价值观已经腐蚀了很多现代家庭的教育观念，也说明我国数千年流传下来的家训及其训教文化受到西方价值观和市场经济的影响，已经变得有些畸形。另一方面，从家庭教育的实践形态和育人的成效来看，由于我国将在很长一段时期处于社会主义市场经济发展阶段，亿万家庭作为基本的社会组织单位，不可避免地会受到私有制和资产阶级拜金主义、享乐主义思想的影响，家庭教育如果放宽义利道德标准或者放任义利之争，不仅会影响正常的家庭义利观教育，甚至会造成家庭成员之间见利忘义、尔虞我诈的混乱局面。

（二）明哲保身思想主导下的中庸之道舛误

中国传统文化中的中庸之道，是中国人通行的"执中贵和"处世方法和交往原则，从来没有将其作为明哲保身的指导思想。因为

"和合"价值理念在中国传统的文化观念中具有崇高地位，要实现"和"的价值要求，最根本的途径就是在秉持"中和"原则，把握好度的基础上践行中庸之道。"夫大人者，与天地合其德，与日月合其明，与四时合其序，与鬼神合其吉凶。先天而天弗违，后天而奉天时。天且弗违，而况人乎？况于鬼神乎？"① 古代凡有身份有地位者抑或明哲贤士，无论在面对人与人、人与自然，还是处理人与社会之间的关系时，都以是否把握好尺度、贵和适中、反对过犹不及为判别标准的。"故君子尊德性而道问学，致广大而尽精微，极高明而道中庸。温故而知新，敦厚以崇礼。是故居上不骄，为下不悖，国有道其言足以兴，国无道其默足以容。"② 这是中国先儒设计的做人和做事原则，更是以仁为核心，通过规定家庭、邻里、社会、国或家之中各成员之间关系的不同道德规范，在礼的制度约束即正名的约束下，用中庸之道实现全社会包括各个等级、各行各业都可以达到的和谐与"大同"，即实现所谓国泰民安的小康世界。③纵观家训及其家庭教育发展的历史，不论多么著名的家训，其精神主旨无一例外地都是为了保证家人子弟能够成功生存和顺利发展而制作和传承不衰的。当然，传统家训也强调明哲保身思想，如周公家训"无多言，多言多败"。唐《太公家教》"他篱莫越，他事莫知"。"心能造恶，必须净之。"均指向提升个体的人身修养水平、规范个体道德言行以获取他人的敬重和社会的认可。完全不是现代社会的家庭教育所信奉的，教育家人子弟永远随大流、不做过头事，遇事保持中立、不讲原则，甚至附势趋炎、圆滑处世，完全是为了趋利避害达致明哲保身，而错误地理解了中庸之道。

（三）急功近利思想促动拔苗助长式家庭教育

现代家庭教育的通病，表现在均自觉不自觉地树立起追求学业

---

① 《周易·第一卦乾乾为天乾上乾下》。

② 《四书章句集注·中庸章句序》。

③ 匡亚明：《孔子传》，南京大学出版社1990年版，第214页。

成绩与考分至上的目标定位，不仅严重妨害学校的素质教育开展，也让家庭教育在急功近利思想的促动下，陷入拔苗助长的泥淖之中。中国特色社会主义各级教育的根本宗旨，是培养德智体美劳全面发展的社会主义建设者和合格接班人，全面提高全民族的思想道德修养和科学文化素质，为实现中华民族伟大复兴中国梦提供人才保障和智力支持。然而，继承了源远流长家训文化遗产的中国现代大众，在家庭教育的目标设计方面，却与国家和社会对人才的实际需求存在明显反差，有违青少年身心成长发育规律，也违背了教育发展的基本规律。家庭教育的内容早已突破了传统家庭德育的边界和人格塑造标准，家长们送孩子上学的根本目的，无一例外均是为了让孩子上名校、挑环境、学技艺，以便将来谋取好职业。在不断加码的高期望值支配下，唯分数与重学业成绩排名便成为家长关注的焦点。现代社会的家长急于求成，什么都想让自己的孩子超前，由此也引发了对孩子拔苗助长式的超前教育。如零岁胎教计划、一岁教识字绘画、两岁背口诀古诗、三岁英才教育学音乐学外语，校本课本不算数，还可能有钢琴、舞蹈、书法、武术等各类艺术特长班培训。可以毫不夸张地讲，在无比激烈的升学竞争中，家庭给予教育的付出实际上已成为应试教育最大的推动力量，亿万家庭通过家庭教育无限制地给孩子增加学业负担和竞争压力的同时，也使学校推进素质教育的努力举步维艰。

（四）诚信缺失让家庭教育面临两难选择

按照中国传统文化精神，人们将诚信看作社会交往的基石和做人的基本准则（见图4—6）。在古代中国，如果有人言而无信、出尔反尔、朝三暮四，那么他就无法与别人交往，也就无法进一步与他人处好关系、建立友谊。因此，诚信教育在中国古代先民的家训中所处的地位很高。例如，吴麟征在其《教诲语》中，便把诚实作为修身的一大目标施教于家人子弟，"立身修身之道，第一要诚实。

图 4—6

人之学识有深浅，气量有大小，大可以强国。要须立得诚实两字，则各成片段，皆可以自立于世"。在浩如烟海的古代传统家庭教育思想中，孟母家教不仅以择邻处的重环境影响和注意胎教的早教思想著称于世，而且更是以言行规范和诚实不欺训教子弟的典型代表。"孟子少时，东家杀豚，孟子问其母曰：'东家杀豚，何为？'母曰：'欲啖汝。'其母自悔而言曰：'吾怀妊是子，席不止，不坐；割不正，不食；胎教之也。今适有知而欺之，是教之不信也。'乃买东家豚肉以食之，明不欺也。"① 《韩诗外传》通过列举孟母

----

① 《韩诗外传·卷九》。

言行示范、教子诚实不欺的典型，言明贤母使子贤的家教通理。时至今日，随着家风门风影响的日渐式微，特别是欺诈与不讲诚信等社会不良现象的冲击，现代家庭的诚信教育身处两难境地、进退维谷。见到街头有摔倒的老人扶不扶、看到正在窃取他人手机钱包的小偷吭不吭声、遇到特殊困难或危急关头编不编谎等，中国传统文化中的"言必信，行必果"信条，反映在现代家庭教育实践当中，早已世俗化为言不必信、行不必果的原则变通与诚信不在的自我解嘲，披着善意谎言的华丽外衣，现代家庭的诚信教育确实堪忧。

（五）方法简单粗暴的传统棍棒教育

民间流传这样一句古话：赏过不知恩、刑过不知辱。将此语用来指导现代的家庭教育，还是很有道理的，可以提醒人们在家庭教育当中要注意奖惩并举、赏罚平衡。例如，《颜氏家训》就认为，尽管家庭教育过程中家长面对的大都是家人子弟等血缘亲情关系，但对于"父慈而子逆，兄友而弟傲，夫义而妇陵"[①] 这些属于"刑戮之所摄"者，则要动用家法惩戒，更有甚者则需要报官查究，体现了中国古代先民严慈相济的家训及其家庭教育思想。正是受中国这一数千年传统家训观念的影响，一部分有个性或脾气比较暴躁的家长，坚持"棍棒底下出孝子"和"不打不成器"的传统古训，采用暴力体罚的方式开展家庭教育。孩子考试成绩不理想、任性不听话、偷懒不勤快，或者违反了家规校纪、在外与同学闹了别扭等，都可能遭到家长的训斥谩骂，有家规者家法伺候，无家规者棍棒拳脚相加。家庭教育一如个人面容，各有特点、本无定法，而且从传承优良家风门风的历史考察，每个家庭都有区别于其他家庭的教育特点，无须整齐划一。但是，不排斥严格管教，并不意味着提

---

① 《颜氏家训·治家第五》。

倡棍棒家教方法。再说，家庭教育一味棍棒高压，很可能导致孩子悍格无礼。家长如果经常打骂孩子，势必会导致孩子逆反心理的产生，不利于孩子的健康成长，最终让孩子要么成为胆小怕事的猥琐之徒，要么成为乖张暴戾的害群之马。如此家训，可不慎欤。

（六）逆历史潮流而动的女德教育

个性自由与男女平等是社会进步的重要标志，也是人类文明斗争的最大成就，在倡导人格自由与全面发展的现代社会，男女平等观念早已深入每一个人的心灵深处。历史的脚步从未停歇，时代的进步催人更新。这些理念和社会基本价值规范，应该毫无减损地反映在家庭教育实践当中，成为孩子成长成才和走向社会的最基本素养。然而，大千世界，无奇不有，时而总有那么一些人，似乎更愿意驻足原地甚至甘愿回归过去的生存状态。近年来，全国各地竟堂而皇之地出现了不少专门针对女人训育的"女德班"。一群由社会大妈、美容店老板、下岗无业游民和农村妇女等人员组成的教员，打着"弘扬中国传统文化"的旗号，在全国各地开办所谓的女德教育。一时间，形形色色的"女德班"火遍全国，甚至被不少高校、大型企业所垂青，居然将"女德班"教员奉为座上宾，令其登堂入室，对人们大肆宣扬"女人就该在最底层""打不还手、骂不还口、逆来顺受、坚决不离婚""男人谈大事女人不插嘴""女人衣着暴露易失身""红颜薄命，女强人没有好下场""女子点外卖，不用洗碗，便是不守妇道"等所谓女德戒律和迂腐观念。有的女德班甚至让学员徒手擦厕所，还让学员边擦边说："它脏，我的心比它还脏！"① 实际上，"女德班"身着"让女人像个女人"的华丽外衣，其教育的实质，就是要复古女子三从四德、顺从忍让、以相夫教子为己任等的封建腐朽思想。明为女德班，实为坑女班，放任这

---

① 《人民微评：谁来管管女德班》，http://china.com/2018－12－08。

种培训机构存在，任其自由蔓延就是政府监管失职，把孩子送到这种班接受培训就是坑害孩子。据调查，参加女德班教育的女人，有成年者，也有不少儿童。例如，江西九江学院就招收5—12周岁的孩子，以封闭式夏令营或冬令营的形式对他们进行培训。这些去参加学习的人，除了少数在别人的推荐和鼓动下自己报名的以外，很多都不是出于本人的意愿，而是由孩子家长、自己的丈夫、单位领导或其他家人送去，希望她们经过学习可以变得更加乖巧听话，变得更像"女人"。因此，在大众传媒主宰的信息化时代，女德思想甚嚣尘上，女德教育如此有市场，一方面反映出女性意识的实质性觉醒；另一方面则折射出男权思想作祟下男人的恐慌和焦虑。不难想象，通过送入社会公开举办的教育培训机构，以洗脑的方式把女人的想法清理掉的人，在自己的家庭教育当中，自然也是唯女德所用，教育家人和女子更像"女人"自然便成了他们的家庭生活样态（见图4—7）。

图4—7

二　家庭结构异常导致的家教失能

按照社会学、人类学相关原理，家庭结构是家庭的必备构成要素之间相互作用和相互影响的关系，以及基于家庭成员不同的角色配位和既有功能而形成的作用模式。现代社会条件下，我国家庭结构残缺或异常所导致的家教失能现象比较普遍，对由此导致的家教失能应当引起人们足够的重视。

（一）家庭成员结构残缺导致的家教失能

因离异或生老病死而造成主要家长残缺不全的家庭，由于家庭结构残缺①，直接削弱了家庭教育的职能发挥，很可能导致家庭教育方略偏狭甚至功能丧失。一些单亲家庭的孩子，由于父母一方或双方教育关爱的缺失或放松，孩子极易产生自卑、怨恨、内心封闭，甚至出现严重叛逆和攻击心理，平时不愿意与同学交往，甚至变成校园欺凌者或成为被欺凌的对象，个体品德培育和人格养成极易出现问题。

（二）家庭成员角色异动导致的家教失能

一些改嫁或再婚家庭的孩子，由于家庭成员及其相互关系发生了变化，很容易使哪怕再幼小的孩子也难免产生心理抵触、情绪压抑、心存疑虑。有调查显示，那些再婚家庭中的孩子，有40.5%的青少年情绪稳定性差，21.6%的青少年有较严重的情绪烦恼，18.9%的青少年精神紧张，56.8%的青少年有较强的压抑心理。②说明成长于构成要件不全的家庭，孩子不仅容易养成不良习惯，而且会严重影响健全人格的形成，甚至可能诱发少年犯罪。据山西省某未成年人管教机构对所管教或涉及的100个同类案例调查，其中有85%的涉案青少年反映，自己犯罪的主要原因是家庭破

---

① 在广袤的农村地区，因生活压力和经济条件所致，大量农村家庭的父母双方或一方长期在外务工而选择将孩子留守在家自力生活，或者交由孩子的父祖辈、其他家族长辈代为抚养。由于父母双方或一方长期不在孩子身边，与单亲家庭或失独家庭的孩子很相似，实际面对着残缺的家庭教育。

② 江晓敏：《家庭结构与青少年犯罪的关系及其影响》，《群文天地》2011年第12期，第240—242页。

损、家庭教育功能缺失。

（三）家庭功能结构异常导致的家教失能

现代社会条件下，由于过去长期执行计划生育政策，在我国普遍存在的典型全功能家庭是"4＋2＋1"倒金字塔形结构，比较理想的结果是，如果两代家长都比较注意从各自不同的人生经历和知识文化背景出发，站在培育社会有用人才的角度，以生活化常态训导子女健康成长，那么作为一家之内唯一接受关爱与教育的孩子，很容易备受呵护而保持正常的发展状态。然而，往往事与愿违，成长在家庭成员看似超级齐全的家庭结构中，往往造成家庭教育严慈失衡的家庭功能结构异常，形成溺爱主导的家庭教养方式，容易使孩子从小养成唯我独尊、自私敏感、漠视他人的个体特征，不懂得换位思考和自我约束，更遑论看小家顾大家的家国情怀。如果说典型的"4＋2＋1"人员构成健全家庭是因为明大德、守公德、严私德关系处理失当，导致孩子沉湎溺爱而唯我独尊、鲜有顾及他人，更无视大家的存在而造成家庭教育功能异常；那么，实质构造残缺家庭成长起来的孩子，包括广大农村地区大量由祖辈和孙辈组成的隔代抚养留守儿童家庭，则因为缺少父母情感上的呵护、言行规范和价值观引导等结构残缺而导致的家教失能，同样容易让孩子出现心理和日常行为方面的偏差，严重影响受教儿童的身心健康。

（四）父母角色配位异常导致的家教失能

在家庭教育过程中，父母是孩子的第一任教师，对子女的成长成才发挥着不可替代的深刻影响与启蒙作用。"父母是孩子的镜子，孩子是父母的影子"，表征着古今家庭教育对家长角色的严正要求，也是对《周易》提出的父母（家人）角色配位的实践期许，"家人，女正位乎内，男正位乎外。男女正，天地之大义也。家人有严君焉，父母之谓也。父父、子子、兄兄、弟弟、夫夫、妇妇，而家道正。正家而天下定矣"①。所以中国人信奉有其父、必有其子，有其母、必有其女的家教铁律，坚持"君子以言有物，而行有恒"，严格做到家长角色配位合理，确保家庭教育实效。时至今日，有些家长对自己的家长角色认识模糊，甚至根本就没有一个做家长的样子，完全不够家长资格。这样讲，并不是囿于家长必须拥有多么好的文化学养，也不是强求家长要具备多高的社会地位，更不是要求家长拥有多么富足的家产，而是要其符合一个家长最起码的身份要求，尽己之心、力所能及地做好自己的本分就足够了。否则，如同当今社会有些家长那样不注意修身养性和提高道德修养，有些表现得才疏学浅、缺乏爱心、不负责任，更有甚者不务正业、男盗女娼、慵懒无趣，诸如此类的家长，他们在家人子弟心目中的形象自然高大不起来；有些家长面对社会矛盾和不良现象时善恶不分、表里不一、语言粗俗，喜欢不负责任地发牢骚和评头论足；有的家长居家与邻里关系紧张，上班与单位同事别别扭扭，喜欢背后说张家长、道李家短。所有这些，都可能会使孩子自觉不自觉地模仿承继下来，最终形成不良道德品性。

（五）家庭关系结构异常导致的另类家教

构成家庭的各个主要成员之间的地位以及由此决定的家庭关系，对家庭教育的影响和作用发挥意义重大。家庭教育各主要成员的地位和与之相适应的主导权、支配权，均受制于家庭内部各种实力的博弈与均衡。作为家庭结构要素，各主要成员在家庭中的地位和与之相适应的主导权支配权，本身没有通用模板，也没有好坏高下之分。影响家庭教育甚至决定一个家庭稳定与幸福的，往往是家庭各主要成员之间的实力冲突与对抗，最终表现为家庭关系异常。一般而言，家庭各主要成员的技能才干、经济收

---

① 《周易·第三十七卦家人风火家人巽上离下》。

入、功名地位、人生阅历等实际力量，是其在本源性的恒定伦理关系作用下确定各自应有地位的决定因素，并赋予相应的决定权力或行为影响力。但是，影响或决定这种家庭关系的，往往不是这些外在的实力，而是特定家庭主要成员的内在个性。有的家长脾气暴躁、素质低下、不敬长辈，经常搞窝里斗，与配偶或长辈三天一大吵，两天一小吵，常常闹离婚，导致家庭关系紧张，造成孩子心灵创伤。以儒家思想为核心的中国传统文化，在重视家庭教育的同时，非常重视家庭建设，注重保持家庭伦理关系的和顺美满。位居群经之首的《周易》借家庭关系的好坏可能产生的后果和影响，千百年来以"男女正，而家道正"的义理来劝诫人们重视家庭关系的建立。时至今日，这一论断和提醒依然在警示人们，在自己的家里，一些看似微小的不良家庭关系异常现象，都应引起我们的警惕，采取必要的措施。否则，任其发展下去，可能出现的危害和后果十分严重。环球网 2018 年 11 月 27 日报道，联合国发布的最新研究报告显示，对女性来说最危险的地方是在自己的家里。① 且不论由这种家庭关系结构异常可能导致的另类家教，对幼小子女的不利影响。报道称，这项新研究呼吁采取一系列措施来解决这一问题，这需要警察、刑事司法系统、卫生与社会服务系统间的配合协调。

（六）家庭文化结构残缺导致的家教失能

进入新时代，特别是改革开放以来的 40 年间，伴随着我国社

---

① 《对女性来说最危险的地方是哪？是在自己家里》，http：//m. people. cn/2018 - 11 - 27。根据联合国毒品和犯罪问题办公室（UNODC）2018 年 11 月 25 日发布的报告，2017 年全球大约有 8.7 万名女性被杀，而其中大约有 5 万人（占 8.7 万人的 58%）是被伴侣或者家庭成员杀害的。报告显示，2017 年针对女性的故意杀人案中，有超过三分之一的女性是被现任或前任伴侣所杀害，平均每天有 137 名女性是被家庭成员所杀害。研究表明，由于性别不平等、歧视以及对于女性的负面刻板印象，女性一直在为此"付出高昂代价"。尽管各国已采取多种措施来解决此类问题，但报告称，没有迹象表明世界范围内针对女性的杀害事件数量有所减少。不仅如此，自 2012 年以来，女性受害者的总人数似乎还有所增加。

会经济的快速发展和三次思想大解放①，作为上层建筑的社会价值观也悄然发生了变化。这一精神领域的变化主要体现在从一元价值观向多元价值观、整体价值观向个体价值观、理想价值观向世俗价值观、精神价值观向物质价值观的变迁。② 中国优秀传统文化精神当中的集体认同、民族（亲族）观念、圣人治世的大同理想、仁义道德等主流价值观也有所动摇。文化的繁荣和价值观念的多元，让人的主体意识伴随着以人为本的发展理念而开始觉醒，与人们不断提高的物质生活水平和人生幸福指数上升相一致，利己主义和个人至上、功利主义和物欲横流、拜金思想和权钱交易等实用主义认识观念与行为标准很有市场。所有这些，无不形而上地直接反映在对人之本质的认识也发生了明显变化，在思考和回答诸如我是谁、从哪来、到哪去等终极问题时，让"人"的意义属性熔铸于有形的世俗价值观，反映在现实世界当中，人们更愿意放弃对人之为人的意义追问；大家更愿将人格的崇高收敛在功利主义的偏好当中，反映在现时代的人们借口谋求发展的不择手段而忽略了协和物我和人我关系；因为漠视人生最高价值而将其虚无化，最后便无助地将人生的理想让位于急功近利的现实追求。这样一来，受职业以及对人文社会科学知识的掌握所限，以及职后学习体悟等条件的制约，亿万家长对这些深层的思想观念掌握千差万别，事实上造成家庭文化结构残缺，在一定程度上导致家庭教育失能。很多家长对一些大是

---

① 在我国改革开放以来的40年间，随着对如何科学把握社会主义本质、怎样建设社会主义，什么是生产力、怎样解放和发展生产力等时代问题的回答，推动了我国社会的三次思想大解放，从确立实践是检验真理的唯一标准出发，树立起了解放和发展生产力的标准，冲破唯"公"唯"私"的姓"资"姓"社"所有制禁锢，把社会力量和注意力集中到以经济建设为中心的社会改革与发展上来，让社会生产力得到了空前解放，经济发展取得了世界瞩目的成就，中国人民迎来了从温饱不足到小康富裕的伟大转变，也为中华民族实现从站起来、富起来到强起来的伟大飞跃奠定了理论基础。

② 廖小平：《改革开放以来中国社会价值观变迁之基本特征》，《哲学动态》2014年第8期，第71—76页。

大非问题的反应模棱两可、对社会热点问题一知半解、对许多人生哲理不甚了了。反映在家庭教育实践当中，明显的初级功利化教育使家人子弟的内心缺乏道德涵养、灵魂缺少崇高陶冶，很多看似成功的家庭教育却丢弃了追求生命的意义和生活的幸福感，最终影响家人子弟德性人格的养成。

第 五 章

家训文化创新路径

中华民族以重家训家风和家庭教育著称于世，中国人自古以来望子成龙、望女成凤的强烈企愿，体现在每个家长的自觉行动当中，便是通过家庭教育的理论和实践环节，将社会普遍的道德规范和价值原则内化为受教个体的道德品质、外化为子弟家人稳定的道德行为方式，成功塑造出后世子孙理想人格的同时，也把家训这一生活化民间大众育人范式积淀发展成为中华优秀传统家训文化。在教育技术和德育手段高度发达的现代社会，我们的家庭教育及其人格塑造却出现了比较严重的问题，其中很重要的原因就在于中国新文化发展和教育现代化过程中，忽视了传统文化特别是家训对中国人德性人格养成的重大作用和现实意义。中国传统家训及其文化的起源虽然很古老，但中国传统家训这一教育形式及其所能承载、体现的育人和社会治理功能并没有过时，当然也不会过时。继承和弘扬中华优秀传统文化，提振现代家教精神，通过树立良好的家风传统，完善现代家训模式，培育和践行社会主义核心价值观，是现代社会家庭建设和家训文化传承创新的重要路径。

第一节　传承中华传统文化　提振现代家教精神

在五千多年文明发展的历史长河中，华夏民族依靠勤劳与智慧创造了博大精深的中华文化。在这个中国人不可别离的精神家园里，一代代家长们不辞辛劳地整齐门内、提撕子孙，在家潜心育人而积淀形成的家训文化，更显价值重大。随着我国社会转型发展速度的加快，尤其是进入中国特色社会主义新时代的今天，开展家庭教育研究，建设幸福美好家庭，在继承中华优秀家训文化传统的基础上创造性地开展家庭教育实践活动，将是解决人民日益增长的美好生活需要和发展的不平衡不充分这一社会主要矛盾的有益举措。有选择地传承好中华优秀传统家训文化，"以人们喜闻乐见、具有广泛参与性的方式推广开来，把跨越时空、超越国度、富有永恒魅力、具有当代价值的文化精神弘扬起来，把继承传统优秀文化又弘扬时代精神、立足本国又面向世界的当代中国文化创新成果传播出去。……让收藏在禁宫里的文物、陈列在广阔大地上的遗产、书写在古籍里的文字都活起来……"① 让中华民族这一最基本的文化基因与当代新文化发展需求相适应，与现代社会发展要求相一致，提振现代家庭道德教育精神，成为摆在每一个中国人面前急迫而又现实的时代任务。

一　理性对待家庭教育，消除溺爱少教弊端

伴随着社会的快速发展和教育观念的不断更新，家庭教育日益受到重视。子不教，父之过。中国社会流传很广的孟母三迁、以获画地和截发延宾等家教成功的典范，都在说明古代先民对以家训为代表的家庭教育的重视。正如抚育儿童成长成人是父母的天职，教育子女健康成长并不断提升家庭教育品质，一样是父母无法推卸的责任。"家庭教育左右着一个孩子一生的命运。一个孩子将来能成为什么样的人，取决于孩子在早期成长过程中所能受到的何种层次

---

① 习近平：《在十八届中央政治局第十二次集体学习会上的讲话》，http：//cpc. people. com. cn/2014 – 01 – 01。

的家庭教育。……家庭教育不仅是基础教育，而且是主导的教育，给孩子深入骨髓的影响，是任何学校及社会教育所永远代替不了的。"① 可见，家庭教育这一具有基础性和源头性的人格塑造环节和人生影响因素，教育的价值方向和以文化人的质量高低，不仅决定着学校教育和社会教育的效果，而且从根本上决定着孩子以后的生活品质和人生格局。不仅如此，过去一直被看作私人领域的家庭教育逐渐向公共领域延伸，家庭教育的观念也在传统与现代之间徘徊，由此导致很多家长陷入教养子女的矛盾与焦虑之中。事实上，因为家庭教育已不再局限于传统意义上的成长抚育，而逐渐与学校教育和社会教育等训育活动相互渗透甚至融合一体。注重家庭建设、重视家教传统、注意家风传承，对于国家发展、民族进步、社会和谐都具有十分重要的意义。家庭教育工作开展的如何，不仅关系到孩子的眼前学业和终身发展，关系到千家万户的切身利益，而且关系到国家和民族的未来。近年来，随着时代发展对人的挑战和要求不断提高，人们在呼吁并更多地寄期望于学校教育的同时，开始重视挖掘中华优秀传统家训文化，各地各部门也行动了起来，积极探索符合地方实际的特色家训模式，家庭教育工作取得了积极进展。但是，与教育发展的时代要求相比，还存在认识不完全到位、家庭教育水平普遍偏低、有影响有深度有效度的教育资源缺乏等问

---

① ［英］约翰·洛克：《家庭学校》，张小茅译，京华出版社2005年版，第2页。约翰·洛克（John Locke，1632—1704），英国思想家、哲学家。其在《教育漫话》一书中为人们提供了如何通过教育填补人类心灵空白的大纲。洛克认为人的心灵开始时（可以对应地理解为幼小孩童）就像一块"白板"，后来通过教育和生活实践向它提供精神内容的是经验（观念），这些包括了感觉的观念（sensory concepts）和反思（reflection）的观念是知识的唯一来源。洛克强调感觉来源于感官感受外部世界，而反思则来自心灵观察本身，他坚信教育才是构成人最重要的部分，因为在人的婴儿时期所受到的任何琐碎印象，都会对他们以后有相当重大而持久的影响；一个人年轻时所形成的联想即那些观念的联合比后来才形成的观念更为重要，因为它们是自我的根源、是第一波留在人的心灵"白板"上的印象。洛克在《人类理解论》一书中，以这些概念为依据举例说明道："我们不应该让一个'愚蠢的女仆'告诉小孩，夜间会有小妖精和鬼怪出没，否则夜晚便会永远和这些可怕的念头结合在一起，让这个可怜的孩子从此再也摆脱不掉这些想法了。"

题。当今社会上存在的新生代家庭重知轻德、溺爱少教的励志缺失、家教实践凌乱冲突、家风范导作用不够、大家小家的教育冲突，以及影响极坏的另类家训等家庭教育乱象，让人们认识到加强家训及其文化教育工作依然任重道远。

理性看待家庭教育问题，重视对家训及其文化现象的理论与实践研究。梳理近年来学界关于家庭教育问题的研究成果不难看出，一方面，我国理论界针对家庭教育工作的理论探究尚处于比较低的水平，已有的成果很多泛泛而谈，科学品质比较差，基本没有形成独立的、比较成熟的概念和概念体系，缺少科学严谨的研究方法和研究规范，也缺乏经典实验的案例及数据。不仅如此，我们也很难见到对家庭教育理论的哲学基础、科学基础的思辨研究，很难见到在深入研究中发现的重大问题及其内在逻辑关系，也很难看到有重要启发价值的实践范型。历史和现实的需要，要求我们必须以科学严谨的态度进行扎扎实实的研究，好好总结、思考、消化数千年家训和家庭教育的光辉历史，担当起新时代家庭教育的特殊使命。另一方面，在当今的现实生活中，很多家长不重视家庭教育，极端地表现为很多留守儿童的家长，在他们的意识里，孩子仅仅依靠老师和学校教育就足够了，完全忽视家长的重要性，甚至干脆放弃自己作为父母的养育责任，当然体会不到家庭教育的缺失给孩子实际造成的缺憾与伤害。除了不时见诸报端的留守儿童问题外，很多不为人知的留守儿童出现的言行习惯和品德问题，应当引起家长和社会的高度重视。做家长的一定要明白，家庭教育是人生不可缺少的重要一环，一个人能够顺利地成长成才，以家长为核心的家庭教育必须与学校教育形成合力才能更好地促进孩子发展。而且，现时的人们对家庭教育的重视，突出地表现为仅仅着眼于追求子女和其他家人个体价值实现的功利性选择，集中体现在追求孩子的学业成绩和考入名校上，并没有意识到家庭教育对培养子女道德品质和完善人格的重大意义。

二　注重家庭建设，夯实家训文化基础

"家庭是以婚姻关系为基础、由血缘关系或收养关系组成的社会细胞，是人类发展到一定阶段的产物。"[1] 然而，中国传统意义上的"家"，并不仅仅指现代意义上的家庭，更多地指古代社会的家族。也正是因为有一定人口规模的家族存在，便催生出传统家训的繁盛。从严格意义上讲，传统家训是面向整个家族而存在并发挥作用的。但是，仅仅就此便否认传统家训对核心家庭的作用，进而怀疑当今时代家族结构分散、家族观念分化后，家训的价值以及何以建构家庭教育的有效机制，显然是向壁之说。有些人甚至认为，随着中国家族势力的分化、家庭规模的缩小，已经没有必要或者没有能力去制定和维护像古代社会那样具有一定形式、规格和质量的家训。一些不明就里的人也跟风唱衰家训传统，担心家训文化传承后继乏力（见图5—1）。

图5—1

---

[1]　王长民：《论大学生的家庭教育》，《上海高教研究》1997年第1期，第44—46页。

　　注重家庭建设工作，必须主动适应家庭规模缩小引起的家庭变化与发展需求。时代的进步往往意味着旧事物的衰亡、新事物的诞生。随着生产力的发展和物质财富的极大丰富，作为生产力最活跃的要素——人的生产得到了较好的发展，不论是人数的绝对量，还是人的知识和能力均有显著提高。虽然，人类生产自身的家庭组织功能没有变，但是，人类生产自身特别是育人的形式和任务已经发生了明显的变化，这是不争的事实。这些变化的悄然发生，是在顺应生产力发展对社会分工的细化和专门化的要求基础上产生的：一方面，生产力水平的提高，打破了过去单纯依靠人的数量优势保障生存与安全的大家族聚居生产方式，转由分散的、交互式、小规模的家庭存续形式；另一方面，社会生产水平的提高，在满足人类物质需求和文化享受，极大地促进了人类自身的社会化发展步伐，彰显出人的社会属性的同时，也为人类的社会化发展提供了更为充足的物质条件和制度安排。其中，教育作为培育新人的生产核心要素，由过去依靠经验传授为主的家庭或氏族、家族教育形式，转变为更多地依靠学校和社会教育传授知识与技能。与此相适应，随着决定人类自身生产和发展水平的教育分工的细化和专门化，原来的大家庭（家族）逐步分化，变为许多小家庭。同时，随着生存与发展的社会保障能力不断提升，许多单亲家庭和契约制混合家庭开始出现并快速增加。在我国，这种家庭规模的变化，近代以来呈现出加速发展的趋势，特别是改革开放以来发展变化更加明显。从官方统计的相关数据不难看出，我国家庭户均人口数量一直呈不断减少的趋势，1982 年户均人口为 4.51 人，到 1990 年下降为 3.97 人；21 世纪初（2000 年）户均人口为 3.44 人，经过 10 年发展，到 2010 年下降为 3.10 人。[①] 三口之家成社会主流组织单元。

---

　　①　国家统计局：《2010 年第六次全国人口普查主要数据公报（第 1 号）》，http：//www. stats. gov. cn/2011 – 04 – 28。

　　面对现代家庭结构、社会生活方式、不同家庭背景的多元与复杂化实际，必须坚持与时俱进，主动回应新时代家训及家庭教育的新问题，成为新时代加强家庭建设的应有之义。一方面，中国当代社会独生子女家庭的大量存在，已经在很大程度上打破了传统家训赖以存续和发展的联合家庭组织形式，由四个祖辈、一对父母和一个孩子组成的"四二一"倒三角核心家庭，取代了三世、四世同堂的传统联合家庭（家族）后，六个成人同带一个孩子的核心家庭，所需要的适应性规范和训教文化均发生了根本的改变。作为家庭教育的主要对象，孩子理所当然地成为一家之中的"红太阳"，过度关爱和保护，极易导致对孩子的娇生惯养。现代核心家庭建设以及与此紧密相关的独生子女的家庭教育问题，早已成为困惑新时代中国人的老问题。另一方面，面对各种社会诱因导致的家庭稳定问题，以及因为家庭成员受结构的改变所导致的家庭生活方式、家庭成员亲疏关系和家庭教育文化关系的变化，让如何做好单亲家庭、离异家庭、重组家庭、隔代家庭等各类特殊家庭的家庭教育，成为目前众多家长和教育工作者们必须面对和解决的重要新问题。

　　注重家庭建设，必须发挥好政府的主导作用。与古代传统家庭所处的社会复杂程度大不一样的是，当今社会的政治、经济、文化发展所需要的条件更加严苛、发展所面临的影响因素比以往任何时代都更显复杂和多变。这种复杂和多变反映在人力资源的开发方面，便以教育的复杂性长期性多样性呈现出来。家庭教育作为相对私密的育人活动，虽然受社会发展和变迁复杂性的影响，相比学校教育和社会教育要小一些，但现代家庭教育当中出现的诸多问题和困难，不能不说和时代发展带给家庭教育的新挑战有关。其中，伴随着以人的活动空间扩大和人际关系的链条延长为标志的人的社会化程度提高，社会除了对人的知识和技能要求同步提高外，便是对包括家庭教育在内的各种育人活动的高标准高要求。面对教育的新形势新挑战，一方面，各级各类教育机构自当革故鼎新，勇敢担当起培养时代所需新人的重大任务；另一方面，政府要发挥组织引导职能，除了科学合理地举办各级教育来大力培养人以外，还必须创设和鼓励人才辈出的民间大众教育机制，其中最大限度地发挥包括家庭教育在内的非正式教育机制力量，意义十分重大。

历史与现实雄辩地告诉我们，古今中外，决定天下太平和国家治理水平的，最为核心的建构基础是家庭；作为生产力当中最为活跃的因素，不论哪个人均出自家庭的教育和涵养。因此，家庭建设特别是家庭教育做不好，不仅影响人的成长成才，影响国家稳定繁荣，也必定会影响到天下太平。孟子曰："人有恒言，皆曰'天下国家'。天下之本在国，国之本在家，家之本在身。"① 家庭建设事关国家发展、民族进步、社会和谐。强调天下国家，最终以家本乎身，而明于中国古代社会"自天子至于庶人，壹是皆以修身为本"。揭示古人修身为本的前提，在于突出家庭建设和家庭教育的意义。面对越来越复杂和多变的家庭教育挑战，将大众的力量和散漫思想集中起来，特别是以家庭教育指导作为国家介入家庭建设的途径之一，毫无疑问是政府的职责。正如习近平总书记在 2018 年春节团拜会上讲的，"国家富强，民族复兴，最终要体现在千千万万个家庭都幸福美满上，体现在亿万人民生活不断改善上，千家万户都好，国家才能好，民族才能好"② 。要增强政府介入家庭的主动性，发挥政府的主导作用，既要批判地吸收中国优秀家庭教育的传统文化精神，也要借鉴西方国家有益的经验，围绕家庭建设将家训及家庭教育指导纳入政府规划，纳入城乡公共服务体系，广泛构建有效的家训及文化教育指导网络，逐步推进家庭教育立法进程，确保家庭教育指导管理与支持的合理有效。

---

① 《孟子·离娄章句上》。
② 习近平：《在 2018 年春节团拜会上的讲话》，http：//www.xinhuanet.com/2018-02-14。

三 注重家教，克服重知轻德的育人偏误

（一）正确认识和把握家庭教育

家庭教育是随着家庭的产生而出现的一种重要的人类活动形式，它是以家庭的存在为前提和基础，随着家庭的发展而不断提升的一种育人活动。"古者未有君臣上下之别，未有夫妇妃匹之合，兽处杂居，不媒不娶。"① 远古时期的人类没有完全从动物界分化出来，那时的古代先民在群居杂处时并无家庭，当然也没有家庭教育。由于社会劳动采取采集果蔬的方式，所以生产能力很低，"人但知其母，而不知其父"。虽然人类早期的母系氏族已经初具家庭的雏形，而且自然存在着幼小子女跟随母亲和其他年长者学习遵守规矩和习俗、掌握简单的生产劳动技能的教育，但还不能将其同今天意义上的家庭教育相提并论。与全球人类文明进步相一致，中华民族发展历史上相对独立和完整的家庭是产生于黄帝时期的父权制家庭，在这种父权制家庭开始有了"君臣上下之义，父子兄弟之礼，夫妇匹配之合"②。自此也便有了正式的家庭教育。

根据学界的研究梳理，中国古代的家庭教育可划分为帝王皇族家庭教育、世家大族或士大夫家庭教育、贤哲名儒家庭教育、普通百姓家庭教育等，这些不同的家庭教育与施教者的社会经济和政治地位、文化认知、生活背景等有密切关系，因而在内容、方法上既有一致的地方，也表现出很大的不同，反映了不同的家训或家教宗旨（见图5—2）。《中国大百科全书·教育卷》认为传统家庭教育"以封建家庭的所有成员为对象，教戒他们遵守封建的道德准则和伦理关系，以及治家的方法等"③。在教育内容的选取上，帝王家教

---

① 《管子·君臣》。
② 徐少锦、陈延斌：《中国家训史》，陕西人民出版社2003年版，第44—45页。
③ 中国大百科全书编辑部：《中国大百科全书·教育卷》，中国大百科全书出版社1985年版，第6—17页。

图5—2　君子不出家而成教于国

不仅注重治国平天下之道的传授，而且重视修身养德、勉励读书治学；士大夫家庭教育则以教导为官处世为家教的主要内容；贤哲名儒家庭教育，在内容选择方面比较灵活宽泛，既有修身立德通则之学，又有独门家传技艺相传；普通百姓家庭教育往往以研修经典以考取功名为重点，注重经世致用而致力于对长保家业不坠之生存技艺的培养。在表现形式上，我国历史上的诸多"家训""家范""家诫""家教"等都是传统家庭教育方面的家训教科书；常态化施行于一家一族之内的生活化家庭教育活动，就是传统家训文化的生活实践样法。

按照通行的做法，一般将家庭教育划分为狭义和广义两种。狭义的家庭教育，是指在家庭生活中，仅仅指向由家长或家庭中的其他长者（其中主要是父母）对子女及其他年幼者实施的教育和影响。如《辞海》将家庭教育解释为父母或其他年长者在家庭里对儿童和青少年进行的教育。孙俊三在其《家庭教育学基础》一书中提出："家庭教育就是家长（主要指父母或家庭成员中的成年人）对子女的培养教育，即指家长在家庭中自觉地、有意识地按照社会需要和子女身心发展的特点，通过自身的言传身教和家庭生活实践，对子女施以一定的影响，使子女的身心发生预期变化的一种活动。"① 中国家庭教育学研究会编著的《家庭教育学》一书给家庭教育所下的定义为："家庭教育是在家庭生活中发生的，是以亲子关系为重心，以培养社会需要的人为目标的教育活动，是在人的社会化过程中，家庭（主要指父母）对个体（一般指儿童青少年）产生的影响作用。"② 这些概念或定义都是传统意义上的有限界定。相较而言，广义的家庭教育不仅包括家长对子女实施的教育和影响、子女对家长的教育和影响，也包括父母祖父母在内的双亲之间、子女之间、子女与父祖辈之间相互产生的教育和影响。可见，广义的家庭教育不论在教育目标指向，还是在教育活动的实际效能，都更加接近我国传统家训及其文化育人的实质。其实，家庭教育的作用发挥更多地指向教育家庭，而非仅仅在于教化未成年子女；施教对象也不仅仅限于教育子女，还包括教育父母兄姐等成年家庭成员；教育内容不仅仅局限于亲职和子职教育，还包括促进家庭建设和功能发挥所必需的婚姻、身份、伦理、家庭资源使用管理等教育领域。而且，广义的家庭教育应当包括家庭成员之间相互实施的、所有具有增进家庭关系与家庭功能的各种教育活动。因此，现代社会条件下，在逐渐凸显家庭教育互动性特征的同时，必须重视包括家庭制度、家庭环境、家庭文化等家传家风对其成员产生的隐性影响。综观各国家庭教育概念演变过程，参考名家大师对于家庭教育概念的界定，结合广大家庭教育工作的实践经验，我们将家庭教育定义为：家庭教育就是家长有意在日常生活中，通过言传身教与情感交流等方式，以及利用家

---

① 孙俊三：《家庭教育学基础》，教育科学出版社1991年版，第1页。
② 邓佐君：《家庭教育学》，福建教育出版社2013年版，第5页。

庭文化环境因素对子女和所有家人自觉不自觉地施予教育影响，目的在于使子女的身心发生预期变化的同时，也让家庭成员彼此相互影响终生的一种文化育人活动。

（二）树立全新家庭教育观，实现家庭教育自身的价值回归

进入新时代，社会对人才需求的价值取向，已经导致现代家庭教育价值观与传统家庭教育价值观产生摩擦甚至对立。特别是随着素质教育的推进和教育科学的逐步普及，致使中华传统家训文化的强大惯性力量同当今信息与经济社会急功近利的驱动力量相矛盾。一方面，亿万家长面对现实生活中纷繁复杂的教育信息，往往难以正确选择而甘受学校教育的左右，放弃了家庭教育所具有的独特价值与地位，也现实地放弃了对家庭教育自身应有的规律把握和当行的育人实践范式。另一方面，由于对教育优劣难辨，对眼花缭乱的教育方式方法无所适从，众多家长在深感对子女教育无从下手的同时，也在物质利益驱动下出现的亲情淡化和自己对孩子教育影响力弱化的现实矛盾中，对现代家庭教育的存在与训教价值产生了怀疑。一般而言，家庭教育、学校教育和社会教育是教育的三大基本形态。相对于学校教育与社会教育，家庭教育不仅是人生整个教育的基础和起点，而且家庭教育还是名副其实的终身教育，它开始于孩子出生之日（甚至可上溯到胎儿期），而且婴幼儿时期的家庭教育完全是"人之初"的教育，在人的一生中起着奠基和起步的作用。孩子上了小学、中学后，家庭教育既是学校教育的基础，又是学校教育的补充和延伸。这时家庭教育的目标应当是，在孩子进入社会接受大众教育之前保证孩子身心健康地发展，为接受科学系统的学校教育打好基础。的确，家庭教育是对人的一生影响最深的一种教育，它直接或者间接地影响着一个人道路选择和人生目标的实现。由大量的我国传统家训经典、历久弥新的家风和治家有方的家规等家庭教育传统可以看出，一家父母对子女的教育影响确实终其

一生，只是在人生的不同发展阶段，家庭教育的内容和方式显得有所不同而已。不论家长的文化水平是高还是低，也无关家庭经济条件的好与坏，唯一不变的是家长给予子女的无限关爱和亲情呵护。因此，在中国人眼里，家长对孩子的照顾和扶助责任是一辈子的事，年轻时操心子女的成长和教育，人到中年放心不下孩子的婚姻大事和工作，即便是年老花甲当上了爷爷奶奶，还义无反顾地帮助子女照看孙儿孙女。当然，作为被父母家长终身教育的家庭晚辈，除了享受到不求回报的物质力量支持外，最为珍贵的财富，便是来自父母乃至祖父母等长辈的精神影响，这种无形的家庭教育，其教化与训诫影响自然会一代代延续下去。

（三）发挥家庭教育作用，助力实现人的社会化

社会化是一个人摆脱生物性，逐步具备社会属性，最终成长为社会所需要的"人"的生命过程。经过家庭教育培养出的人，总会进入社会、进入国家、进入历史发展潮流中去。人的社会属性决定了人天生具有融入家族部落、趋向社会生活、进入国家或其他集体组织谋求生存与发展的本质特性。"在儿童接受学校教育前就已经开始了早期社会化，这一时期的儿童获取的文化资本的类型和数量，与家庭内部的受教育程度，代际之间的文化传承，以及地方场域内相关知识的传承有着直接的关系，进而形成差异性。"① 这一本质属性决定了社会化不仅成为人类判定个体成熟与否的标准和个体成长努力的方向，而且社会化还当然地成为人类一切行为特别是家庭教育培育新人的目标选择。在马克思恩格斯的教育认识当中，家庭教育虽然是在不同的家庭这种相对私密的环境中进行的，但基于交互关系基础上的实践性是所有家庭教育最根本的出发点。因而坚持家庭教育在本质上是一种以人类物质生产活动为基础的交往实践

---

① 谢益民：《论教育场域中的话语权与教育人本精神的回归》，《求索》2013 年第 2 期，第83—86 页。

的理念，提出家庭教育作为培育人的社会实践活动，本质上是人与人之间特殊社会关系的互动与认同体现。"家庭起初是唯一的社会关系，后来，当需要的增长产生了新的社会关系，而人口的增多又产生了新的需要的时候，家庭便成为从属的关系了。"① 无论是唯一的社会关系还是从属的社会关系，家庭都始终承担着教育家庭成员的职能，说明家训是以血缘为中心和纽带的家庭关系的必然产物。家庭教育在实践中具体展现为交往实践与家庭生活的紧密结合，家庭教育通过日常生活与教育活动的交融会通，引导子女从物性凸显的"自然人"向关联性决定的"社会人"转变，最终让后辈子女成长为一个个可被接受的社会化人。然而，当今社会的许多家长认为，家庭教育主要是让孩子学习更多的文化知识，以使孩子见多识广、掌握技术、聪明伶俐，长大后自然能成为社会需要的有用之才。完全忽视了家庭教育促进幼小孩子身心全面健康发展、实现少年儿童社会化的基本功能。

（四）改善家庭教养方式，增强家庭教育成效

家庭教育中所采取的不同家庭教养方式，对于子女个体的成长和社会化必然会产生非常深远的影响。不仅如此，不同的家庭，因为家长的知识水平和生活阅历各异，对子女施加的教育影响和社会化实现的结果也完全不同。不论是家长持随和还是专断的家庭教育态度，也不论家长采取随意型还是权威型教养方法，不同的家庭教养方式对于孩子的成长特别是社会化，所产生的影响和收效大不相同，受教子女的社会化程度也会高低有别。其中，权威型父母教养出的孩子社会化程度明显高于其他两类父母。社会化发展作为个体人生当中的关键期，那些接受教养教育的初涉人世儿童，正如其生命体的生长发育一样，家庭在这一关键时期除了满足其生命成长所

---

① 《马克思恩格斯全集》第3卷，人民出版社1975年版，第32页。

需的优裕物质条件外，还必须通过家庭这一中介把社会普遍通行的价值规范和行为准则等社会要素装备给孩子，让他们通过对家庭生活的亲身经历和实践模仿，对社会关系和人类生存完成生活体悟和总结升华。一般而言，一个人的社会化成长，包括学习掌握最基本的生活知识和生产技能，自觉认同并遵守内化其时社会的行为规范，理性认识自我并成功确立自己的人生目标，通过修身养德来型塑出保持自己德性和社会角色的自我定力。针对当前社会上普遍存在的由于家庭教养方式不当而造成的青少年人格缺陷，特别是重智轻德甚至完全对家庭教育放任不管的家教偏误，虽然也能培育出极高智商的孩子，他们小小年纪便能够进入一些知名学府的少年班，但在后续的发展中却往往显示出社会化不足的问题，表现为生活无法自理、自私胆怯、不能与同学和老师正常交往等，最终不得不半途而废。北宋文学家王安石笔下对江西金溪神童"方仲永"的哀叹，① 在后来人的生命成长历史当中一点也没有减少。自古以来，不知有多少曾经令人艳羡的神童，最终却因后天的学习和教育不良败落成被社会抛弃的书呆子。

四　注重家训，注意借鉴传统经验

家庭是建立在夫妻关系、血缘关系、亲子女关系基础上的最小和最基本的社会生活共同体，也是各个家庭成员生产生活特别是开展家庭教育活动的自然基础环境。与家庭产生与发展演变的历史相

---

① 《王安石集·卷七十一》有《伤仲永》述曰："金溪民方仲永，世隶耕。仲永生五年，未尝识书具，忽啼求之。父异焉，借旁近与之，即书诗四句，并自为其名。其诗以养父母、收族为意，传一乡秀才观之。自是指物作诗立就，其文理皆有可观者。邑人奇之，稍稍宾客其父，或以钱币乞之。父利其然也，日扳仲永环谒于邑人，不使学。予闻之也久，明道中，从先人还家，于舅家见之，十二三矣。令作诗，不能称前时之闻。又七年，还自扬州，复到舅家，问焉。曰：'泯然众人矣。'王子曰：仲永之通悟，受之天也，其受之天人也，贤于材人远矣。卒之为众人，则其受于人者不至也。彼其受之天也，如此其贤也，不受之人，且为众人。今夫不受之天，固众人，又不受之人，得为众人而已邪！"

一致，我国的家庭教育实践与家庭教育思想可谓源远流长，早已积淀发展为中国特色的家训传统。以儒学思想为主脉的中华传统文化中，更具有民间与大众特色的文化部分，且博大精深、内涵丰富。这一世间独具特色的家训与家庭教育现象，将深刻的育人训教哲学智慧，润物无声地渗透在人们的日常生产生活与学习教育当中，不仅走出了一条民间大众培育德性人格的家庭教育成功之路，而且积淀形成了中华优秀家训文化。时至今日，中华民族以家庭教育活动的奇妙无穷令世人赞叹的同时，却以家庭教育范式的五花八门和家庭教育经验的难以复制，无时不在牵动着教育界人士的关注和思考，借鉴古代家训经验，传承优秀家训文化，注意对家庭教育本质及其实效性的研究与推广，一直是热爱和关心教育的众多家长和哲学社会科学界探讨的热点问题。

当然，突出教育的文化属性，绝不意味着教育就是整个文化的表象；强调教育的文化特征，在于明确教育和文化的紧密关系。一般而言，教育离不开文化，相反，以文化现象存在的教育，除了受一定社会的政治制度和经济发展水平影响外，特定社会以及该社会不同时期的教育理念、教育制度、教育内容和教育方法等无不反映其时社会文化的发展趋势。中国古代家训及其训教实践的成功，其文化源头就是中华文化中诸如天人关系在儒家思想体系中的理论展开，体现在家训育人实践中，便深刻而持久地发挥着塑造人的世界观、人生观、价值观的重要作用。换言之，儒家思想当中认为人生境界和人生轨迹的最高行事准则是天道，而人道是对天道的遵循和践行，人的德性便是人所具有的天赋善性。这一儒家"天人合其德"的成人理念，转化到家训和家教育人实践环节，便现实地表现为要求人通过学习修身来完善自我，即通过自我向内索求的道德修炼达到融通天地，最终成就天所赋予人的自然德性。与此相适应，以家训为代表的家庭教育，之所以必需且紧要，就在于教育本身能促进家庭成员个性的完善和人格的塑造。因此，中国人一以贯之地自觉接受儒家思想，自觉坚持在家训教子弟，最终成功走出了一条家训育人的中国家庭教育之路。

传承与创新家训文化的实践活动，本质上表现为对某一社会文化所进行的选择。① 纵观中华文明上下五千多年发展的历史，家训及其训教实践，早已历史与现实地成为中华民族生生不息的特有文化方式。人类的文化选择，从表面上看，似乎是历史长河的水到渠成和自然而然的结果，但是，究其文化选择的深层次原因，就会发现，不同的民族基于时代特征和自身发展需要而选择某种文化，根本原因在于其所选择的文化形态能否为人类提供时代所需的文化营养，能否解决人类发展过程中的重大问题。与此相一致的是，作为人类社会所特有的一种文化现象，以家训为代表的家庭教育实践活动，便历史地被中国人选中，并现实地表现为民间大众家庭育人的中华文化生活样法。中国历史上出现的浩若繁星的家训专作，以及由此推动的家庭教育繁盛与成功现象，以铁的历史事实告诉我们：中国先民选择以儒家思想为核心的中华优秀传统文化作为家训指导思想，并开创出我国民间化大众教育的成功之路，完全是土生土长于中化厚土、融合了儒、释、道思想精髓所形成的中华文化样态，不仅具有自然农业经济的自给自足性特征，而且完全符合时代与民族发展的文化需求。

家庭教育是传承传统家训文化的重要途径。从传播学的角度分析，一切文化现象最基本、最成功的传播渠道，往往是通过教育方式得以扩散滋蔓到社会中并发挥作用的。幼小孩童和家人子弟在家庭中接受教育，表明家庭教育无可厚非地必然要承担起传承传统文化特别是传统家训文化的职能与任务。首先，家庭教育是人类最初

---

① 潘懋元：《多学科观点的高等教育研究》，上海教育出版社 2001 年版，第 17 页。

也是最重要的文化传承方式。家庭作为人生的第一所学校，要想帮助孩子迈好人生第一步、扣好人生第一粒扣子，就必须在突出强调家庭教育对于培养和塑造新人重要作用的同时，自觉将传统文化有效融入家庭教育当中，对受教个体的成长成才发挥深远的影响。其次，家庭传承传统家训文化，具有得天独厚的优势。这种天然具备的优势，基于家庭长辈与子孙后辈的血缘亲情而产生的教育影响的亲和力，加之父母对子女关怀的细致入微和良苦用心，让子女从内心油然而生对父母和长辈的信任和依赖，成为家庭教育传承文化和培育新人能收到更好的效果的前提和基础。在家庭教育实践当中，教育训导很少空洞的说教，而是将传统文化融入日常，并透过家庭成员的生命体验和家长的言传身教，润物细无声地将其烙印到共同生活的受教家人子女思想和言行当中，因而具有任何其他形式的教育无法比拟的优势。从教育的持续时间来看，家庭对子女家人的教育绝不是一蹴而就的短期行为，家庭教育成功的关键，一方面有赖于家长对晚辈生活化教育训导的涉及面非常宽，更为重要的方面，在于家庭教育对传统文化的灌输持续的时间长，往往伴随孩子或家人的一生，甚至还会影响到孩子长大成人后对其下一代的教育和文化传承。再次，家庭教育传承家训文化的历史悠久，经验极其丰富。纵观人类文明演讲的历史，仅仅从培育新人的理论和实践角度看，家庭教育对子孙后辈的文化教育和影响，远比其他形式的教育要早，特别是拥有家训文化传统的古代中国，自从有了家庭就开始有了家庭教育，传统家训文化的传承，自然通过家庭教育的理论和实践方式一代代传承下去。最后，家庭教育传承家训文化，还是家庭的法定义务。文化兴盛是一个国家和民族强盛的支撑力量，没有文化的传承与发展，要做好家庭教育是不可想象的。正因如此，我国法律明确规定，家庭教育要重视和保障传承传统文化。例如，《中华人民共和国教育法》第 7 条明确规定："教育应当继承和弘扬中华民族优秀的历史文化传统，吸收人类文明发展的一切优秀的文化成果。"① 以法律的形式，保障现代家庭对子女实施教育时，必须融入传统文化。我们今天所要做的就是结合时代要求不断地传承和发展优秀的传统文化，使传统家训文化能够薪火相传。

　　注重家训，要注意防止另类家训的负面侵蚀。注重家庭、重视家训、注重家风，重提家庭教育并非"老调重弹"，而是要在重拾家庭教育优良传统、学好用好中华优秀传统文化的基础上，通过借鉴优秀传统家训经验，对现行家庭教育进行一系列的纠偏和反正，并结合新国情、新时代背景，在传承创新中华优秀家训文化方面实现老调新弹。正如习近平总书记2014年在中央政治局第十三次集体学习会上突出强调的："培育和弘扬社会主义核心价值观必须立足中华优秀传统文化。牢固的核心价值观，都有其固有的根本。抛弃传统、丢掉根本，就等于割断了自己的精神命脉。"② 在延续五千多年的中华文明历史长河中，包括家训在内的各类教育，正是凭借以文化人的功夫，成功地训育出延续着中华文明的一代代中国人。因此，家庭作为古代社会稳定发展的基础，除了不断生产出人自身外，还生产出了以家训为代表的家庭教育文化。不仅承担着中国古代民间大众以文化人的家庭教育重任，而且以宽广坚实的基础支撑起了中华优秀传统文化这一中国人的精神家园。

　　值得警惕和反思的是，坐拥优秀传统家训和家庭教育文化富矿的中国新生代，却没能很好地对家训文化做到择其善者而从之，对其不善者而改之。对如此有价值的家训思想和实践经验继承不足、消化不良。这一现象突出地表现为，新时代的众多家长们在家开展家庭教育，寄望用中华优秀传统文化对孩子或家人进行道德熏陶

---

① 教育部：《中华人民共和国教育法》，http：//www.moe.edu.cn/2017 – 07 – 09。
② 习近平：《在中共中央政治局第十三次集体学习时的讲话》，http：//www.gov.cn/2014 – 02 – 25。

时，往往显得口是心非或顾此失彼，更为严峻的问题在于，绝大多数家长借以传统文化教育子女家人时，仅仅停留在让孩子家人能知道一些名言警句和贤孝美谈，以此炫耀自己的机械记忆，而不是在生活实践当中真信真用。于是，虽然很多家庭的孩子对儒家经典可以脱口而出，甚至将有些大道理也讲得头头是道，但却鲜有对经典内涵的深刻理解，更罕有坚持在现实生活当中谨言慎行和严格遵守的。这既是我国目前大多数家庭都存在的实际问题，也是对跨越传统与现实之间隔膜与鸿沟的家庭教育实践的严峻挑战。实际上，从做好现代家庭教育工作的现实出发，我们可以明显地感受到，中国人内心饱含的望子成龙、望女成凤的"舐犊情深"和心理期待，在万千家长的认识层面，必须转化为对家训及其训教活动的严肃对待与责任担当，这是每一个家长做好家庭教育的思想前提。进入新时代，伴随着社会经济政治和文化的快速发展，我们所处的生产生活与学习影响环境也发生了翻天覆地的变化。无论时代发生多么深刻的变化，国际国内形势出现多么难于预料的新问题和新挑战，中华五千多年文明发展传承的历史并没有中断，中国人依然生活在以儒家思想为文化核心的中国特色社会环境之中。而且，我国近年以来所取得的中国特色社会主义事业伟大成就，充分彰显出中华文化的蓬勃生命力，我们有足够的底气，坚持对包括家训文化在内的中华优秀传统文化坚定自信，对治家教子和成教于家的文化传统有足够的实践定力。

五　注重引导，解决家教凌乱的实践冲突

知识经济和信息时代对知识和人才的高度依赖，带动了新时期我国教育事业的长足发展和明显进步。伴随着现代教育理念深入人心、现代教育技术的社会普及、学校教育体制机制的不断完善，以及科学育人模式的不断创新，表征着新时代教育事业取得

的显著成就。但是，与此不相适应的是，拥有优秀家庭教育传统和家训文化资源的当代中国人，却发现自己本该做好的家庭教育，无论在德育目标和教育理念的确立上，还是在家教内容和教育方式方法的创新上，都严重滞后于学校教育和社会教育，在很大程度上不仅影响着我国教育事业的整体发展水平提升，而且严重制约着教育改革的推进速度。加强政策引导与制度规范，注意解决家教凌乱的呼声渐高。

加强对家庭教育的规范指导，尽快完善工作体制机制。近年来，我国在指导家庭教育的政策法规建设方面，初步形成了以相关法律条款和纲要为基础、多部门联合出台政策措施为主体的家庭教育政策法规体系，除《中华人民共和国民法通则》《中华人民共和国婚姻法》《中华人民共和国教育法》《中华人民共和国未成年人保护法》等法律法规外，《关于指导推进家庭教育的五年规划（2016—2020 年）》《教育部关于加强家庭教育工作的指导意见》《中小学德育工作指南》《中国关心下一代工作委员会工作条例》等也陆续出台并成功实施。在组织机构建设方面，基本建成了以教育系统为主，工会、共青团、妇联、关工委为核心，民政、医疗卫生、基层社区、文明委、广电传媒文化系统等多元参与的适应城乡发展、满足家长和儿童发展需求的家庭教育指导服务体系。加上社会力量的广泛参与和包括广大志愿服务组织、高校专家和志愿者等，已经逐步成为改进家庭教育不可或缺的重要力量。当然，这些与家庭教育发展所需的政府主导、社会参与、家庭履职、分工明确、齐抓共管和机制健全的基本要求还有相当的距离，亟须政府的积极介入，整合相关资源，鼓励社会力量参与家庭教育指导服务，激发亿万家庭开展家庭教育实践的积极性能动性创造性。2016 年，《关于指导推进家庭教育的五年规划（2016—2020 年）》明确了"依托城乡社区公共服务建立家庭教育指导服务体系，通过家庭教育指导服务引导家长依法履行家庭教育职责，进一步提高家庭教育指导服务的专业性，建立健全的家庭教育公共服务网络，完善工作机制"。表明国家已经将建立家庭教育指导服务体系的工作提上了重要日程。关于这些政策的落实，一方面，特别凸显社区对家庭教育的指导服务功能，明确了社区作为指导与服务家庭教育的新领域，是社会因素对家庭教育影响的具体化，也是社会指导家庭教育的具体执行者。利用社区特有的优势支持家庭教育，对家长就家庭教养的需求开展社区指导服务，优化社区支持家庭教育的实施策略，有利于社区支持家庭教养的功能发挥落到实处。另一方面，家庭作为社区的基层单位，可以最大限度地利用社区的资源优势，改善家庭教育的质量，提高家长的教养能力，促进未成年人的成长与发展。当然，做好社区指导与服务家庭教育工作，除了要建立专门从事家庭教育指导服务的组织和人员外，最为关键的是，要确保这些服务工作人员懂得少年儿童的成长发展规律、掌握家庭教养方法与专门知识、拥有指导家庭教育的实践经验，以及理性提炼和反思总结家庭教育工作的能力。此外，虽然体制机制已经明确，但工作成效还取决于家校合作的水平。从育人的最终目标指向来看，作为培育新人的实践场域，学校与家庭应当是一种平等合作的关系，学校教育相对完善的学科体系和运行机制、规范的管理模式和制度保障，以及专业教师在知识技能和教育教学方式方法等方面具有的优势，应当与家庭教育拥有的血缘亲情牵系、亲子互信，以及生活化、个性化施教方法等方面优势互补，才有利于实现对家人子弟教育培养的目标。需要强调的是，不论学校教育，还是家庭教育都不是万能的。而且，学校和家庭教育二者之间的关系并非泾渭分明，而是你中有我、我中有你，既不可合二为一、混为一谈，又不能完全割裂、各自为阵。虽然学校教育与家庭教育在育人理念、教育途径、施教方式等方面均存在明显差异，而且人们早已习惯于将二者区别对待，但是，从终极意义上讲，围绕孩子成人成才，在信息化水平高度发展的现代社会，决定了学校与家庭既要很好地合作，又必须发挥各自的优势，承担各自的责任，在教育孩子最终为社会培养有用人才的文化实践中同向而行，殊途同归。

调动社会多方力量理性作为，消除家庭教育指导的虚假繁荣。广泛存续于一家门内的家庭教育，一般均以其各具特色的私密形式，展现为不同家庭的民间大众生活化育人实践。但是，作为一种最具基础性和长期有效的育人形式，我们对待家庭教育却万万不能因为其仅仅存在于家庭这一私人空间，而排斥科学理性和求真精神，更不能漠视甚至否认家庭教育的规律。相反，所有的家长均要以理智的态度，认真学习借鉴国内外成功的家庭教育经验，传承创新我国古代灿烂辉煌的家训文化精神，让每一个家长都能够成为拥有正确的家庭教育理念，掌握现代科学合理的家庭教育知识，懂得如何有效实施家庭教育行为的行家里手。要做到这一点，除了极少数专业人士和学习相近教育专业的从业者外，绝大多数家长对于教育理论知识和育人的基本技能了解甚少，更遑论做好家庭教育工作了。面对这一现状，很多学者和社会活动人士纷纷倡议政府主导或支持社会力量搞好现代社会家长特别是年轻家长的教育培训。同时，众多家长们急功近利的心态和"不让孩子输在起跑线上"的竞争行为，很快为市场所利用。近年来不断升温的家长学校①、家教培优班等组织积极迎合家长们的急切需求，不断翻新花样，推出各种新奇招数，早已将大批家长变

---

① 家长学校是由中小学校、各级妇联、妇幼保健院（所）和家庭教育研究会等机构举办的，以传授家庭教育科学知识和独到方法为主要内容的一种业余教育形式。这一教育形式由于中小学校等拥有组织管理、办学空间、专门师资、专业权威等条件保障和指导力量，而显示出具备开展家庭教育的明显优势。我国最早的家长学校产生于 1980 年北京市教育局的指导下由部分小学成立的"家庭教育研究会"，旨在协调家校互动与合作。1983 年后，北京市宣武区陶然亭小学、北京市第四十一中学、广州市荔湾区乐贤坊小学、广州市第十六中学等先后创办了家长学校，并由此带动了全国各地的家长学校快速发展。

成它们最大的消费群体。各式包装精美的"家教"专家粉墨登场，从孩子多么需要教育涵养而吃不了苦、以父母会养不会教但孩子不知感恩等急切问题出发，让家长们认为自己确实需要培训而心甘情愿地服从指导；从孩子不好好学习、叛逆、习惯差的各种不良表现切入，让参与培训的家长认识到自己家庭教育的困境而主动寻求指导帮助；以诸如拳打脚踢、呵斥狮吼伤害孩子的各种可能与假设，让做父母的不能有效针对不同性格特征的孩子开展友好和善的教育而心急如焚；以列举药家鑫、马加爵，青少年弑母等的特例告诫家长，让众多家长能够明白想要在家给孩子最好的教育和影响，只有乖乖地来培训中心或训练营，似乎只有在那里，它们才会用专业而又经验的方式帮助家长解决家庭教育的种种困惑，并给家长设计一条自己最期望的成功之路。于是，在农村，各种蜻蜓点水式的家庭教育指导与咨询活动，伴随着文化下乡而让农民家长盲目跟风；城市里的各种家庭教育培训现场座无虚席，各式家庭教育咨询与指导活动频繁而火爆，当前社会这种大量存在的普开药方式的家庭教育培训和指导，已经造成我国城市家庭教育指导的虚假繁荣。实际上，这种大水漫灌式的家政讲座形式和一对多大众咨询，根本解决不了不同家长所遇到的个性化家庭教育问题①，这种虚假繁荣现象的背后，暴露出当下我国家庭教育指导所存在的短期效应和浅表弊端。

---

① 中国人熟悉的《三字经》开篇即讲"人之初，性本善；性相近，习相远"，深刻揭示了人的先天本质和后天习性的区别与相互关系，印证着每个家庭的父母所要面对的孩子和家庭教育的问题都是不同的，由此决定了个性化家庭教育指导的现实意义。作为一种新的尝试，澳大利亚维多利亚州政府 2010 年制订并启动了一项家庭教育服务"超级保姆"计划。该计划作为儿童保护改革的重要措施，虽然不会帮助家长直接给孩子喂奶，但是可以指导家长如何喂孩子；不会帮家长给孩子煮饭，但是会选择性地告诉家长该怎么搭配饮食才能保证孩子茁壮成长；不会替家长照看孩子，但是可以提示家长如何做才能消除孩子的安全隐患；不会帮助家长省钱，但是可以帮助家长合理安排家庭费用开支。当然，计划还会通过视频陪孩子们玩有教育功能的游戏等。（《政府派遣"超级保姆"》，http：//hzdaily. hangzhou. com. cn/2010 - 01 - 19。）

第二节　树立良好家风门风　治家教子
塑造人格

中华民族以重家风、有家教而著称于世，我国不仅有两千多年传承不弃的家教传统，而且在漫漫历史长河中逐渐形成了传统家训文化。这一对中国人成长成才具有熏陶习染作用的民间大众教化方式，经过历代家长为子女家人计从长远而惯常施予的家庭教育实践，将修齐治平的社会治世理想转化为中国人治家教子的训育长效机制，便历史地铸就出中国人世代传承家训思想、自觉遵循家教仪轨而养成的不坠家风。如同家族（家庭）产生的磁场，家风以人们在长期的家庭生活中所形成的稳定传统和独有作风，静默无声地向每一位家族成员传递着让他们发自内心地遵从早已被族人普遍认同的价值观念和行为准则，让家族后人铭刻在心、代代受益，从而成为无声的家教，昭示着家人子弟以慎独自律的方式立德立言立身、成教成人成才。然而，时至今日，伴随着"小家庭时代"的到来，过去的大家族这一原本构成社会的基本单元，已经被逐步分割成一个个更小的家庭单位，过去的宗族或家族文化不再是主导人们道德观念和行为规范的决定性力量，家风的存续传承和作用发挥也受到了质疑。但是，正如家教对培育新人的不可或缺一样，越是在"小家庭时代"，越需要家风的熏陶和指引。正如习近平总书记在会见第一届全国文明家庭代表时所指出的："无论时代如何变化，无论经济社会如何发展，对一个社会来说，家庭的生活依托都不可替代，家庭的社会功能都不可替代，家庭的文明作用都不可替代。无论过去、现在还是将来，绝大多数人都生活在家庭之中。我们要重视家庭文明建设，努力使千千万万个家庭成为国家发展、民族进步、社会和谐的重要基点，成为人们梦想启航的地方。"重视家庭文明建设，强调家风是社会风气的重要组成部分，根本原因在于千万个家庭的家风好，子女教育得好，社会风气好才有基础和保障。因此，号召"广大家庭都要弘扬优良家风，以千千万万家庭的好家风支撑起全社会的好风气"①。只有每个家庭的家风好，家庭关系和睦美满，才会有社会风气的友好和谐；只有每个家庭的家风正，才会有家庭教育的规范有效，也才能成功地治家教子，为社会培养出一代又一代德才兼备的贤子孙（见图5—3）。

图5—3

一 现代家风门风传承现状分析

与传统家训文化的社会基础和运行机制已经发生了根本性变化一样，传统家风门风传承和发展的社会历史条件也跟着发生了翻天覆地的变化。但是，与家庭的和睦稳定对当今社会的稳定繁荣具有

---

① 习近平：《在会见第一届全国文明家庭代表时的讲话》，http：//news. china. com. cn/ 2016 – 12 – 13。

基础性决定作用一样，家风门风传承与建设，依然作为实现社会治理的重要基础工程为社会所必需的，这是现代家训文化和现代家风门风建设的外在动力；同时，拥有绵延上下五千多年发展历史、至今依然繁盛不衰的中华优秀传统文化精神，以及"家国一体""家齐睦邻""家和万事兴"等传统家庭伦理观念，依然是现代家庭建设的核心价值观，这是复兴家训文化、重振家风门风的内在动力。当然，家风的作用和意义固然不可低估，但我们也要理性地看待和审慎建构，毕竟随着历史上传统大家庭、大家族在现代社会的分崩离析，家风传承不可避免地正面临着诸多挑战。加之对于大量没有过去大家族生活经历，也没有泽披显赫出身祖德的现代人，家风对他们而言的确显得生疏和遥远了一些。因此，家风门风的现代性重建或复兴，绝不是靠敲锣打鼓、喊喊口号就能够唤醒和复苏的，也不是一蹴而就的简单照搬或复制就可以风行全国的。事实证明，正如家风门风的传承对家人子弟的德行表现反应灵敏、影响直接一样，家风门风的传承不坠是完全而自然地依靠一家之中的每个人都诚实无欺而注意从点滴德行中一丝不苟地呵护出来的。不仅如此，现代家风门风的传承，也绝不能搞大一统模式与人为规定内涵。原因其实很简单，一方面，家庭或家族父母、长辈的言传身教真实而长期地伴随着每一个家人子弟的成长，家长哪怕是只言片语，都在用其独有的方式影响着下一代。长此以往，便制度化为惯常的言行训育惯习，久而久之积淀成为某个特定人家的家风。另一方面，凡事适应合规的才能长久，千家万户都拥有个性化的家风门风，实际是各个家庭对其时社会通行的家风门风拣选消化的结果，中国古代社会所谓"十里不同俗"，很大程度上系指家风门风而言的。因此，重建或复兴现代家风门风，绝不能搞一阵风、一刀切，政府主导与社区指导绝不能一开始便搞成千家一面、万户同训。家风相连成社风的理想，绝对不能用整齐划一的格式化家风家训家规所代替。否则，忽视家风门风建设的历史积淀和实践价值，罔顾家风家传的个性化特征，简单依靠社会公共力量强力推广，很可能让家风门风成为皇帝的新装，表象浮华而实质全无。

中国古代社会有文字记载以来的两千多年历史长河中，一个家庭往往就是一个家族，并且在一个相对稳定的地方世代聚族而居，人的流动性很小，众多人员处居于一个相对封闭的生产生活环境中，大家遵循亲疏远近的人伦血缘关系守望相助、共同生活。在这样一个熟人社会，家族内部事务众人尽知，每一个人的言行举止都在家族长辈的掌握之中。直到现在，我国有些农村依然保留着古代传统风貌，许多人家的住房往往一字排开，各家相邻的院子，有的用粗疏的篱笆，有的用矮墙隔开，还有的干脆共用院场；许多地方的胡同大杂院往往就是同姓大户子嗣后代分家后形成的家族群落，北方人喜爱的四合院，南方人熟悉的江南水乡，邻里之间一般都拥有大量的公共空间，共建道路、共享院场、共用厨房和茅厕等。加之当时族人们的家庭居所，一般除了睡觉用的卧房，其余空间的私密性都不强，生活在这种完全共享的居住环境里，人们一般也不会特别注重自己小家庭的私密，每个人的好恶优劣和一言一行完全暴露在众人面前，久而久之便固化为人们对每个小家庭、各个族人固有的风格评价和人格身份识别标签。这是古代家风门风世传而不坠的社会组织与生活环境因素，常年处居于这种血缘亲属群落的族众，不论从内心认同还是外在的关系区分上，都以家人或族人身份出现、按家族传统和祖传家规行事，因而传统家风门风自然能够得到很好的传承和维护。

现代社会特别是城镇化后的中国社会，与中国古代传统的乡里社会结构及其组织制度，不论是形式上还是家庭家族等基本单元的构造要件都有着明显的差别。进入新时代，特别是改革开放为中国带来了许多历史性的新变化。其中，一个重要的变化就是中国城镇化的快速推进。早在 2012 年，中国城镇化率就超过了 50%，也超过了世界平均水平。[①] 都市社会的到来使我国的家庭逐渐转换为一种新的社会基层组织形态，家庭居所作为私人领域的性质，也越来越凸显，现代城市的房屋设计，也基本贯彻了相对私密的原则。往往同居一个单元或门洞的邻居，除了在楼道里偶尔互相点头示意外，大家没有太多的机会去共享带有私人性质的空间。当铁门关闭之后，一家之内的组成人员，其身行言动和生活起居，外人无从知晓，一家长幼怎样相处和如何教育影响，外人一概不知。这样的环境设置让很多人认为，养育儿女是各户人家的自留地和责任田，家庭教育和家风门风传承具有私人性质，家训家教家风更是讳莫如深、隐蔽难辨。近年来，随着中华优秀传统文化热的兴起，政府特别是各级地方政府比较重视挖掘各具特色的地方传统优秀文化资源。其中，高度重视家风门风这一对文明单位、文明社区和美丽乡村建设颇具基础性影响力的优秀传统文化建设，伴随着文化宣传与教育普及，在大胆探索的基础上多方发力，推出了很多恢复家风门风传统、重拾家风家传价值的文化实践创新项目，收到了一定的成效，也从思想上激活了人们对家风门风建设与传承的正确认识。

据中国青年报社会调查中心 2017 年对 2000 多人次进行的一项传统家风家训建设问题的专门调查，结果显示 55.7% 的受访者家中有（家）训，71.7% 的受访者思想上认为家风应包含"孝敬父母"，55.8% 的受访者认为家风家训对一个人的生活态度有很大影响，68.5% 的受访者建议父母从小教导孩子了解家训。这一组数据说明，虽然经过近 100 年新文化运动洗礼，期间还遭受"破四旧"等文化灭顶之灾，流淌着华夏民族血脉的中国人，经历了西学东渐

---

① 温家宝：《第十一届全国人民代表大会第五次会议政府工作报告》，http：//www. china. com. cn/2012 – 03 – 05。

的文化风潮，依然没有忘却中华文化的根本，也不可能抛弃中华文化的本根。新时代的中国新生代，依然期待"君子之德风"，对以家风门风为代表的中华优秀传统文化建设期望依旧、热情不减。调查中，有74.5%的受访者认为制定家训（家风）有必要，正如河南商丘某公立学校一位教师所讲的："我当老师这么多年，发现那些性格很好、学习很棒的学生，大都拥有良好的家风。这些学生的父母大都谦逊礼貌，努力奋斗。每个家庭都应该拥有良好的家风家训，并以此来教育孩子。"① 关于家风门风建设与传承的具体内容，不仅散见于已有家训文本，也可以从近年来各地家风门风创建实践活动中管窥到核心要素，如2016年"北京少年·孝心榜样"征集活动，就集中展现出未成年人孝老爱亲、崇德向善、自强奋进、阳光向上的家风传承和家庭精神风貌。在中国青年报社会调查中心的专项调查中，所有受访者认为家风家训内容应当包括：勤俭持家、勤劳善良、友爱兄弟、遵纪守法、邻里团结、诚信待人、遵德守礼、自食其力、乐于助人、自由平等、热爱公益等。有55.8%的受访者认为家风家训对一个人的生活态度有很大影响，66.9%的受访者认为家风家训能凝聚家庭，促进家庭团结；52.5%的受访者认为有助于提高精神境界、培育文明风尚；50.9%的受访者认为家风家训给家庭成员提供了处世原则；50.6%的受访者表示促进了和谐上进的社会风气；45.6%的受访者认为这是家长教育孩子的基本形式；30.9%的受访者认为有助于维持家族长久持续发展。此外，很多受访者也都认为，注重家风家训建设，是我国目前面临的一个不容忽视、更不能靠弄虚作假就能见效的基础性工作。因为家风的端正与否，不仅关系到一个家庭和家族的稳定与兴衰，更能深层次影响社会风气与人们的价值取向，最终影响国家的安定团结。对于如

---

① 杜园春、孙静：《71.7%受访者认为家风家训应包含孝敬父母》，《中国青年报》2017年1月10日。

何传承良好家风的问题，有68.5%的受访者建议父母从小教导孩子了解家训；64.9%的受访者建议父母通过自己的行为影响孩子对家训的认知；47.5%的受访者建议父母孩子通过交流达到对家风的共识；40.5%的受访者建议逢重要日子家庭成员共赏共省；20.9%的受访者建议时刻以"家训"作为行事规则。[1] 从这些受访者的建议当中，真切地透视出人们希望以实际行动呵护与传承家风门风的良好主观愿望。

二　以家国情怀夯实家风传承基础

家风虽小事，关乎大国治。家风作为一个家庭或家族固有的传统风习，是人们在长期的家庭生活中逐渐形成和历代家长言传身教逐渐积淀下来的家教传统、生活作风、居家习惯和处世方式等风教文化的总和。相对于国而言，家庭家族是小小国，是构成国之万千组织单位。但正是有了这些无数的小国，才有了以国为单位的大家。而且，小家庭的稳定繁荣直接影响着大国家的安定团结。关于对家风的理解和意义把握，国学大师钱穆曾针对魏晋南北朝盛行的门风家教现象指出："当时门第传统、共同理想，所期望于门第中人，上至贤父兄，下至佳子弟，不外两大要目：一是希望其能具孝友之内行，一则希望其能有经籍文史学业之修养。此两种希望，并合成为当时共同之家教。其前一项之表现，则成为家风；后一项之表现，则成为家学。"[2] 可见，在中国古代传统社会中，家风虽然更多地指向家庭家族内部道德育人和文化建设，对于一个家庭或家族的繁盛与发展，意义十分重大，但是，谁也不能否认家风门风之于国家发展和民族昌盛的促进作用。因此，家风之于家庭和家族子女

---

① 杜园春、孙静：《71.7%受访者认为家风家训应包含孝敬父母》，《中国青年报》2017年1月10日。

② 钱穆：《略论魏晋南北朝学术文化与当时门第之关系》，《香港新亚学报》1963年第5期，第67页。

后辈成长成才而言，家庭家族就像园圃，子弟家人就像新苗，家风如雨潜行而化育无声，禾苗受家风吹拂滋养而健康成长；家风之于家庭建设而言，家风乃家人名望所系，以家风家规熏育家人后辈，一家之人便可能诚意正心而父慈子孝、兄友弟悌、夫义妇顺，家和而万事兴；家风之于家族门内而言，家风是族人内心诚服的祖上遗训，传承家风则可以规范伦序、和睦族众、德业相劝、守望相助而保持家族兴旺；家风之于国家，家风相连成民风，民风相通成国风。"一家仁，一国兴仁；一家让，一国兴让。"有良好家风的社会，自然是一个健康向上、文明进步的社会。有了对此关系的坚守及其实际取得的育人成效，中国人完全有理由自信，家风虽起自家庭流行于家族，但其作用可以对育民新人、民心凝聚和社会进步都产生巨大而深远的影响。如对中华传统家训文化影响最大的《颜氏家训》，其制作者颜之推的后世子孙颜嗣慎，在明万历甲戌年重刻家训时请人所作的序言中，便可以清楚地理解这一点。

乃公当梁、齐、隋易代之际，身婴世难，间关南北，故幽思极意而作此编，上称周、鲁，下道近代，中述汉、晋，以刺世事。其识该、其辞微、其心危、其虑详、其称名小而其指大，举类迩而见义远。其心危，故其防患深；其虑详，故繁而不容自己。推此志也，虽与内则诸篇并传可也。或因其稍崇极释典，不能无疑。盖公尝北面萧氏，饫其余风；且义主讽劝，无嫌曲证，读者当得其作训大旨，兹固可略云。昔子思居卫，卫人曰："慎之哉！子圣人之后也，四方于子乎观礼。"颜氏为复圣后，而翰博君提身好礼，盖能守家训者；乃犹以遏佚为惧，汲汲欲广其传。余由此信颜氏之裔，无复有失礼，而足为四方观矣。传不云乎："国之本在家。""人人亲其亲、长其长而天下平。"若是，则家训之作，又未始无益于国也。①

　　家风是一个家庭或家族家训文化的个性化传承。家风是一个家族子孙代代恪守家训、家规而长期形成的具有鲜明家族特征的家庭文化，作为家族最宝贵的不动产，是每个家族成员引以为豪的源泉，是每个家庭或家族成员世界观、人生观、价值观形成的基石。没有规矩，不成方圆。在民主与平等氛围渐浓的现代社会，维持一个家庭命脉的，不是家长对子女的绝对权威，而是良好的家规和门风。作为家庭文化的本真反映，家风门风在现实当中往往表现为一个个具体的家庭教育传统习惯、风格特色、环境氛围，虽然看不到物理性质的显性存在，但作为一个人特别是幼小子弟的成长微观环境，家风门风主要通过家人之间的情感沟通和家庭制度性氛围等趋向一致的日常道德行为惯习、价值判断标准、对待事物的态度等，潜移默化地影响着孩子的心理品质和个性特征。一般而言，生活成长在具有良好情感氛围和道德规范家庭中的孩子，往往拥有比较稳定坚毅的性格，具备良好的合作与人际交往能力，也很少涉足校园欺凌、逃避责任等言行出格事件。说明树立良好的家风门风，首先，要营造良好的家庭情感氛围，家长特别是孩子的父母，相互之间应该相亲相爱、互相尊重；父母与子女之间保持亲密融洽、互动友爱。其次，在日常生活当中，如果父母之间，以及父母与子女之间相处轻松愉悦，不存在居高临下、颐指气使，也不存在恶语相向、侮辱诋毁等交流方式，那么，这样的一家之内，必将总是充满温馨和睦、亲切友善。最后，在道德规范的建立与日常行为标准的认知与遵循方面，恪守家风的父母，往往能自觉为子女树立良好的道德践履榜样。因此，可以说，家风是一个家庭或家族家训文化的

---

① 《颜氏家训集解·卷第七》。明万历甲戌颜嗣慎刻本序跋·重刻颜氏家训序。

个性化传承。幸福的家庭，无一例外都有可以被人感知、可以让人提炼总结出来的家风门风。所不同的是，正如每个人拥有区别于旁人的面孔一样，不同的家庭或家族必定拥有不同于一般的家风门风。对于那些没有家风门风的家庭或家族而言，其实，没有家风门风也是一种家训文化传统，是一种特殊的家庭家族门风。值得注意的是，即便是有家风家传的家庭，家长实施家庭教育如果不讲规矩而随意管教，孩子也很可能产生逆反心理，甚至会与家长对抗。说明有没有家风，以及家风的个性是不是鲜明并不重要，重要的是，家长对以孩子为主的家庭教育活动，既要明确限度，也要讲究艺术。理性的管教应当是建立在规矩之上的，立规矩须事先和孩子商量，通过与孩子共同制定学习生活规范和言行标准，帮助孩子规划作息、管理日常事务，并恰当运用适合子女成长发展的教育方法进行管教，如此承传与呵护家风，方能取得实效。

要注意将治家教子的家传作风与时代特征相结合，以便在成功有效训育出贤子孙的同时，富有个性地将家风一代代传承下去。有什么样的家风，就有什么样的家教，也就有什么样的孩子。家风是一种综合的教育力量，它通过日常生活影响孩子的心灵，塑造孩子的人格。孩子出生后，从小到大，几乎三分之二的时间生活在家庭之中，朝朝暮暮，都在接受着家长的生活教育和成长影响。这种教育是在有意和无意、计划和无计划、自觉和不自觉之中进行的。不管是以什么方式、在什么时间进行教育，都是家长以其自身的言行身动随时随地地教育影响着子女。"内蒙古家庭教育指导服务体系建设的研究"课题组成员在调查一位事业成功的年轻母亲时看到，她生育的一对4岁双胞胎姐妹，小小年纪就很懂事，很有礼貌，喜欢帮助家长和老师做一些力所能及的事情，有好吃的也一定先让长者。当问及孩子为什么如此懂事时，孩子年轻母亲的回答向人们揭示出家风门风对家庭教育的基础性作用："我们一家人相处得非常愉快，我婆婆疼爱她的婆婆，我也疼爱我的婆婆，她们都心疼我，看我忙都帮我照看孩子、做家务，我也心疼老人家们，有什么好吃的一定先想着长辈，我的孩子也形成了习惯，有好吃的都要先给老人。"① 现代版"孔融三岁，能让梨"的事例，表征着有什么样的家风家传，就有什么样的孩子。说明家风可以作为一个家庭或家族的面貌让人可视，家风通过日常生活影响孩子的心灵，能够塑造出家人子弟令人艳羡的德性人格，也说明家风本质上是一种无言的教育，是一家之内修身齐家无声的推动力量。

三 家风建设的有效途径

批判地继承传统家训文化，为家风门风建设打好认识基础。学习借鉴已有的优秀家训及其训教文化传统，对于建设和传承现代家风门风、创新家庭德育范式、做好新时代家风建设和家庭教育，具有深刻而有效的理论与实践意义。善于学习模仿，是人类区别于一般动物的本质特性，也是人类文明一代代延续发展的基本保证。批判地继承传统家训文化，建设与呵护好各自的家风门风，最直接有效和最容易让家人子弟从感情上接受、行动上自觉践履的，莫过于对祖传家风门风的尊崇与认同。绵延数千年依然繁盛不衰的中华传统家训文化，其生命轨迹有力地印证着中国人善于学习、长于继承的同时，勇于创新发展的实践本质。纵观我国家风家训文化传承发展的历史轨迹，我们不难理解这一点。但如果从微观层面考察，人们便很容易发现，无论多么个性的家庭，包括很新潮的丁克儿家庭等新生家庭，存续在一家之内的家庭教育（包括家庭成员之间的相互影响），不可避免地要受到来自新生家庭诸成员关系最为密切的原生家庭家风文化的影响。基于对血缘亲情的内心回归，那些原生

---

① 张玉梅、齐娜、陈威威：《当今成功家庭教育具有的七大共同特点——以内蒙古自治区成功家庭教育经验为依据》，《内蒙古师范大学学报》2018 年第 12 期，第 40—44 页。

家庭祖辈或家长的教养方式、生活方式，以及家庭成员之间和睦恩爱的关系、对待家人子弟的态度与殷切期望等风习，无不成为新生家庭成员学习借鉴与传承本族先辈家风家训及其家庭教育文化传统的重要来源。因此，从这个意义上讲，任何家庭的家风特别是家庭教育传统都不是从零起头的，原生家庭的教育观念和家风门风往往会深刻地影响到新生家庭，并在绵延不断的代际传播中凝练升华为家族文化传统，凝结为可被感知、可被界定的固有家风门风。由此也可以说明，家风门风建设可以在短期内完成，除了留心身边无处不在的优良家风外，只要年轻家长与自己成长起来的原生家庭保持健康的交往关系，那么新生家庭的家庭传统和家风门风建设就会是有源之水，齐家教子就会在一个相对高的起点上开始。

制定家训家规，让家风门风建设有章可循。透过家风门风和家训家规建设的历史与现实，我们可以清晰地看到，家训是家风的文字凝练，我国古代先民通过撰写、修订、刊印家训家规等活动，将家训即家庭教育活动规范化、系统化的同时，不仅成功地建立起传统父家长制家庭制度，提高了家庭治理和子弟教育的效果，也让流行于家门之内的治家教子传统积淀淳化为家风门风。其中，不乏对家庭教育有完整思考，甚至进行过深入研究的家长，根据其所处时代的社会核心价值观、家族内部的祖上遗训、自身经验的总结练达等专门撰写家训，阐释自己的训家教育理念，形成独具特色的家教文本。在此基础上，历经世代家人的自觉遵从与践履呵护，这一训家教子的教材蓝本便通过一脉相承而逐渐凝练醇化为世传家风。也不乏后世子弟中的成功者，或顺应时代潮流对已有家训文本进行拾遗补缺，或坚持与时俱进重修续写家训，或出于盛世修谱的应时之作而出新的家训文本。相同点在于，所有制作家训的家长们都会选取其时社会流行且符合本家族现实需要的家训文本，刊行全族以为家庭教育的蒙训教材，也能够以此为基础恪守既有的家教传统，长此以往，便积淀发展出独具特色的训教家风门风。例如，中国先民们对《颜氏家训》的竞相传抄与刊行，便可见一斑。

> 人之爱其子孙也，何所不至哉！爱之深，故虑焉而周；虑之周，故语焉而详。详于口者，听过而忘，又不如详于书者，足以垂世而行远，此家训所为作也。然历观古人诏其后嗣之语，往往未满人意。……余观颜氏家训廿篇，可谓度越数贤者矣。其谊正，其意备。其为言也，近而不俚，切而不激。自比于傅婢寡妻，而心苦言甘，足令顽秀并遵，贤愚共晓。宜其孙曾数传，节义文章，武功吏治，绳绳继起，而无负斯训也。惟归心篇阐扬佛乘，流入异端；书证篇、音辞篇，义琐文繁，有资小学，无关大体；他若古今风习不同，在当日言之，则切近于事情，由今日视之，为闲谈而无当。不揣谫陋，重加决择，薙其冗杂，掇其菁英，布之家塾，用启童蒙。苏子瞻云："药虽进于医手，方多传于古人。若已经效于世间，不必皆从于己出。"窃谓父兄之教子弟，亦犹是也，以古人之训其家者，各训乃家，不更事逸而功倍乎？此余节钞是书之微意也。①

秉持家教传统，呵护与传承好既有的家风门风。从我国历史上浩若繁星的不同家训文本中，我们很容易看出家训的制作者们力图建立一种治家教子长效机制的深谋远虑：那便是希望自己的后世子孙能世代遵从家训教诲、自觉传承家训思想和自觉践履家训仪规，养成理想的家教传统并能严格持守的家训门风。家风及其家训文化，在中华优秀传统文化中占有举足轻重的地位，重振家风就是中华优秀传统文化精神的回归。在"讲仁爱、重民本、守诚信、崇正

---

① 王利器：《颜氏家训·集解卷第七》。

义、尚和合、求大同"① 的中华优秀传统文化核心价值观引领下，与中华民族一起实现伟大复兴的，必将包括家风家训这一得到创新性发展并深刻影响学校教育、社会教育和人类未来发展的家庭教育模式。如果从广义的角度讲，新时代的每个家庭实际上都有属于自己的家风。相反，如果一个家庭没有家风，表现在本质上也是一种家风。当然，对一些好的家风门风典型，我们应当积极借鉴、虚心学习，力争能够为我所用，这既是家风和家训文化传播的历史经验，也是当今信息化条件下家庭建设的必然趋势。如近几年风行很多地方的"家风银行"传播社会道德试点，便是家风建设的有效尝试。

　　2018 年元旦假期，河南洛阳市高新区丰润路社区举行了一场特殊的群众文化体验活动，该社区成功开办了一家特殊的

---

　　① 　要深入挖掘和阐发中华优秀传统文化的时代价值，使中华优秀传统文化成为涵养社会主义核心价值观的重要源泉。对于培育和弘扬社会主义核心价值观问题，习近平总书记多次讲话强调，先后用六句话对中华优秀传统文化进行了如下概括："讲仁爱、重民本、守诚信、崇正义、尚和合、求大同。" 2017 年 6 月 23 日，习近平总书记在深度贫困地区脱贫攻坚座谈会上的讲话提出讲仁爱，"要发扬中华民族孝亲敬老的传统美德，引导人们自觉承担家庭责任、树立良好家风，强化家庭成员赡养、扶养老年人的责任意识，促进家庭老少和顺"。2018 年 12 月 18 日，在庆祝改革开放 40 周年大会上的讲话强调重民本，"我们要着力解决人民群众所需所急所盼，让人民共享经济、政治、文化、社会、生态等各方面发展成果，有更多、更直接、更实在的获得感、幸福感、安全感，不断促进人的全面发展、全体人民共同富裕"。2015 年 6 月 1 日，在人民大会堂会见中国少年先锋队第七次全国代表大会全体代表时的讲话强调守诚信，"要学会做人的准则，就要学习和传承中华民族传统美德，学习和弘扬社会主义新风尚，热爱生活，懂得感恩，与人为善，明礼诚信，争当学习和实践社会主义核心价值观的小模范"。2019 年 1 月，出席中央政法工作会议并发表重要讲话强调崇正义，"要大力弘扬社会主义核心价值观，加强思想教育、道德教化，改进见义勇为英雄模范评选表彰工作，让全社会充满正气、正义"。2014 年 5 月 15 日，在中国国际友好大会暨中国人民对外友好协会成立 60 周年纪念活动上的讲话强调尚和合，"中华文化崇尚和谐，中国'和'文化源远流长，蕴涵着天人合一的宇宙观、协和万邦的国际观、和而不同的社会观、人心和善的道德观。在五千多年的文明发展中，中华民族一直追求和传承着和平、和睦、和谐的坚定理念。以和为贵，与人为善，己所不欲、勿施于人等理念在中国代代相传，深深植根于中国人的精神中，深深体现在中国人的行为上"。2017 年 12 月 1 日，在中国共产党与世界政党高层对话会上的主旨讲话强调，"中华民族历来讲求'天下一家'，主张民胞物与、协和万邦、天下大同，憧憬'大道之行，天下为公'的美好世界。我们认为，世界各国尽管有这样那样的分歧矛盾，也免不了产生这样那样的磕磕碰碰，但世界各国人民都生活在同一片蓝天下、拥有同一个家园，应该是一家人"。

"银行"，很多居民将填好的"家风银行"存单交由社区统一保管。这些存单上写的不是金钱数字，而是各家的"家风"。更为重要的是，所有辖区的居民可申请"支取"他人的"家风"交流和学习借鉴。将每个家庭已有的家风家训收集储存起来，不仅方便自己"支取"，也给别人"借支"提供学习借鉴方便，便是这个"家风银行"的运行方式。①

一般而言，家风在过去一直被视为家庭的私有财产，只在家庭或家族小范围内流传，一般不会主动走向社会让更多的人受益和借用。"家风银行"这一群众文化体验活动无疑给家风建设与传承提供了一个走出家门的传播机会，也为不同的家风提供了一个互相交流和融合的机会，成为现代家风门风建设和推广的成功范例。实质上，"家风银行"不仅是家风的收集站，也是社会道德的传播源。人们以家风的形式储存的是家庭美德和家教风格，支出的却是社会文明。它不仅可以推广家风门风建设经验，而且可以对其他家庭的家风建设起到榜样示范与影响调和的作用。

四　注重家风传承，治家教子塑造子弟德性人格

家风是一个家庭的灵魂和精神营养，也是一个家庭的价值追求和道德标准。忠厚传家久，诗礼继世长。表明家风传承不仅重要，而且非常有用。家风一词，本来就蕴含有继承传统的含义和思想。中国古代文化典籍中，多有"不坠家风""世守家风""克绍家风""世其家风"和"家风克嗣"等称许文辞。例如，我国《南史》记述"齐有人焉，于斯为盛。其余文雅儒素，各禀家风。箕裘不坠，亦云美矣"②。其中的"禀"字，便简洁明了地表达了其时社会卑

---

① 刘剑飞：《"家风银行"是社会道德传播点》，《新乡日报》2018 年 1 月 16 日。
② 《南史·列传第一二》。

下辈对尊长辈、后辈对前辈家风门风传统的承继接受。当然，传统的"家风"是一个相对完整的价值体系，在中国古代社会得到了比较好的呵护与传承。对于现代社会条件下的家风之不传，有研究认为主要源于当今社会传统家族、家庭的解体，认为在一个三五口人便构成家的"小家庭时代"，宗族或家族文化不再是主导人们道德观念和行为方式的决定性力量，因而让家风门风承继接续失去了原动力。这只能为造成家风之不传的主观认识错误提供借口。虽然，家风的式微或坠坏，与现代社会这一特定历史时期中华优秀传统文化被遗弃所导致的价值观混乱有关，但是，同样处在"小家庭时代"的港台地区和海外华人，他们何以能够将自己祖传的优良家风较好地传承了下来，甚至带出国门传播到世界各地，而坐拥优秀家风传统文化资源的原住民却可以轻易丢弃呢！因此，习近平总书记在很多场合多次强调家风建设与传承的重要性，就是要大家认识到，"家庭不只是人们身体的住处，更是人们心灵的归宿。家风好，就能家道兴盛、和顺美满；家风差，难免殃及子孙、贻害社会。广大家庭都要弘扬优良家风，以千千万万家庭的好家风支撑起全社会的好风气"①。号召人们切实注重家风传承，注意用优良家风门风治家教子，塑造家人子弟德性人格。

　　家风是家训文化的家庭化成果，传承家风门风体现在家庭教育的成功与有效上。历史和事实告诉我们，家风是家训文化的家庭资产，成功的家庭教育，无疑是恰当而有效地进行着家庭道德教育的实践活动；对家风门风的有效传承，在于家庭教育的成功，最大也是最显见的成效集中体现在对子女和家人的人格塑造方面。因为道德品行的养成，有赖于人性当中强烈而又丰富的情感基础，子女或其他家人在与自己所信服和尊敬的家长或父母长期共处中感受到来

---

① 习近平：《推动形成社会主义家庭文明新风尚》，http://news.xinhuanet.com/2016-12-12。

自亲人的道德引领、价值追求、原则规范，自然在情感上认同，在生活化实践中遵循。① 英国哲学家大卫·休谟指出："道德上的善恶的确是由我们的情绪而不是由理性加以区分的，但这些情绪可能要么只是由性格和情感的单纯影响或现象所发生的，要么是通过我们对它们促进人类或特定的人的幸福的趋向的反省所发生的。"② 之所以有这样的情感结果产生，是因为"同言而信，信其所亲；同命而行，行其所服"。③ 由于家长和子女之间是基于血缘关系的感情纽带联系在一起的，这一家庭教育中教育者和被教育者之间的特殊关系，决定了他们之间有着共同的利害关系，从而有了一致的家庭

① 从道德修养和人格塑造的长期性而言，中国人"分地而居，数代同堂，合族而处"的大家庭，以家长终身施教和子女家人的终身受益，不仅很好地诠释了育人活动的复杂性和长期性，也证明了中华优秀传统家训文化的生命力。西汉经学家刘向在《烈女传》中赞颂"孟子之母，教化列分，处子择艺，使从大伦，子学不进，断机示焉，子遂成德，为当世冠"。就是在列举孟母从择邻处以利子学、断机杼激发子志，到教子婚嫁、断子疑难，再现了孟母一生教子的典型范例后才得出结论的。刘向以恰切"载色载笑，匪怒匪教"诗句之谓，罗列出孟母终生施教的家训仪方："其舍近墓。孟子之少也，嬉游为墓间之事，踊跃筑埋。孟母曰：'此非吾所以居处子也。'乃去舍市傍，其嬉戏为贾人炫卖之事，孟母又曰：'此非吾所以居处子也。'复徙舍学宫之傍，其嬉游乃设俎豆揖让进退，孟母曰：'真可以居吾子矣。'遂居之。及孟子长，学六艺，卒成大儒之名。……孟子之少也，既学而归，孟母方绩，问曰：'学何所至矣？'孟子曰：'自若也。'孟母以刀断其织。孟子惧而问其故，孟母曰：'子之废学，若吾断斯织也。夫君子学以立名，问则广知，是以居则安宁，动则远害。今而废之，是不免于厮役，而无以离于祸患也。何以异于织绩而食，中道废而不为，宁能衣其夫子，而长不乏粮食哉！女则废其所食，男则堕于修德，不为窃盗，则为虏役矣。'孟子惧，旦夕勤学不息，师事子思，遂成天下之名儒。……孟子既娶，将入私室，其妇袒而在内，孟子不悦，遂去不入。妇辞孟母而求去，曰：'妾闻夫妇之道，私室不与焉。今者妾窃堕在室，而夫子见妾，勃然不悦，是客妾也。妇人之义，盖不客宿。请归父母。'于是孟母召孟子而谓之曰：'夫礼，将入门，问孰存，所以致敬也。将上堂，声必扬，所以戒人也。将入户，视必下，恐见人过也。今子不察于礼，而责礼于人，不亦远乎！'孟子谢，遂留其妇。……孟子处齐，而有忧色。孟母见之曰：'子若有忧色，何也？'孟子曰：'不敏。'异日闲居，拥楹而叹。孟母见之曰：'乡见子有忧色，曰不也，今拥楹而叹，何也？'孟子对曰：'轲闻之：君子称身而就位，不为苟得而受赏，不贪荣禄。诸侯不听，则不达其上。听而不用，则不践其朝。今道不用于齐，愿行而母老，是以忧也。'孟母曰：'夫妇人之礼，精五饭，擅酒浆，养舅姑，缝衣裳而已矣。故有闺内之修，而无境外之志。……故年少则从乎父母，出嫁则从乎夫，夫死则从乎子，礼也。今子成人也，而我老矣。子行乎子义，吾行乎吾礼。'"仅此一家教子范例，足可成为反映我国古代先民家庭教育贯穿始终，表征传统家训具备修身进德长期性最好的注解与诠释。

② ［英］大卫·休谟：《人性论》，江西教育出版社2014年版，第455页。

③ 《颜氏家训·序致第一》。

（家族）价值观，久而久之便积淀淳化为独具特色的家教门风。以父母为代表的家长总是从生活学习上无微不至地关心子女，并苦口婆心地教育后代，期望孩子们能够顺利成长成才；而子女往往对父母怀有尊崇和信赖之情，自然从内心来讲愿意接受父母的教育指导和帮助。由于父母与子女之间的感情是天然的，这种天然的情感具有强烈的感化作用，是一种潜移默化的熏育力量，在教育工作中有着特殊意义。换言之，由于家风门风深刻影响着一个家庭家族能否教育出担当大任之英才，因而应该在实际生活当中自觉看重家庭或家族的家风门风建设。不论是身边的模范家庭榜样，还是见诸报端的家教楷模，他们成功的背后往往都有缜密的家训或世传家风，在一定程度上证明并强化着这一看法。因此，家风从历史中走来，具有强烈的德育感召力，是家训文化的家庭化。一个家庭（家族）的家训文化经过家庭长辈和主要成员一贯而严格的实践传承，便潜移默化为被家人族众和乡里乡亲可界定可识别可描述可传承的家庭家族标志或标签。① 家风的形成，根源于中华优秀传统家训文化，成型于家长或家族长辈训导教育子女成人成才的孜孜追求和训育子女的反复实践。为了维护家庭（家族）内部的稳定、调整和处理好家庭（家族）内部的各种关系，最终将子女培养成人，从而保证家庭（家族）得以承继和绵延不绝，客观上需要家庭（家族）长辈通过

---

① 家风，不关涉家庭贫富，也不关涉有无文化，只关涉家长德行。家风在本质上是一种精神育人力量，既能在思想认识上约束家庭成员的言行，又能保证家庭成员在一种和谐、健康、向上的氛围中不断成长和发展。家风虽然从本质上讲是一种无形的力量，但依然可以被人感知、界定和描述。其实，如果稍加留意我国历史悠久的古村镇，那些镌刻在各家门楣、悬挂在各族宗庙、刊行于传统家训当中的世传祖德，往往就是对应于该家族最集中的家风。例如，素有"文史之乡"美称的陕西韩城，便有汉太史公司马迁、宋诗人张昪、明相薛国观、清状元王杰和刑部尚书张廷枢等文豪名儒，均出自韩城，至今随处可见的门楼雕刻"诗书第""诗书生香""二经传家""科第""进士第""世科第""明经第""思隐第""十马高轩"等，均是特定家风的集中写照。其中，韩城市党家村共有四合院一百多，各院门楣之上都有匾额悬挂，篆刻着"读书第""耕读第""和致祥""慎和谦""孝弟慈""耕读""笃静""居仁由义""忠厚""庆有余""安详恭敬""光裕第"等文字，分明是该家公认的最高道德行为准则和世代秉持传承的不坠家风。

家训以口头或书面的形式来训育子女乃至全体家庭成员。这样一来，追求以家训文化保持家庭（家族）永续发展的努力，便展现为一家一族之内对家训及其教育活动的长期坚持，最终积淀固化为良好的家风门风，成为一个家庭（家族）现实生活当中最鲜明的传统习惯和生活方式（见图5—4）。

图5—4　陕西韩城市党家村家风门匾"诗书第"

注重传承家风，是亿万家长义不容辞的历史重任。在一个个具体而不同的家庭（家族）中，家风绝不是道德教化的口号，保持家风不坠绝不仅仅要挂在口头记在心里。相反，家风还是家庭（家族）精神的集中体现，必须通过世代家族成员特别是家长具体而持久的行为持载才能成功践行和传承。然而，身处现代价值和认知多元化的社会与舆论环境，中华优秀传统文化倡导人们坚守道义、洁身自好的人生信条，往往与现实生活中的利害关系发生冲突，不仅让众多的家长们在平时的道德判断上困惑不已，而且严重地影响他们在家庭教育当中的言传身教效果。在社会经济成分、分配方式和生活方式多元导致的利益格局分化社会条件下，已经认可或习惯了价值取向多元的家长，面对物欲横流和社会主义核心价值观尚未完全主导社会心理的现实，以及传统道德规范要求与现实价值与行为选择的明显错位，容易导致家长对家庭教育本身价值认知与判断的困惑迷失，对家庭德育的自信明显不足，严重影响家庭教育的正能量发挥，影响对孩子健全人格的塑造。但是，注重家庭，重视家风门风建设和传承，古今一理。正如颜之推在《颜氏家训》开篇序致所言："吾家风教，素为整密。昔在龆龀，便蒙诱诲；每从两兄，晓夕温清。规行矩步，安辞定色，锵锵翼翼，若朝严君焉。"① 不论从制作家训家规的主观愿望，还是家风的内在建设功能，都是基于家庭或家族发展的长远和根本利益，目的在于"整齐门内，提撕子孙"，诚所谓"创家训以垂子孙，同居合爨以收其心而使之同"②；也不论家训家规的客观价值还是外在功能，都是出于让家庭家族在社会活动中能够生发出淳厚家风，最终有利于民族繁荣和国家稳定。我们对家训及其文化历史的最好纪念，就是创建无愧于时代要求的家风门风，并能严格持守、世代相传。在现代社会条件下，我们应当批判地继承和弘扬中华优秀家训文化精神，注意制定和传承家训家规，让家风门风建设有章可循的同时，通过成功有效的家庭教育和务实可行的家庭建设，将优良家风门风一代代传承下去。

第三节　完善现代家训模式　防止和
纠正家教偏颇

　　家训文化在当代的传承与创新，需要家庭和学校的共同配合，

---

① 《颜氏家训·序致第一》。
② 《清耆献类徵选编·卷八》。

也需要社会多元主体协力共建。家庭是传承优秀传统文化的重要载体，在现代家庭教育中，我们更应强调自由与规则的有机统一，坚持和引领家庭教育发展的科学方向，落实家庭教育在我国经济社会发展中的应有地位，满足家庭教育指导的社会民生需求，突破制约我国教育发展的家训文化传承瓶颈，不仅成为我国现代公民教育体系建设的重要组成部分，而且应当成为各级政府统筹规划，各相关职能部门分工协作，社会各方支持力量协同完成的重大而艰巨的任务。促进我国家庭教育事业健康发展，需要我们站在新的历史起点上，坚持问题导向，直面家庭教育当中存在的各种挑战，立足中国家庭教育实际，传承中华优秀传统文化，秉持古为今用、洋为中用的原则，在总结继承传统家训教戒经验、弘扬和发展我国古代家庭教育优良传统的同时，学习研究并吸收借鉴世界各民族先进的家庭教育理念与成功经验，积极应对人民群众接受更好教育的需要与包括家庭教育在内的发展不平衡不充分这一社会主要矛盾在教育领域的突出表现，研究新情况、适应新形势、迎接新挑战，提振现代家庭教育精神，创造性地探索出中国特色社会主义家庭教育发展之路。这不仅是历史和人民的热切期盼，也是我国广大教育工作者义不容辞的时代责任。

一 继承和弘扬家训文化传统，树立德育为本的家庭教育观念

中国人朴素地认为，教育的目的在于育人，如果说所有的家庭教育和影响手段均是育人的外因，那么发动家人子弟"见贤思齐，见不贤而内自省也"的自我修养功用，则是诱发育人过程顺利发展达致目标的内在诱导因素。在家庭训教实践当中，常常坚信好孩子是夸出来捧出来的同时，突出家教严正的家训特色。绝不像现代社会有些家长对孩子的学习要求一味过分严厉，一旦孩子的学习成绩不好，便动辄打骂或冷嘲热讽孩子，照此做的结果只能伤害子女的自尊心，完全不利于孩子提高学习成绩，更有损于健全人格的养成。所以，仅就文化学习这一教育活动而言，如何让孩子真正做到自觉自主学习，达到学然后知不足，知不足然后能刻苦学习和努力改进的教育目的，是众多家长想方设法而又很难见效的现实问题。因此，以家训为主要实践范式的现代家庭教育，首先要实现由学校教育的跟从与附庸向独立的家庭教育角色转换，在明确家庭教育的价值与使命基础上，重新找回家庭教育定位。这是实现家训文化自信和引导现代家庭教育按照自身特点运行的前提和基础。然而，与社会主义市场经济的快速发展相伴而生的，是那些从农村流向城镇、从小城镇流向大城市、从中西部流向东部和东南沿海地区，实现了人口地域性流动的劳动者，以及由此带来的农村家庭空巢化，留守老人、留守儿童、留守妇女和流动儿童等的教育抚养问题。破解这一社会现实问题，需要批判地继承和弘扬家训文化传统，牢固树立德育为本的家庭教育观念。完善现代家训模式，注意调适新旧教育观念的冲突与矛盾。

　　家庭不是从来就有的，也不是一成不变的。正如家庭的结构和形态要随着人类社会的生产方式变革而发展一样，伴随着家庭生产生活关系的变迁①，家庭教育所面对的任务和所要采取的形式也必然发生相应的变化，直至过渡到无差别的社会化教育。这既是马克思恩格斯提出的实现人的自由和全面发展的家庭教育观，也是基于社会现实矛盾所构想的家庭教育最终目标。在马克思和恩格斯的诸多论著中，一方面，将家庭置于一种动态变革的社会关系

---

　　①　改革开放以来，伴随着社会主义市场经济体制的确立和经济的快速发展，我国的社会组织机构不论是政治上、组织上还是所有制性质都发生了明显的变化。大量民间社会组织机构的出现和多种所有制经济形式的存在，使规模性组织机构增多（这些组织的显见特征，表现为国际化程度高，且组织和人员关系交互性强、组织更迭频繁，组织和人员之间竞争激烈，对组织的复杂程度和人员的规范化要求高），让原本就经处于变更中的传统家庭组织以及属于各个家庭的个体越来越多地被嵌套在一个个交互性很强的现代组织系统当中，不仅刚性规制着人的社会关系和职业生活，而且成为影响人的成长成才特别是影响家庭教育功能有效发挥的社会基础和主要的环境因素。

当中看待，从而推断出家庭的性质和职能是由社会生产决定的结论；另一方面，提出了实现家庭职能以完成对人自身生产的任务，自然包括了家庭教育，而且"最好的家庭教育实践应当是孩子的天性获得极大的解放，充分激发每个孩子的发展潜能。孩子们根据自己的特性在家庭中能够得到最广泛的教育"①。进入新时代，随着社会全面转型期的全球化发展，信息化条件下多元文化的相互激荡，使人们的思维方式、行为方式和生活方式发生了前所未有的深刻变化。与此相适应，那些深受中华传统文化影响的家庭教育，也面临着新旧教育观念和新旧家教模式的激烈冲突。正确应对时代进步所导致的新旧家庭教育观念和现实需求的矛盾，是任何一个时代、任何一个民族、任何一个家庭和任何一个家长都要认真解决的现实问题。按照马克思恩格斯所提出家庭教育观，与共产主义理想相适应的最好的家庭教育，应当是全社会共享而没有边界的教育。为了实现这一理想，必须注意把握时代脉搏，紧抓发展机遇，把家庭教育和学校教育、社会教育放在同等重要的位置，把以人为本作为家庭教育的核心，把通过家庭成员共同成长来完善心灵和人格修养作为家庭教育的根本任务，注意做好继承和弘扬中华优秀传统家训基础上的家庭文化建设，以文化自信的认识视角确立全新的家庭道德教育体制机制，必将为现代家庭教育事业的发展注入新的思想活力。

二　遵循教育规律，实现家庭教育的初心回归

德育为本的家庭教育，始终坚持人格塑造为第一目标。中国人历来重视家庭教育，成功的中国家长们不仅善于学习借鉴优秀的家训文化和家庭教育经验，而且也善于在教育孩子的过程中，

---

① 陈苏珍、潘玉腾：《马克思恩格斯的家庭教育观及其当代价值——纪念马克思诞辰200周年》，《学术交流》2018年第2期，第36—42页。

不断思考与探索适合自己子女特点和家庭实际的独特家训及其家庭教育方式方法，成功总结历练出一套中国特色家庭教育规律，培养出一代又一代贤子孙，收到了全球公认的教育成效。其中，表面上看似以教会子女家人经世致用的生存与发展良策为主要内容的家训活动，但是其训教文化的精神本质和终极目标定位却是人格的塑造与完善。与此相适应，中国家长们对于生活化家庭教育内容与方式的选取，一般不是单纯地一味施压灌输和外在塑造。这一点反映在家庭教育观念和认识方面，认为教育作为人类得以延续和发展的文化生活，不应该让教育活动的参与者生活在恐惧与焦虑当中，而应该基于超越功利及外在目的反身内求，以此发掘并提升受教个体生命的内在天赋和无穷宝藏，最终实现教育初心的回归。

家庭教育的早期功能，重在对生命成长的心理训育。心理学研究成果表明，成年人之间的交往存在着明显的心理边界，即使亲子关系互动也是如此，而正常与健康的人生，需要健康和谐的人际关系，更少不了清晰而稳定的心理边界。这一区分彼此的心理边界，并不是人生来就有的，而是伴随着幼小个体的成长过程，逐步明晰和确立起来的。一般而言，生命初期的襁褓婴儿离不开母亲的照料，在认知方面与母亲也不分彼此，还没有形成区分"你、我、他"的心理边界。随着幼小子女的日渐长大，到3岁左右开始认识到自己是独立的个体，产生了最初的区分意识，开始建立心理边界。然而，在特别注重亲情的中华传统文化背景下，家长的自我心理边界往往模糊不清，甚至错误地认为子女是"自己身上掉下的肉"，认为自己养育了孩子，就可以决定子女的一切，没有很好地处理本人与子女之间的心理区分。建立在父母爱孩子感情基础上的家庭教育，如果从正常心理边界的构建看，是以分离为目的的。而且，这种分离越早越清晰，孩子未来就越容易适应。相反，一些家庭的父母或家长把亲子关系狭隘地理解为和子女不分彼此，甚至有些独生子女的父母非常担心自己会对为人父母的职责有所缺欠，天天围着孩子转，对子女的心理、感情和生活等方方面面都事无巨细、大包大揽，最终让已经长大成人的孩子因为没有"断奶"而普遍患有"巨婴症"，致使家庭教育的早期功能发挥失常，造成对子女独立人格塑造严重不足。我国古代传统家训以及由此文化指导下的家庭教育，尚能以独立人格的成功塑造实现这一教育初心，时下很多现代家庭的家长却无法做到，实属不该。

家庭教育的公共属性，表现为家庭教育的社会化成人指向。从人的社会属性看，孩子从出生时起，其实就已经不属于父母而属于社会，家长只是第一个有责任和义务教给孩子良好品德和优良习惯的引路人。从这个意义上讲，家庭教育是建立人生价值观和认知伦理关系、让子女认识并自觉承担公民社会责任的起点。苏联教育学家苏霍姆林斯基指出："家庭教育是一项关系到个人、家庭和社会未来的伟大事业。……为社会培养出有益的人，是家庭应尽的责任与义务。"[①] 家庭教育不仅仅以多维角度，让孩子现实地逐步认识和学会适应不断复杂的人际关系，而且在于以生命关切的方式，帮助孩子树立正确的人生目标和价值观念，教导其懂得必须遵守社会行为规范，全面促进幼小子女的社会化。换言之，家庭教育推进幼小个体社会化的实质，在于让子女本人认识到自身存在的使命和价值，通过相互尊重与合规守纪帮助子女提高自我管理与自我约束的能力，让孩子主观上认同、客观上惯习践履其时社会所通行的一整套立身处世的社会准则，徐徐开启孩子走向社会、融入民间大众的门户。因此，从家庭教育的视域

---

① ［苏］苏霍姆林斯基：《给教师的建议》下，杜殿坤译，教育科学出版社1981年版，第251页。

看，一方面，每一个家庭成员的社会化便是个体在家庭家族长辈的教养下，借助于以自然生命延续和发展为主的家庭教育蹒跚起步，在不断学习生存技能和认知感悟社会存在与社会关系的基础上，逐步走出家门参与社会活动，练就包括适应家庭生活环境与社会活动规范要求的能力，最终成长为一个个完全被社会接纳和需要的独立人格，"正如他在现实中既作为社会存在的直观和现实享受而存在，又作为人的生命表现的总体而存在一样"①。另一方面，在人的社会化过程中，家庭不仅仅提供让个体生命得以延续的物质性基础和情感性保障，更为重要的是通过家庭环境的训育和影响，以家庭家族为担保支持幼小个体通过参与社会互动交流和内化文化，以成功掌握基本生活技能和社会活动能力，能够适应和改造社会环境为标志，逐渐塑造出自己独特的个性和人格，从而完成由自然人向社会人的转变，实现个体的社会化。

重新定位家庭教育功能，实现教育初心的回归。在现代社会条件下，唯分数应试和凭技能成才的教育高期望，造成家庭教育生态的高压力。很多家庭教育问题的出现，都是由于家长对自己孩子的思想和心理缺乏了解，与孩子沟通不够，往往以中国传统父家长制的主观愿望代替孩子的实际需求，导致孩子对家庭教育的漠视甚至逆反。当望子成龙望女成凤的教育期望，最终换回的是亲子关系日渐疏离、家庭成员关系紧张时，作为家庭教育的第一责任人——家长，势必对家庭教育的价值和功能定位产生困惑疑虑。特别是让家庭教育从属于学校教育的错误认识和家长们支持"唯学校是教"的失当做法，造成对学校教育的长期依赖和过度迷信。甚至在一些专业性、权威性突出的表述和界定中，很少有对家庭教育独特地位和特有价值的理

---

① 《马克思恩格斯全集》第 42 卷，人民出版社 1979 年版，第 123 页。

论阐释。① 相反，更多地表现为众口一词地将家庭教育置于学校教育的从属地位，将学校教育的规律和原则理所当然地应用于家庭教育的一边倒论说，不仅对数千年中国古代家训文化传统和家庭教育成功经验的置若罔闻，而且不承认家庭教育存在原本属于自己的规律和特色。这是我国现代家庭教育的悲哀，也是中国整个教育安排的悲剧。家庭教育的成功在于其潜移默化的精神影响，但它也是最基础和最坚固的育人工程，它最早也是最长久地奠定了每一个人人生的底色。重新定位家训的家庭德育功能，让家长和子女都从充满困惑、疑虑的家教状态中解脱出来，让家庭成员在家庭教育中恢复人性道心，有效实现家庭教育初心的回归。

三　加强日常训教，注意子女品性和习惯养成②

纵观我国古代家训及其文化训教的历史，先民们取得家庭教育

---

①　《教育大辞典》给家庭教育界定的主要任务是：儿童入学前，使他们在身心健康发展方面奠定初步基础，为接受学校教育做好准备；在儿童入学后，紧密配合学校，督促他们完成学校规定的学习任务，继续关心他们的身体健康，发展正当的兴趣爱好，培养良好的道德品质（《教育大辞典》第 1 卷，上海教育出版社 1990 年版，第 11 页）。《实用教育大词典》：家庭教育是指在儿童入学前，使儿童身心得到健全地发展，为学校教育打好基础；儿童入学后，配合学校教育，起着学校教育不可缺少的补充和助手作用（《实用教育大词典》，北京师范大学出版社 1995 年版，第 195 页）。《教育学辞典》：家庭教育的主要任务是使儿童的身心得到健全成长，为接受学校教育打好基础，使其入学后，配合学校在品德、智育和健康方面得到正常发展，将来能成为国家的建设者（《教育学辞典》，北京出版社 1987 年版，第 364 页）。《教育与心理辞典》：家庭教育是指父母、监护人或年长者在家庭中对儿童、青少年施行有目的、有计划、有系统的影响，使其子女成为一定社会所需要的人才的训练和感化的教育过程（《教育与心理辞典》，福建教育出版社 1988 年版，第 229—230 页）。

②　在中华传统文化视域，一般将人们惯常的行为选择及其惯常行为的定力统一界定为习惯。"少成若天性，习惯成自然。"既包含习惯养成的过程，也反映习惯的结果定力。近年来，学界特别是一些西方学者，主张在家庭教育研究中引入让各种因素被影响和调整定型的一种"场域"关系空间，如法国社会学家皮埃尔·布尔迪厄（Pierre Bourdieu, 1930—2002）便提出，通过家庭教育场域，可以有效培养人的性情倾向系统，即惯习。而且认为惯习往往不带感情色彩，是个体或特定群体在毫无主观意识的状态下，自觉向着既定目标做出行为选择的过程和保持这种惯常选择的定力；习惯一般则带有个人好恶感情，对实现既定目标、选择何种行为往往融入自己的主观意愿，甚至对行为目标的设定也可能有所取舍。

的成功，并不是依靠讲大道理来说服人，也不是依赖高大而严格的教义征服人，一切有效的传统家庭教育，现实地表现在日常生活中父母或家族长辈惯常地训导告诫子女，采取对家庭成员日复一日进行着的进退洒扫、视听言动等生活学习活动进行训导和规范，让家人子弟明白哪些能做、哪些不能做，让他们自己明了是非曲直、善恶好坏。并由对此类生活习惯的养成出发，从小教育子女遵守家庭既有的家训家规、遵从社会通行的道德规范，并一以贯之地固化为付诸行动的内心定力。例如，有许多家训家规，将"食不言，寝不语"的要求、不能乱扔乱放东西，以及要求吃有吃相、坐有坐资等细微生活规矩纳入日常教戒，无不指向对家人子弟良好生活习惯和道德品性的养成。历史和现实雄辩地告诉我们，日常生活世界从来就是人之原初、未分化和不断重复的生存状态，存在于人的衣食住行、言谈举止、饮食男女等个体成长的社会生活领域当中，所以应当成为人自在自为的生命存续方式和人生成长的惯常训育领域。以家训及其文化生命力著称的家庭教育，将育民新人的成人成才教育植根于人的日常生活世界，分明是洞见到了日常生活世界所蕴含的丰富德育价值，也明了生活化日常教戒活动的实际效能，于是惯常地将日常生活作为家庭教育乃至训育家人子女生存和发展的彩排舞台，通过看似琐碎而平凡的日常生活教戒，润物无声地将其时社会通行的价值原则和道德规范熔铸到家人子女的内心深处，不知不觉地训育出具有良好习惯的有德贤子孙。

家训注重日常训诫，潜移默化显功夫。从家庭教育的场域视角看，作为人师之初的家长，其训育子弟的使命实际就是传帮带，传承自己接续了父祖辈的优良品质，帮助家人子弟通过学习成长成才，带领孩子消疑解惑走上人生正途。这种言传身教，通过以身作则的父母或家长生活化熏染，对子女家人的教育影响施诸于日常生活，功成于潜移默化。如此家教成功的范例比比皆是，有一位大儿子考上清华大学、小儿子考上北京大学的单亲母亲，在接待很多急于解开其教子成功诀窍的造访者时表示，是自己的所作所为，感化出两个儿子的成功追求。因为单身，这位母亲吃下了比别的女人多得多的苦，表现得比别的女人更能撑更能熬，孩子看在了眼里、记在了心上、用功在了学习上。"孩子是陪着我一起吃苦，一路煎熬过来的。我的教子秘诀就是八个字——潜移默化、耳濡目染。"① 相反，现代社会有很多家长，自己首先做不到以身示范、不够楷模，却一味地要求孩子变得多么出色；家长言行失范、修养无成，却凶悍地威逼着孩子须做得如何好，以己昏昏，何以使人昭昭？诺贝尔文学奖获得者莫言回答媒体采访时曾说："每个人从生下来最早接受的就是家庭教育，受到影响最大的也是家庭教育，这种教育有言传有身教，甚至我觉得身教重于言传。"② 父母是孩子的第一任老师，强调父母是孩子学习榜样的同时，强调家庭教育的潜移默化功夫。所以，那些具有良好行为习惯、掌握为人处世要领的孩子，其家庭当中一定有以身作则、注意用自己的言行身动感染孩子的家长。

做好日常训诫，家长当发挥榜样与模范作用。俗话说，言教不如身教。"其身正，不令而行；其身不正，虽令不从。"③ 信其所亲，行其所服，是人之常情、行之常态，比起使用言语（说教）的家庭教育，非言语（无教）的家庭教育或许更温暖、细腻、含蓄，具有更大的应用空间和更细微的渗透性，教育"人心"的效果往往更好。然而，在现代社会中，许多家长在教育中越来越依赖说教的方式，说话越来越多，越来越絮叨；说话的声音越来越高，频率越来越快，态度也越来越急躁，这样往往会造成孩子的厌倦甚至逆

---

① 张玉梅、齐娜、陈威威：《当今成功家庭教育具有的七大共同特点——以内蒙古自治区成功家庭教育经验为依据》，《内蒙古师范大学学报》2018 年第 12 期，第 40—44 页。

② 《莫言谈家风：身教重于言传》，http://www.chinawriter.com.cn/2014-03-11。

③ 《论语·子路第十三》。

反。在家庭生活中，由于家长的权威地位，家长的言行及其思想观念，往往会被青少年所模仿，从而会直接影响到孩子的行为选择，继而影响青少年自身价值观、世界观、人生观的养成。家庭教育的基本原则在于言传身教，并且大量观察研究表明，身教的作用远大于言传，家长在家庭中的表现会有很大部分直接转移到孩子身上。由于孩子从小就与父母朝夕相处，除了吮吸奶汁是天生的本能外，包括吃饭穿衣、睡觉走路等生活技能都是父母言传身教的结果。不仅如此，父母教给孩子基本生活知识和劳动技能的过程，也是将特定的民族文化精神和价值理念传授给孩子的过程。因为父母或家长在教会孩子生活与劳动常识的时候，无意间便连同如何待人接物、怎样处事劳作，什么能做、什么不能做等人生哲理和社会行为规范、道德原则一并教给了孩子。因此，从育人的源头意义上可以这样讲，言传身教是家庭教育的主要形式。可是，言传与身教必须有效配合，才能真正提升家庭教育的效果。现实社会当中出现的很多家庭教育问题，往往直接与家长或父母忽视自己的行为示范有关。例如，对于困扰许多年轻父母的孩子挑食偏食这一简单问题，如果细究缘由，大多都源自父母或祖父母相应的饮食偏好。

四　全面提升家长素质，破解子女教养窘境

提高家长自身素质，成为现代家庭教育的时代要求。亿万家长只有秉持现代教育理念，坚持采用科学的态度和科学的方法科学育人，才能真正发挥家庭教育的优势和功能。然而，相较于现代家庭教育对家长素质的时代高标准高要求，当今很多家长的自身素质同合格家长的标准相比差距明显。一是部分家长固守过去突出强调伦理规范的传统家庭教育理念，简单地致力于在家教育孩子老实听话与顺从，而忽视了现代教育要求的突出孩子学习与创新能力、实践与生存能力、合作与协调能力的培养，以及尊重孩子个性和注重人

格塑造的时代特点。致使家长在破解孩子越来越不听话和不好教等困局中，感到存在能力不足的困惑。二是身处不断抬升的人才竞争和人力资源的社会高消费环境，被裹挟着不断提升教育期望的众多家长深陷教子无方的窘境。不论是历史还是现实的原因，一般家长的教育知识和能力储备都普遍偏低，不仅难以担当家庭教育指导孩子学习的职责，而且不懂得怎样才能有效配合学校教育以完成合理的学习指导与监督，深感教子无方而心生焦虑。三是违背教育民主化大潮而造成的家长施教权威受到冲击。由于家长不善于甚至不愿以平等的身份和以理服人的方法教育孩子，习惯居高临下的指责和暗示威压；有些家长总把孩子的未来发展归自己设计，低估或无视孩子的自主选择和发展诉求，甚至崇尚虎妈狼爸式的教育方法。结果是家长出于"为你好"的家庭教育愿望，使尽了浑身解数，却总是收不到理想的效果，甚至和孩子反目成仇。

提高家长施教能力，助力家庭教育有效开展。在我国传统家庭教育中，道德品质培养自古以来都是其重点内容，但仅仅依靠传统的道德教育内容是无法适应现代社会发展要求的。因此，我们在借鉴传统道德教育精髓时应当结合当今社会和平与发展的大主题，将竞争与法治、经济与社会发展的可持续等观念融入教育的同时，注意将影响青少年发展的心理健康问题也纳入家庭道德教育体系之中，丰富德育内容，让家庭德育更为完善并且更符合时代发展需求。要成功地实现诸多家庭教育任务，对家长施教能力的要求是很高的，众多的家长们应当明了，家庭教育的成功与否，除了以孩子最终是否成人成才为结果性判断外，作为不可逆转的生命过程，任何一个家长都不愿意用自己的孩子做试验品，轻而易举地采取超乎寻常的家教模式，因而不像古代著名家训所恪守或世代传承的家风门风那样个性鲜明，更多地表现为顺从社会大流。当然，从孩子成功实现社会化的角度看，顺应时代潮流，让家庭教育顺势而为未尝不可。但一味地盲目从众，甚至不注意了解和掌握孩子不同年龄阶段的心理和生理特点，而教条化地只注重对孩子进行文化知识教育，并且很少注意教育内容、方法和手段的理性配合，则必然陷入僵化和无序，也从另一方面反映出对家长能力提升的时代要求。正确的家庭教育选择是，在幼儿阶段，针对孩子因幼稚而好动和好奇的心理和生理特点，教育内容和方法主要采用游戏、陪伴和讲童话、神话故事等进行教育，重在让孩子通过游戏活动和愉悦玩耍，启发诱导孩子的探索精神和想象能力；在小学阶段，家长可以通过与孩子一起学习中实现共同成长的目标，家庭教育的任务侧重于培养孩子有规律的生活作息习惯、遵守学校制度和家庭规范的意识，以及通过交往逐步认识和遵从社会规范的素质；在中学阶段，家长应与孩子多交流学习与生活当中遇到的各种问题，尽可能多地陪孩子参加一些有益的社会交往活动，让孩子能更多地接触和了解社会，以便让其更好地理解社会上的各种现象和新鲜事物，并有针对性地教育帮助他们逐步树立正确的世界观、人生观、价值观，指导他们养成良好的学习生活和劳动习惯；到了大学阶段，孩子的独立意识增强，主观上往往喜欢独立参与活动，客观上因为时空限制，家长难以直接和随时接触到孩子，这时家长应主动将自己退居到顾问的位置，放手让孩子独立思考，切忌盲目包办代替和过多地干预孩子的事情。

体恤家长苦衷，审慎应对家庭教养任务。在中华优秀传统家训文化当中，以仁、义、礼、智、信五达德培育中国"大丈夫"著称的儒家思想，反映在施教于家的家训实践中，表现为更多地注重以父慈子孝、兄友弟悌、邻里和睦和勤俭持家等和合理念训育族众家人，对于扞格不肖而无奈至极时才动用"家法"纠错，或移交官府诉诸法律制裁。继承这一优良家训传统，在充分体恤家长苦衷的同时，要求广大家长施教于家时要做到严慈相济，审慎应对各项家庭教养任务。面对家庭道德多元化发展与价值冲突的新时代，做好家庭教育更需要以法治家、依法训教、依法判断。高扬法制精神，积极构建包括家庭教育在内的依法治国环境，自觉地将家庭教育纳入法治理念之中，按照法律精神构建家规，依法保护优秀家训文化思想，惩治和预防违反家庭美德和家训规范的言行，使每个家庭成员在相互提携、相互监督、相互帮助中，一起守护家庭建设的历史责任，防止和纠正家教偏颇，共同完成家庭教育任务。

一要摈弃重知轻德的家教偏误。家庭是孩子品德修养和世界观、价值观、人生观形成最重要的场所，随着市场经济的快速发展和时代的深刻变迁，当今人们的价值观也随之发生了变化，中国人过去以仁义道德培育子弟家人为核心的家训观念，很快转变成以"重智轻德"为标志的急功近利价值趋向。现代很多家庭的家长，在涉及孩子的教育问题时，只关心和重视孩子的智商发育和技能特长培训，很少顾及孩子的情商特别是道德品质培育，总希望自己的孩子能取得较高的学业成就，让孩子"不要输在起跑线上"。这样一来，由于现行家庭教育缺乏应有的心智定力和必要的安全感，许多家长因为子女的教育而长期处于焦虑状态，让家庭教育呈现出饥不择食而又力不从心的紧张感和慌乱状。更为重要的是，如果从幼小子女身心健康的角度考虑，孩子对一个安定祥和家庭环境的需求，远远超过对专业和权威性学习指导的需求。由于现行的家庭教育以服从学校教育为目标，即便是有家庭教育活动，也往往简单套用生硬的学校教育模式，既没有好好珍惜和总结我国家训文化育人数千年的光荣传统，也没有好好坚守家庭教育自身的使命和运行规律。抛弃了家庭教育应该有的温馨与道德劝化，很多家长自觉不自觉地当起了勤奋的"助理教师"，把学校教育无孔不入地接回家，让家庭教育活脱脱地成了学校教育的跟班和附庸。

二要应当尊重孩子的意愿和选择，防止家长一言堂。从表象和浅层次角度看，与中国传统家庭父家长制相一致，我国古代社会流行的家训及其训教活动，父母或家长始终占据绝对权威和主导地位，因而表现在一家之内，父母往往可以根据自己的愿望制定家规并以此来约束家人子弟，晚辈特别是家族子弟很少有发言权，更少有与父母或其他家族长辈意见相左的现象。当然，这是与我国古代社会的家庭伦理制度相统一的，传统的上下尊卑与长幼有序等社会差序格局，决定了一家之内的孩子最应当做的就是守规矩、听教导，否则，很可能就是忤逆犯上。但是，中国古代家训的成功，绝不是父家长一言堂和单方面教育的结果。且不论中国古代家训在内容和形式设计方面的严格完备，也不论家族长辈施教于家的区别用心，仅就家训生活中对子弟人格的看重和训教实践当中对父祖辈不当言行的谏诤、数谏和无奈执行的消极影响，便可以反映出中国先民家训及其实践活动对家庭教育参与各方利益的关照。在张扬个性、追求人格自由和身份平等的现代社会，每一个家庭成员哪怕是婴幼儿，都是生而平等，都拥有最基本的权利和自由。这反映在家庭教育活动中，孩子虽小，但必须获得最起码的平等对待和亲情关爱。此时做好家庭教育的前提，家庭成员特别是父母与子女间心态与认识平等，互相尊重、互相信任最为重要，允许家人子弟有不同意见发表和个性化选择，充分尊重孩子的意愿，防止家长一言堂，当是现代家庭教育关系的正确选择。

三要避免家庭教育的盲目性和随意性。如果说适用于人身依附关系的中国传统家庭教育属于私人领域，其他人无权涉足，那么，早已摆脱了家人子弟对家庭这一生活共同体绝对依赖的现代社会，家庭教育从终极意义上讲，便成为社会的公共活动领域。正是因为家庭教育最终是要培育社会公民，完全具备民人大众的公意与合法性基础，所以，家庭教育从终极意义上讲是涉及社会成员的"公共领域"。表面上看，家庭教育虽然局限于私人空间，家教活动立足于不受公共管辖的私人领域，但却又跨越了个人和家庭的藩篱，而致力于培育新人的公共事务。理性对话、自由商谈、平等辩论、话语沟通是公共领域的核心概念。① 反映在家庭教育实践中，即使在一家之内，幼小子弟的社会地位也有法律保障，成为平等和独立的家庭成员。所有这些，对于有效避免家庭教育的盲目性和施教内容的随意性，为现代家庭教育实现开放与规范、平等与对话提供了制度保障。

四要注意营造良好的家庭教育环境。家和万事兴。和睦的家庭不仅是幼小子弟健康成长的重要保障，而且稳定祥和的家庭氛围会形成一种无形的家庭教育力量，潜移默化地训育着家人子弟良好的道德品质。俗话说，环境造就人。从人类学的视域看，家庭是每个个体出生后就天命般接触到的第一种社会环境，也是生命个体终其一生接触最为紧密的社会环境，这一环境对一个人成长成人的影响最深刻、也最为持久有效。广东省河源市客家余氏家训中的《慎交游》篇，可以看作是今人对家训交往环境的理性要求："与善人交，如入兰芷之室，久而不闻其香，与之俱化矣！与恶人交，如入鲍鱼之肆，久而不闻其臭，与之俱化矣！"又云："近朱者赤，近墨者黑，麻生蓬中不扶自直，故君子必慎。"② 现代教育研究理论认为，家庭是子女成长成人的第一所学校。这与我国古代家训思想当中倡导并坚持的要求家族尊长注重家风门风，注意言传身教、坚持力行示范来实现训育家人子弟的设计理念完全一致。如果今天的家长们都注意通过以身示范，注意营造积极向上和稳定健康的家庭环境，注意继承和弘扬中华优秀传统家训文化，那么以良好的家庭环境育人，成效自当可期。

---

① 杨仁忠：《公共领域论》，人民出版社 2009 年版，第 83—112 页。
② 中共河源市委宣传部、河源市文明办：《客家古邑家训（2014）》。

五 主动参与家校互助活动，实现教育的共生共荣

怎样将子女的问题有效解决在家庭生活诸环节之中，使子女回到学校再以健康积极的心态投入学业，不仅是亿万家长的共同心愿，也是探索家校合作和创新家长学校工作的关键所在。近年来，随着以追求升学率为标志的重知轻德倾向一再凸显，我国各级各类学校的德育不论在目标设定，还是内容和方法等的选择方面，均普遍存在着千篇一律且形式主义突出的错误倾向。忽视学生道德培育的年龄特征，缺乏使学生主动参与道德实践活动接受亲身体验的过程和环节，导致学生对主流价值观随意认同，对一些中华传统文化确立的做人准则轻易放弃，让学生拥有说的一套做的又是一套的双重人格。但是，按照中华优秀传统家训文化的育人理念，幼小孩子在学校为学生，在家为子弟。不论学堂还是家庭，教育的本质和目标追求根本上是一致的，都必须激发受教个体反躬内省、扪心自问和慎独守初的修养心力，调动每个个体自觉做到自我约束、自我监督和自我改造，才能主动自觉地选择和践履社会一般道德规范，最终塑造出受教个体的德性人格。不论过去、现在，还是将来，教育问题的成功解决，不仅需要整合学校、家庭、社会的力量，需要道德规范和政策法规的约束，更需要受教个体的自我修养功夫。对于以训蒙为主的家庭教育而言，家长们第一需要协调解决的外部适应问题，便是通过家校共商、互相渗透、各有侧重、协调一致地共同促进幼小子女在学业和身心多方面健康成长。

然而，在分数至上和升学率主导一切的畸形教育理念支配下，现代社会的家庭及家庭教育与学校实际存在着分离现象。具体表现在那些农村生源家庭因为家长自己没有余暇时间、没有能力从事有效的家庭教育，也没有条件请家教，便无助地把教育孩子的责任完全交付给学校，平时在家既不懂得担负道德和人格训育的责任，甚

至很少理会家庭教育如何支持与配合学校教育的期待，家校合作当然无从谈起。城市家庭因为有很多的中产阶层，本应该模范地做好家庭教育，但却以对孩子过高的成才期望助推学校更加聚焦升学率，而且家长们往往对学校推行的教育改革措施心存疑虑，甚至在行动上有意无意地抵制学校推行的诸如减轻学生课业负担、取消成绩排名、开设校本课程和开展社会实践等教育改革举措。因此，不论在农村，还是在城市，许多地方的家委会或家长学校均形同虚设，难以发挥有效的作用。

随着社会经济、文化的发展和国民教育素质的整体提升，许多家长和家庭教育专业人士既不满足当今学校应试教育的僵化模式，也开始反对让家庭教育成为学校教育的附庸和"跟班"。面对困难，家长们开始通过经验分享和获得知识，努力让家庭教育从简单的注重知识和特长习得变为更加重视孩子的人格塑造和全面发展；家长们对家庭教育价值、教育和培养目标的认识开始有了不同的看法，开始大胆探索在家学习或设立私塾教授等自主教育的家训实践模式等。表明人们开始探索符合教育规律，能够满足各自家庭教育需要，适合不同孩子发展特点的新型家庭教育，并注意主动参与家校互助活动，不仅促使家庭教育逐步走向成熟，而且有利于促进教育的共生共荣。

六 借力"互联网＋"，创新现代家庭教育模式

以"互联网＋"融通一切的新媒体，作为一种新兴的大众传播媒介，早已成为人类有史以来发展最快、影响最为深广的最强势信息沟通手段。以手机、电脑和网络为载体的新媒体，在方便沟通和信息查询的同时，运用新媒体碎片化阅读、娱乐性调侃、跟风式思辨，让现代社会任何一个家庭的孩子都可以轻而易举地接触到各种各样的价值观念、生活方式和社会思潮，其中不乏腐朽和反动的意

念教唆或政治主张，这些纷繁芜杂的价值理念和社会思潮，对传统的家庭教育标准和模式产生了强大的冲击力。不仅如此，"互联网＋"的方兴未艾，让全媒体渗透到社会生产生活各个环节领域的同时，还在以极快的速度引发社会的深度变革。不可否认的是，家庭作为社会的基本组成单元，也不可避免地受到了影响，当家长们忧心于自己的孩子整天抱着手机玩游戏、极易便捷地搜索到连家长自己都无法解释的社会热潮，以及担心孩子沉迷于网络而荒废学业时，说明新媒体早就以"互联网＋"模式悄然改变了过去家长们所期望的家教环境和生活氛围，说明现代社会的家庭教育因此必须面对与以往不同的环境条件，在家庭教育理念、施教内容和训育方法的选择与更新等方面，正面临着与以往大不同的矛盾和挑战。正视新媒体时代的新形势、新变化，理性应对新时代家庭教育出现的新问题、新挑战，主动运用"互联网＋"模式促进家庭教育新发展，才是今天家长们的明智之举。

一要正确认识新媒体对做好家庭教育的影响。全球化、网络化、信息化是当今时代的一大特征。许多世界优秀文化、先进科技信息流入普通大众的同时，也有许多不良信息和负面资讯，尤其是让一些落后腐朽的思想蔓延开来。家长们一定要清醒地认识到，让孩子远离网络的困难，一点都不比防止他们利用新媒体获取各种有害信息的难度小。一方面，要像承认新媒体给大家信息交流提供方便快捷一样肯定"互联网＋"的作用，让新媒体为我家庭教育所用；另一方面，要像孩子一样喜欢和熟练新媒体以获取网络信息，积极运用新媒体手段，主动引导孩子正确研判各种信息的优劣正误，拓展家庭教育新领域。

二要注意提高家长自身的信息素养。实事求是地讲，"互联网＋"一定意义上是给家庭教育带来了困难和挑战，可这些困难和挑战绝不全都是祸水。相反，"互联网＋"作为一种全新的应用工具，任何一个现代家庭都不可或缺，而且这些新媒体已经并将在更大领域给我们的家庭及其教育活动带来新的支持力量。然而，对于处在交通和通信闭塞地区或年龄较长、文化素养不高或对新鲜事物接受速度较慢、综合能力较弱的家长们来说却是难以适应的挑战，部分家长由于没有较高的信息筛选和处理能力，无法辨识网络信息的真假，迷失在种种家教信息的选择中，造成家庭教育事倍功半，甚至在错误信息的诱导下做出违背教育规律的选择。[①] 其实，面对"互联网＋"，家长没有必要担心和抱怨，只有积极应对并注意提高自身的信息素养，便可以将新媒体强大的信息能源和便捷的沟通能力转化为家庭教育的有效资源，提高家庭教育新境界。

三要注意甄别和区分信息的有效性。在"互联网＋"时代，人人都是自媒体和信息源的发起人，新媒体在打破传统电视、电影、报纸等传播媒介对信息垄断的同时，也让大量的虚假不实信息和有害观念在网络上广泛流传。加之媒体角色的不确定性常常导致网传信息朝令夕改、莫衷一是，容易致使家庭教育标准和价值判断陷入困惑。即便是那些看似很有道理的心灵鸡汤宣教，也大多是没有经过实证的主观臆说或个体经验，如果不加选择地让幼小子弟盲信盲从，不仅对提高家庭教育质量于事无补，甚至会起到相反的误导作用。因此，对于家长们而言，合理甄别与选择有利于孩子和家人成长成才的网络家训内容，便显得十分必要。

四要适当加强对家庭自媒体的监管。承认"互联网＋"对家训及其文化传承的正能量，认识到"互联网＋"家庭教育的时代价值，绝不意味着唯"互联网＋"是用。如果忘记我国数千年家训成功的优良传统，抛弃中华优秀家训文化精神，那么，我们提升自己使用互联网进行家庭教育的努力，极有可能转变为摧毁家风家教传

---

① 郑雪岚：《"互联网＋幼儿家庭教育"现状调查研究——以重庆市沙坪坝区为例》，硕士学位论文，重庆师范大学，2017 年。

统、破坏家庭教育的外来力量。因此，家长们必须清楚并自觉提升管理使用好新媒体的能力，坚持有所为有所不为，管好用好自家的多媒体，汲取中外优秀家庭教育思想和方法，运用"互联网＋"拓展家庭教育新领域，有效地促进家人子弟健康成长。

第四节　借鉴传统家训经验　培育和践行社会主义核心价值观

纵观漫长的中国古代历史，不论哪个王朝，都无一例外地选择和支持家训这一民间大众育人范式，将其时表现为一般价值原则和道德规范的社会核心价值观下嫁渗透到普通民众，并以此来筑牢国家发展和社会管理所需要的社会基础。今天的中国，也一样应该高度重视发挥家训及其文化的教化功能，高度重视家训和家庭教育对培育和践行社会主义核心价值观的现实意义，筑牢关乎社会稳定与发展的家庭组织基础。社会主义核心价值观培育从某种程度上讲，是中华优秀传统文化的认同教育。"文化认同既可以是价值观教育的目的，又可以作为价值观教育的一个手段。"[1] 家有雅训，利家利国又利民。中华民族历经五千多年发展，为我们留下了许多核心价值观要素。其中，以家训文化育人的形式培育个体道德、家庭美德、社会公德，便是最接地气的社会核心价值观要素。2012 年 11月，党的十八大以大会报告的形式，明确提出"倡导富强、民主、文明、和谐，倡导自由、平等、公正、法治，倡导爱国、敬业、诚信、友善，积极培育社会主义核心价值观"[2]。这一对中国新时代社会主义核心价值观的最高概括，体现着中华优秀传统文化的核心精

---

[1]　罗迪：《文化认同视角下的大学生社会主义核心价值观教育》，《思想教育研究》2014 年第 2 期，第 106—109 页。

[2]　胡锦涛：《坚定不移沿着中国特色社会主义道路前进　为全面建成小康社会而奋斗》，《人民日报》2012 年 11 月 9 日第 1 版。

髓，不仅与中华文化的价值追求一脉相承，具有价值引领和文化认同等意识形态建构功能，而且最广泛深刻地反映了中国人民大众的普遍心理认同，有助于凝聚起建设中国特色社会主义事业的精气神。"不忘本来才能开辟未来，善于继承才能更好创新。对历史文化特别是先人传承下来的价值理念和道德规范，要坚持古为今用、推陈出新，有鉴别地加以对待，有扬弃地予以继承，努力用中华民族创造的一切精神财富来以文化人、以文育人。"① 有效借鉴优秀传统家训文化精神，培育和践行社会主义核心价值观，不仅是有效开展现代家庭教育的题中之意，也是每一个中国人义不容辞的责任。

一　家训是家庭培育和践行社会核心价值观的有效方式

家训的产生，从现实的角度看，首先是为了统一家庭所有成员的思想观念、规范言行举止、处理家庭事务、教给家人子弟为人处世之道。其次在于及时防止家庭矛盾、处理家庭纠纷、促进家庭和谐、提高家庭成员生存与和谐发展能力，提升家族整体的社会竞争力。从文化价值的历史演进看，古代家训是中华传统文化的精华部分，既体现着社会上层的精英思想，又富含优秀的社会大众观念，推广普及中华优秀传统家训及其训教文化，完全可以将中华优秀主流文化精神通过家庭传播到社会最底层的劳动大众。中华民族上下五千年发展始终成功地坚持做到了这一点，作为继承了中华优秀传统文化的新生代，我们完全有理由继续这样做，传承家训文化精神，以做好现代家训就是培育家庭核心价值观的行动自觉，认真做好新时代的家庭教育工作。因为社会主义核心价值观作为一种内心信念，要被全国 56 个民族、拥有不同习俗、经历不同文化发展背景的 14 亿中国人内化为自己的价值观，并自觉坚持在日常工作和

---

① 习近平：《在中央政治局第十三次集体学习时的讲话》，http://www.gov.cn/2014 - 02 - 25。

生活中以此来指导自己的言行，就必须解决社会主义核心价值观抽象凝练，不够生活化、大众化，较难以接地气的社会化传播问题，否则就不能顺利地下行渗透到人民群众的内心深处和生命实践中去。借鉴我国古代家训及其文化育人的成功经验，广泛动员和组织亿万家长科学开展家庭教育，将社会主义核心价值观创造性地转化为现代家庭教育的主要内容和日常惯习。这样做，不仅是家训和社会主义核心价值观相通相融的现实需要，也是做好现代家庭教育的基本要求（见图5—5）。

图5—5

（一）家训培育家庭核心价值观的历史进路

梳理中国古代家训和家庭教育繁盛的传承实践脉络，可以看出，不论帝王皇族家训、世家大族士大夫家训、贤哲名儒家训，还是普通百姓人家的家训，虽然施教者因其社会地位、文化认知、生活条件和所处的时代背景等不尽相同，因而表现为不同的家庭家训在教育的出发点、施教内容和方法等方面存在明显的差异性，但是，那些超脱了以生活样法存续的家训文化精神，便是不同时代的所有家训文本及由此确定的家庭教育理念，无一例外地都反映着其时社会的核心价值体系，在家训育人的实践当中均自觉不自觉地践行着其时社会的主流价值观念。换言之，传统家训致力于人格塑造的家庭日常德育训教，表面上反映着古代家训治家教子的活动样态，实质上却是中国古代社会核心价值观的家庭化大众存续形式。"儒家的价值追求最终指向理想人格境界，正是成人（人格的完善）构成了儒家最终的价值目标。"[1] 从社会学的视角考察，家训及其文化指向，最突出地表现为致力于教会子女建构家庭、料理家务，以成就家庭成员社会人的角色；以人类学视域考察，可以看出立意追求经世致用与务实高效的家训及其文化，第一要教给子女的当然是薄技在身、明理达德的生存本领；从教育学的视角考察，家训日常教戒的主要任务和内容无疑集中在道德仁义等传统文化思想的灌输和注重儒家设计的"内圣而外王"理想人格的塑造上。因此，传统家训虽多在家庭内部着眼，主要表现为家族长辈对子孙后辈进行修身立德和为人处世教育的一种方式，但家训的教育内容却涉及励志、劝学、修身、处世、治家、慈孝、持业、为政、婚恋等学会做人的方方面面，并在数千年的历史演进中，积累了丰富的家庭教育经验和浩如烟海的家庭德育文献，早已从对一家一族的训示，凝练抽象成为整个中华民族的优秀家训文化，普遍受到中国人的高度重视和尊崇，成功地发挥着积极的道德教化作用。虽然，家训作为历史文化的产物，就某一历史时代而言，其前人所做的家训及其教育思想或多或少地存在着不合时宜的陈旧内容，正如我们以现代人的观念来看，传统家训中难免存在一些封建糟粕和过时之论一样，但是，家训作为我国传统文化的精华部分，其流传演化历史之长和

①　杨国荣：《善的历程》，华东师范大学出版社 2009 年版，第 11—17 页。

对中国人思想的教育影响之深，却是毋庸置疑的，这种顽强而博大的生命力，绝不是统治者借用公权力强行传布的结果，也不是历史上有识圣贤的独出心裁。相反，家训作为家庭核心价值观培育和践行的有效方式，通过成功搭建起将社会一般价值原则渡向平民百姓、将散漫的民间大众思想精华提炼淳化为经世致用的人生智慧这一双向价值认同的桥梁，让传统家训围绕立德树人标准来治家教子的训育理念，高度契合当时社会的核心价值观，从而让家训及其文化步入了社会大舞台，成功地扮演着民间大众培育新人的历史重任。

（二）家训培育核心价值观的目标指向，现实地表征着修齐治平的社会理想

人以德立、身修家齐，政在官德、国治家齐，治国平天下需要每一个人都有内化于心、外现于行的核心价值观做指引。中国人这一朴素的家国理念，不仅表明家训及其文化是培育社会核心价值观的重要载体，而且反映着良好家庭教育在培育和践行社会核心价值观中具有的独特和不可替代性。"家庭教育是在一家一户中进行的，这就容易被看作是家庭私事而不被重视，儒家则把家教与治国平天下联系起来。"[1] 因而在实践层面，中国先哲引导中国人秉持家齐而后国治，正己始可修身的家国建设信念，自觉把个人成长、家庭建设与国家和民族的命运紧密联系起来，聚焦修齐治平等社会核心价值观培育，坚持做到不出家而成教于国。

首先，齐家在修身，是家训培育核心价值观的逻辑起点。"所谓齐其家在修其身者。人之其所亲爱而辟焉，之其所贱恶而辟焉，之其所畏敬而辟焉，之其所哀矜而辟焉，之其所敖惰而辟焉。故好而知其恶、恶而知其美者，天下鲜矣。故谚有之曰：'人莫知其子之恶，莫知其苗之硕。'此谓身不修，不可以齐其家。"[2] 人们往往

---

① 马镛：《中国家庭教育史》，湖南教育出版社1997年版，第220页。

② 《礼记·大学》。

囿于亲爱好恶敬畏怜悯傲惰之情而不加鉴审辨别，故常常陷于一偏而致身不修。修身的功夫在于祛除偏私，因为一个人只有无所偏私才能达到身修的境界。齐家的功夫，主要在于教戒家人子弟孝悌慈爱，不仅让一家人在道理上明白无欺，而且在日常工作和生活实践当中必须自觉做到不偏不倚。其实，中国人早已明白，造成家之不齐的根本原因，在于溺爱少教者糊涂、贪得无厌者自私、陷于人情者偏颇。因而反映在具体的家训实践当中，对于如何做到修身不偏的问题，中国先民们摸索出内外兼修之法，即欲得家人子弟不会偏私促狭，必须每天为其订立规矩划出范围，督促"君子以非礼弗履"。为防止子弟偷闲懈怠，则以各种礼制规范言行。所以，"子曰：非礼勿视，非礼勿听，非礼勿言，非礼勿动"①。非礼勿动，所以修身。以礼制约束每个人的身心好恶，矫正其可能存在的偏狭促邪使一以于正，便可以区分和确定人之好恶趋向。同时，在家训实践当中，更不能放任于好求恶、于恶求美的异类家训，这都是修身之所以为齐家之本的原因所在。"齐以刀切物，使参差者就于一致也。家人恩胜之地，情多而义少，私易而公难，若人人遂其欲，势将无极。故古人以父母为严君，而家法要威如，盖对症之治也。"②如果舍弃礼仪制度这一家训根本准则，那么一切平情以齐家的愿望，都将不可能实现。

其次，国治而天下平，是家训培育家庭核心价值观的治世理想。"所谓治国必先齐其家者。其家不可教，而能教人者无之，故君子不出家而成教于国。孝者所以事君也，弟者所以事长也，慈者所以使众也。康诰曰：'如保赤子。'心诚求之，虽不中不远矣，未有学养子而后嫁者也。一家仁，一国兴仁；一家让，一国兴让；一

---

① 《论语·颜渊第十二》。
② （明）吕坤：《呻吟语·内篇·礼集》。

人贪戾，一国作乱。其机如此，此谓一言偾事，一人定国。"① 一个人、一家人、一族人身修，是一个家庭或家族可教的前提；父慈子孝、兄友弟悌，则可以做到人人修身而成教于家；将此修身齐家之道推延及于国，则臣之所以事君、下之所以事上、少之所以事长等化民之道，便生发出家齐于上而教成于下的内在推衍机理。不仅如此，中国先民通过修身达致齐家目标的家训立教之本，绝不是希望借助国家力量或舆论造势刻意强力推行，而是在明了修身齐家以实现国治天下平理路逻辑的基础上推而广之。

最后，训家于内而教成于国，是家训培育家庭核心价值观的实践范式。家训培育核心价值观，一般从治国在齐其家打开理论缺口，正如"尧舜率天下以仁，而民从之；桀纣率天下以暴，而民从之。其所令反其所好，而民不从。是故君子有诸己，而后求诸人；无诸己，而后非诸人。所藏乎身不恕，而能喻诸人者，未之有也。故治国在齐其家"②。儒家的核心思想之一是"仁"，这一观念流行于家庭，就是父慈子孝、兄友弟恭、夫和妇顺。表现在社会层面，则是有善于己，然后才可以责人之善；无恶于己，然后方可以正人之恶。如此推己及人、由家及国，反之，则所令反其所好，而民不能顺从。强调治国在齐其家的原因，还在于"矢之中物，必有从来。仁让作乱之成于民，亦必有从来。如云礼达分定，则民易使，实是上之人为达之而为定之，岂但气机相感之浮说乎？一家之仁让，非自仁自让也，能齐其家者教之也。教成于家而推以教国者，即此仁让，而国无不兴焉。盖实恃吾教仁教让者以为之机也。若但以气机感通言之，则气无畛域，无顿舍，直可云身修而天下平矣"③。齐家之教，很大程度上在于老老、长长、恤孤。一般而言，

---

① 《礼记·大学》。
② 同上。
③ 《读四书大全说·大学》。

要以齐家之道推延及于教国，则会遇到国与家人地分殊、理势自别的现实冲突。对此类问题，家训不得强词夺理、强人所难，必须分类施策、各行其道。表面上看，人们固然能够对齐家与治国的内心认同一致，看似可以触类旁通、互不阻碍。因为国家之大，处理公务终究不能如一家之内那样，可以尽知家人子弟的善恶好恶而因势利导，很容易便能万事风顺。实际上，修身齐家治国平天下，对于人类的生存与发展的影响和决定作用相互依存，一荣共荣、一损俱损，这是世人皆知的人间常识。所以，一旦有聪明睿智者出，而能求之于公共规范与秩序建构，总结提取全体民众认识观念中的最大公约数，便将散漫的民众意见精选练达形而上为其时社会的核心价值观。需要特别注意防范的是，在家庭环境下，家人子弟往往情近易迷，在国家范围当中，国大民众则情理分殊而难于统一，说明治理好两者均需要严格标准和讲求规矩。二者的区别在于，家政在教而别无政，国教在政而政皆教，这便是理一分殊的原则与标准。①这样一来，一国之人虽众，但治理好如此大国却不仅仅依靠每个家庭都训教好以后才可以成功施教于国，实际上，教育施诸全国而见成效的原因，在于关照人民大众的核心关切而将条教政令变通成为典礼制度，从而因势利导、化民成俗。从这个意义上讲，推行国教本质上与齐家之教情理相通，体现在中国古代家训实践当中，便有将家训原则推而广至国教的通途。矩之既絜，则君子使一国之人并行于恕之中，而上下、前后、左右无不以恕相接，不仅仅只有君子以恕待物而实现国治，而是一国之人均不出家而成教于国。

（三）家训的成功在于对社会核心价值观的有效践行

在家国同构的政治体制和认知条件下，中国人自觉地把家庭的

---

① 同中国古代家国同构与家国一体的政治制度相一致，作为统治阶级的代表，帝王齐家专设冢宰为内朝主管。冢宰一职在周礼中为天官，位居六卿之首，总管包括王朝内府之职的全国大事。《日知录·卷六》指出："阉人寺人属于冢宰，则内廷无乱政之人，九嫔世妇属于冢宰，则后宫无盛色之事。大宰（冢宰）之于王不惟佐之治国，而亦诲之齐家者也。"

前途命运同国家和民族的兴衰存亡紧密相连，秉持顾小家而为大家构建修齐治平的社会治世理想，不折不扣地践行着社会核心价值观并成功地施教于家。"国无德不兴，人无德不立。"一个国家，抑或一个民族，可能存在着多种多样的价值取向和价值观念，但是，社会要稳定和谐、国家要繁荣发展、家庭要和睦美满、每个人都要幸福安康，就一定需要有一个共同的核心价值认同观念，能够现实地保护和关照到其时社会最广大民众的根本利益。拥有数千年历史的中国古代社会，自天子以至于庶民，皆明于修身之道，那么一国之人，为臣为民，其分之相临，情之相比，事之相与，则上下、左右、前后等周遭尽知什么是社会核心价值观念。正是明于维护这个关系人人根本利益的最大公约数，因而古代先民们齐家恃教而不恃法，坚持立教之本不假外求；明于治国推教而必有恒政，因而不仅选取孝悌慈爱为教之本，而且特别重视将社会核心价值体系贯穿于民间大众家训的同时，将其推广应用于理财用人等社会事务之中，最终教会人民大众清明公正之道，广泛树立讲究仁爱、注重民本、恪守诚信、彰显正义、崇尚和合、追求大同的社会核心价值观。这是因为古代家训做到了教养兼成，让治国理政与教化育人理无分殊，共同指向修齐治平的治世理想。受传统家训对社会核心价值观的有效践行影响，那些古代官府大学新民之道，要其践行社会核心价值观之旨归，便连同民间大众的家训教戒一道，共同实现了教民化俗的同时，成功地培育和有效践行着其时的社会核心价值观。每个时代都有每个时代的文化精神，每个时代也都有每个时代的社会核心价值观念。"国有四维，礼义廉耻，四维不张，国乃灭亡。"这是中国先民对当时社会核心价值观的深刻认识。在当代中国，面对今天人口众多、家庭分化、国际国内事务风险繁杂的新形势，更加需要动员亿万家庭加强自我建设、强化家庭教育，自觉培育和践行社会主义核心价值观。正如习近平总书记所讲的，如果一个民族、一个国家没有共同的核心价值观，莫衷一是、行无依归，那么这个民族、这个国家就会因为不能凝聚大众共识而无法前进。"积极培育和践行社会主义核心价值观。这里面，富强、民主、文明、和谐是国家层面的价值要求；自由、平等、公正、法治是社会层面的价值要求；爱国、敬业、诚信、友善是公民层面的价值要求。这个概括，实际上回答了我们要建设什么样的国家、建设什么样的社会、培育什么样的公民这样一个重大的问题。"① 只有大家心往一处想、劲往一处使，才能把4亿多家庭和14亿中国人的智慧和热情凝聚起来，转化为实现中华民族伟大复兴的磅礴力量（见图5—6）。

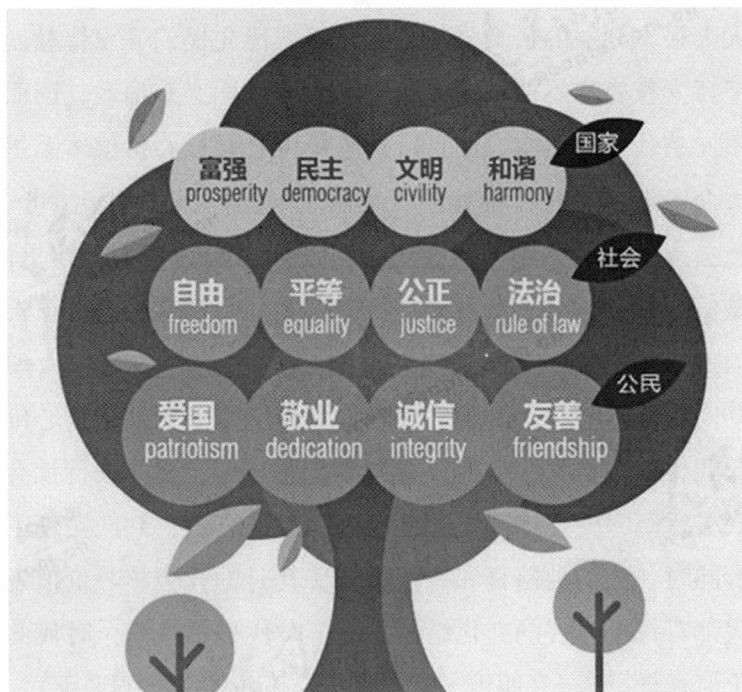

图5—6 社会主义核心价值观

---

① 习近平：《青年要自觉践行社会主义核心价值观》，http：//news. xinhuanet. com/2014 – 05 – 05。

二　传统家训培育和践行社会核心价值观的主要途径

如前所述，家训文化繁盛不衰的根本原因，在于其集中反映了所处时代的社会核心价值观。因此，不论哪个时期，中国传统家训及其文化均集中反映并始终不折不扣地践行着所处时代的社会核心价值体系。归纳起来，有关传统家训培育和践行社会核心价值观的主要途径包括以下五个方面。

（一）重视家人子弟的品德养成

"德，国家之基也。"道德是中国人的精神和灵魂外显，中国人的整个心灵和价值追求始终被它所占据和统治着。"德（性），为诸德之源，而使吾人以行德为乐者之谓德性。"① 饱含这一道德伦理特质的中华优秀传统文化，以及由此所决定的中国传统社会核心价值观，反映在家训和家庭教育实践当中，便突出地转化为有识家长无一例外地注重对家人子弟人格品性的塑造和道德规范的养成。

（二）注重学以成人教育

中国先民在抚育子女后辈成人方面表现出的自觉自律和傲人成就，是世界上的任何民族都无法企及的。在中国人的观念中，教育子女是父母最大的责任，子女成人成才是父母最大的成就，子女有为是最好的家门孝道。教养孩子成人不仅是家庭建设的刚性任务，而且是家族兴衰和扬显父母的务实之举。要做到这一点，中国人甚至略显偏执地认为"万般皆下品，惟有读书高"。因此，"自天子至于庶人，壹是皆以修身为本"。不论家境多么贫寒、不管能不能考取功名，中国人的读书学习之风从未停止。而且，儒家学问最讲究参悟功夫，该功夫论还是儒家思想的重要组成部分。如朱熹教导

---

① 蔡元培：《中国伦理学史》，商务印书馆1999年版，第134页。

家人子弟，为学"譬之煎药，须是以大火煮滚，然后以慢火养之"①。出身封建仕宦家庭的欧阳修，年仅四岁父亲早亡而成孤儿，其母亲郑氏出生于一个贫苦家庭，而且没有读过几天书，但她却是一位深谙中国传统家庭教育文化精神的坚强母亲，无比勇敢地挑起了持家和教养子女的重担。"欧阳修字永叔，庐陵人。四岁而孤，母郑，守节自誓，亲诲之学，家贫，至以荻画地学书。幼敏悟过人，读书辄成诵。及冠，嶷然有声。……修游随，得唐韩愈遗稿于废书簏中，读而心慕焉。苦志探赜，至忘寝食，必欲并辔绝驰而追与之并。举进士，试南宫第一，擢甲科，调西京推官。"② 郑氏除了不断教育欧阳修如何做人，还尽力克服家贫买不起纸笔的困难，用荻草秆当笔，铺沙当纸，教欧阳修读书习字。不仅塑造出中国文学史上最早开创一代新文风的文坛领袖，也成就了"画荻教子"的家训育人佳话。

（三）重视为人处世能力培养

家训和家庭教育的成功与否，关键在能否训育出德才兼备的贤子孙。中国古代社会的智慧家长们往往会通过自觉修炼自身的品行，努力放大自己的人格影响力，坚持以高山仰止的极高站位关注家人子弟的品德养成和胸襟志向培育，尤其重视对子家人弟的为人处世能力培养。从适当节制孩子的欲望和任性为起始点，注意拓展孩子的人生格局，帮助子女设计现实可行的人生规划和蓝图，通过惯常生活化教育，让孩子懂得如何陶冶性情，懂得帮助和包容他人，懂得如何在这个世界上立足以实现自己的人生价值。

（四）注意教会家人子弟经世致用的务实生存之道

中国人深知，给儿女留家产，莫过于留家言。做合格父母的最低标准，必须教育子弟学会自我生存和终身修养的本领，这是每个

---

① 朱熹：《朱子语类》，中华书局1986年版，第163页。
② 《宋史·列传·欧阳修》。

父母必学的功课，也是家训经世致用的本色和保持长盛不衰的实用价值。

（五）注重发挥环境育人功能

自古以来，那些在实践中鲜活有效的家训，不论从纲常伦理的日常耳提面命，到子弟家人生活成长的环境选择，无不透射出中国家长培养子弟后辈的处心积虑和审慎施策。孟母三迁为教子的故事，对此也许最具说服力："孟子三岁丧父，母有贤德，挟其子以居。始舍近墓，孟子之少也，嬉戏为墓间事，踊跃筑埋。孟母曰：'此非所以居子也！'乃去。舍近市，嬉戏为贾彳玄亍事。母曰：'又非所以居子也。'遂徙舍学宫旁，其嬉戏乃设俎豆，揖让进退。母曰：'此真可以居子矣！'遂居之。"① 孟母煞费苦心、两迁三地拣选适合子弟成长成才环境的真实用心，在于借助一切有利（环境）因素实现对子女道德品格的培养。同样，颜之推在《颜氏家训》中指出："人在少年，神情未定，所与款狎，熏渍陶染，言笑举对，无心于学，潜移暗化，自然似之。……是以与善人居，如入芝兰之室，久而自芳也；与恶人居，如入鲍鱼之肆，久而自臭也。"② 荀子也强调人的品德和人格与人所处的外部环境有极大的关系，因此他提出"注错习俗，所以化性也"③。注措习俗，功夫源自于人所从事的行业；习俗注措，成效来自人的生活和工作环境熏染。实际上，这两个方面的互相影响，都来自人的外部生活环境。所谓"蓬生麻中，不扶而直；白沙在涅，与之俱黑。兰槐之根是为芷，其渐之，君子不近，庶人不服；其质非不美也，所渐者然也。故君子居必择乡，游必就士，所以防邪僻而近中正也"④。荀子此语，除了推延论证环境育人的内在逻辑，主要用意在于提醒人们，

---

① 《历代兴衰演义·简王后至灵王时生孔子》。
② 《颜氏家训·慕贤第七》。
③ 《荀子·儒效》。
④ 《荀子·劝学》。

务要重视环境因素对人的影响作用。无独有偶，墨子的名言，将人的本性比作"素丝"，"染于苍则苍，染于黄则黄，所入者变，其色亦变"。从而将环境育人的道理推而广大，"非独染丝也，国亦有染。……非独国有染，士亦有染"①。虽然人自出生起便不再是"素丝"，而且自古中国就有"物必先腐，而后虫生；人必自侮，而后人侮"以及"出淤泥而不染，濯清涟而不妖"②等论说，但是，重视环境影响，强调环境育人的作用，始终是大多数家长的一致观点。

三　借鉴传统家训文化经验，着力培育和践行社会主义核心价值观

（一）家训培育和践行社会主义核心价值观的前提，在于有效继承和发扬中华优秀传统家训文化精神

纵观中华家训文化发展的历史，我们可以清楚地看到，"作为传统文化组成和体现的家训文化把儒家文化精神注入了家庭这一社会的细胞，对世风和家族成员的感情心态产生了深远的影响。家族成员在家训的约束规范和长期熏陶之下，形成了符合社会需要的家风、门风，这种家风再经过统治者的倡导，又影响到整个社会风气"③，最终与其时社会所倡导的核心价值观高度契合。中国古代家训培育和践行社会核心价值观的成功实践，雄辩地证明，良好的家训文化和与此相适应的家庭教育，对培育和践行社会主义核心价值观，具有不可替代的作用。这一文化自信昭示着我们更好地继承和发扬传统家训精神，对于弘扬中华民族优秀传统文化、营造和优化时代家风民风、推动社会主义核心价值观的培育和践行，具有十分

---

①　《墨子·所染》。

②　（宋）周敦颐：《爱莲说》。

③　陈延斌：《论传统家训文化对中国社会的影响》，《江海学刊》1998 年第 2 期，第 119—122 页。

重要的借鉴意义。关于家庭教育传统的继承和家教门风习染，《颜氏家训》的作者颜之推这样写道："夫风化者，自上而行于下者也，自先而施于后者也。是以父不慈则子不孝，兄不友则弟不恭，夫不义则妇不顺矣。父慈而子逆，兄友而弟傲，夫义而妇陵，则天之凶民，乃刑戮之所摄，非训导之所移也。"① 父慈子孝、兄友弟悌、夫义妇顺均是我国古代社会家庭教育的基本德目，也是关涉修身齐家和治国平天下的社会核心价值观要素。"一种价值观要真正发挥作用，必须融入社会生活，让人们在实践中感知它、领悟它。要注意把我们所提倡的与人们的日常生活紧密联系起来，在落细、落小、落实上下功夫。要按照社会主义核心价值观的基本要求，健全各行各业规章制度，完善市民公约、乡规民约、学生守则等行为准则，使社会主义核心价值观成为人们日常工作生活的基本遵循。"② 习近平总书记的讲话，深刻地阐明了通过有效继承和发扬中华优秀家训文化，培育和践行社会主义核心价值观的基本努力方向。"要重视中华传统文化研究，继承和发扬中华优秀传统文化。实现中华民族伟大复兴的中国梦，必须要有中国精神，而中国精神必须在坚持社会主义核心价值体系的前提下，积极深入中华民族历久弥新的精神世界，把长期以来我们民族形成的积极向上向善的思想文化充分继承和弘扬起来，使之为培育和践行社会主义核心价值观服务，为建设社会主义先进文化服务，为党和国家事业发展服务。"③ 历史是最好的教科书，我们必须立足于古为今用，批判地继承中国古代优秀家训文化精华，要看到我国古代家训的众多家庭教育观点时至今日依然具有重大的现实意义而熠熠生辉，这些优秀传统家训文化对指

---

① 《颜氏家训·治家第五》。

② 习近平：《在中央政治局第十三次集体学习时的讲话》，http：//www. gov. cn/2014 - 02 - 25。

③ 习近平：《中共中央政治局第十八次集体学习会讲话》，http：//www. gov. cn/2014 - 10 - 13。

导当代中国人的家庭教育无疑具有重要启示和借鉴作用。

家训文化是社会意识形态的家庭化和通俗化，成功的家训便是通过将社会意识形态融入家庭来有效培育和践行着社会主义核心价值观。回溯过去，我国历史上比较优秀且流传相对广泛的家训及其文本，其制作者定然具备较高的文化基础，而且制作家训或偶遇家道兴旺，或时逢太平盛世，或出于人生练达，无不均是有识之士用心良苦、思虑缜密和经世致用之力作。然而，对"整齐门内、提撕子孙"安排和考虑如此细致深远的传统家训，却不仅仅局限于文哲贤达和士大夫之家，也不仅仅流行于官宦士族，而是同样的家训文本及其同样的训教生活在每个家庭都有，只是存续形式和生活化展现方式各有千秋罢了。历史与现实如此一致地证明，家训及其文化从来就不是什么高深莫测的东西，更不是仅流传于私密的个性空间，而是具有极其广泛的群众基础，反映出家训文化本质上还是一定社会意识形态的家庭化和通俗化形态。因此，不仅仅是古代社会，即便是经济文化高度发达的今天，每个家长不一定都有文化，决定了所有的家长似乎不会都有能力将本来就惯常地施行于一家之人的家训极其训教活动总结提炼成有型文本，但毋庸置疑的是，在所有家庭的生活实践当中，无时不在经历着以其时社会通行的核心价值观对子弟家人耳提面命和以上率下的训示活动，并以完全停不下来之惯性历史地演绎着家庭德育的基本生活样态。以家风家教为抓手培育和践行社会主义核心价值观，对于引领全体人民的信仰追求、提升中华民族的精神境界、筑就中国人的精神家园，以及振奋国人勇敢屹立于世界之林的中国豪迈之气、实现中华民族伟大复兴的中国梦想，都具有十分重要的历史和现实意义。习近平总书记强调指出："没有文明的继承和发展，没有文化的弘扬和繁荣，就没有中国梦的实现。中华民族的先人们早就向往人们的物质生活充实无忧、道德境界充分升华的大同世界。中华文明历来把人的精神生活纳入人生和社会理想之中。所以，实现中国梦，是物质文明和精神文明比翼双飞的发展过程。"① 纵观人类文明发展的历史，任何一个时代伟大思想的提出，都必定基于其所处时代的历史和社会现实，如果说马克思恩格斯的家庭教育观在创立之初是基于对早期资本主义私有制家庭教育状况的深刻揭示，中国古代家训及其教育文化是基于对封建社会乡土中国的民间大众家庭教育的生活化提炼，那么，即便是在政治制度和社会现实都发生了根本变化的现代历史条件下，马克思、恩格斯所提出的家庭教育思想，由于对家庭教育和家训的基本特征把握科学，所以仍然对指导当前的家庭教育实践具有理论和现实意义。同样，准确反映和正确体现中国古代社会基本特征的家训及家庭教育传统思想，由于其精神内涵和育人主旨与以儒家思想为主脉的中华优秀传统文化高度契合，因而千年以后仍然具有指导今天我国家庭教育实践的理论价值和现实意义。正如习近平总书记在 2015 年春节团拜会上的讲话所强调的："家庭是社会的基本细胞，是人生的第一所学校。不论时代发生多大变化，不论生活格局发生多大变化，我们都要重视家庭建设，注重家庭、注重家教、注重家风，紧密结合培育和弘扬社会主义核心价值观，发扬光大中华民族传统家庭美德，促进家庭和睦，促进亲人相亲相爱，促进下一代健康成长，促进老年人老有所养，使千千万万个家庭成为国家发展、民族进步、社会和谐的重要基点。"② 继承了如此丰厚家训文化遗产的中国人，更需要继承和发扬马克思主义思想的科学性和不断创新的理论品格，坚持以马克思主义为指导，结合中国国情，打破禁锢家庭建设和家庭教育的旧有藩篱，积极回应不断发展的家庭教育新状况和时代的现实诉求，树立家庭教育新理念，开拓

---

① 习近平：《在联合国教科文组织总部的演讲》，http：//politics. people. com. cn/2014 - 03 - 27。

② 习近平：《在 2015 年春节团拜会上的讲话》，http：//www. xinhuanet. com/2015 - 02 - 17。

家训新境界，建立起符合时代和历史需要的新家庭制度和家训制度，不仅有利于实现社会意识形态的家庭化和通俗化，而且本质上就是在有效培育和践行着社会主义核心价值观。

（二）家训文化在培育和践行社会主义核心价值观中的优势，得益于辈出人才的大众化民间家庭德育范式

源自于中国上古时期的家训文化，数千年以来始终秉持传统的修齐治平治世理想，其育民新人的教育内容精深宏富，不拘一格的生活化施教方式，一以贯之地潜行于万千家庭日常生活，成为我国古今社会最有效的家庭德育范式。党的十九大报告在强调包括家训在内培养人的教育工作时明确指出，"要以培养担当民族复兴大任的时代新人为着眼点"①，对我国当前的教育包括家庭教育工作提出了新的更高要求。"培养什么样的人？""为谁培养人？"和"怎样培养人？"更成为涉及私人空间的家庭教育不可回避的共性问题。培养担当民族复兴大任的时代新人与实现民族伟大复兴的"中国梦"密切相连，要推动社会整体教育目标的实现，就应当将家庭、学校和社会等多元教育主体的追求全部落实在"培养担当民族复兴大任的时代新人"这一具体教育目标上，达成各教育主体之间的教育价值观共识，形成教育合力。要做到这一点，就要把社会主义核心价值观作为全社会教育的主流价值导向，在马克思主义家庭教育观的科学指引下，充分发挥对中国特色社会主义家庭文化建设的价值引领功能，注重家训文化建设，实现家庭教育同其他教育形式的互助协作，铸就和发挥教育共同体正能量。

社会主义核心价值观是我国文化软实力的灵魂所在，一个国家的文化软实力，根本上取决于其核心价值观的生命力、凝聚力、感召力，要使这一文化软实力建设落细、落小、落实，就必须让社会

---

① 习近平：《决胜全面建成小康社会　夺取新时代中国特色社会主义伟大胜利》，《人民日报》2017 年 10 月 28 日第 1 版。

主义核心价值观融入社会生活，让 14 亿中国人民在实践中深刻感知、深切领悟、深入贯彻。要树立全国人民的文化自信，离不开对中华民族上下五千多年传承优秀传统文化的正确承继，从心灵深处真正重视家训文化这一在中华传统文化中独放异彩的重要内容，既是社会主义核心价值观深入人心的认识基础，也是树立全国人民文化自信的家庭基因。历史和现实的铁律表明，构建具有强大生命力、凝聚力、感召力的核心价值观，既关乎社会和谐稳定，又关乎国家长治久安。有效培育和践行社会主义核心价值观，必须注意发挥良好家训家教的优势，这也是决定家训文化的性质和方向最深层次、最基础性的价值要素。中国人看待世界、看待社会、看待人生，有自己独特的价值体系。两千多年前，中国先知圣哲老子、孔子、墨子等便通过上究天文之际、下穷地理器物、中通古今之变，致力于探讨人与人、人与社会、人与自然关系的真谛，提出了博大精深而又极具轴心恒力的道德思想体系。包含其中的自强不息、孝悌忠信、尊祖崇德、礼义廉耻、仁爱友善、天人合一、道法自然等理念和思想，至今仍然深深地影响着中国人的世界观、人生观、价值观，影响着中国人的现实生活。虽然很多古代传统家训如《颜氏家训》，作者仅仅为南北朝官府的一个小吏，所作家训全书却涵盖"教子""兄弟""后娶""勉学""治家""风操""慕贤""文章""名实""涉务""省事""诫兵""养心""书证""音辞""杂艺""终制"等二十多个领域，涉及封建社会家庭教育的各个方面。表面看似致力于范家教子的根本目的，是维护世家大族阶层等统治阶级的利益和地位，许多涉及子孙孩童的家庭教育思想也明显地带有士族阶层的观念和利益色彩；但是，如果摒弃其维护统治阶级政治统治的用意，从传统文化的育人价值看，以《颜氏家训》为代表的中国古代传统家训，则对塑造民族文化心理、增强国人的中华文化自信、维护社会稳定等方面具有十分重要的奠基性作用（见图

5—7）。

图5—7

（三）发挥家训家教的桥梁纽带作用，实现家训文化与社会主义核心价值观的有机融合

以培育和践行社会主义核心价值观为主的思想政治教育需要学校、家庭、社会三方共同发力，但当前我国社会的基本现实却是，对青少年的思想政治教育更多地依靠学校教育独自承担，而且学校思想政治教育也被很多学生认为是不接地气的"假大空"，许多学生不愿意甚至不屑于去认真学习思想政治理论课。面对这种不利状况，家庭教育的作用是否有效发挥就变得十分重要。家训或家庭教育不论在思想认识领域，还是育民新人的实践环节，都拓展了社会

主义核心价值观培育和践行的时空，有利于弥补学校思想政治教育和社会大环境影响的不足。按照心理学所揭示的人类行为动机原理，家庭教育的一方施教主体——父母，出于"一心向着孩子"的教育意向，即父母总是抱着一种为孩子好的心底向善动机，主动表现出从善如流地坚持对子女家人实施教育训导，而且，这种动机完全契合社会主义核心价值观要求，更多地指向让自己的孩子能够积极健康地生长和发展。因为家训或家庭教育所由出者，往往都是父祖辈亲人深思熟虑或借鉴前人成功经验后，真心出于为了子孙后代自立自强而自愿所为的，家庭教育的内容和教育目标自然作不得假，实际上很少有哪个父母或家长会用假大空话施行于家教，通过欺骗或伤害自己的子孙后代而谋求成功的。我国《公民道德建设实施纲要》明确指出："家庭是人们接受道德教育最早的地方。高尚品德必须从小开始培养，从娃娃抓起。要在孩子懂事的时候，深入浅出地进行道德启蒙教育；要在孩子成长的过程中，循循善诱，以事明理，引导其分清是非、辨别善恶。"[1] 虽然，我国近代特别是从"五四运动"以来一直存在西学东渐的倾向，对家庭文化建设的影响很大，但是，对于家庭这一构成社会的细胞单位而言，西方文化侧重培育家人子弟自主独立的个体特性，东方文化特别是中华文化侧重以家庭为代表的集体建设，注重家庭、注重家训、注重家教，在今天的中国新时代依然保持着既有的活力，坚守着属于中国人自己的家训文化自信。当然，伴随着社会主义市场经济和现代化建设事业的迅速发展，人们的自立自强、竞争效率、民主法制和开拓创新精神极大增强，但是现代家训文化在培育和践行社会主义核心价值观中的优势依然明显。而且，优秀家训家教不仅可以弥补学校思想政治教育容易受时间空间限制的不足，而且可以消除教育内容空

---

[1]　《公民道德建设实施纲要》，《人民日报》2001 年 10 月 25 日第 1 版。

洞、教学形式单一、理念传递高高在上的弊端，强化学校思想政治教育的实际效果。我们必须坚持辩证唯物主义和历史唯物主义的方法，从先进家训文化理念建设入手，坚持古为今用、洋为中用和去伪存真、去粗取精的原则，拓展社会主义核心价值观培育时空，构建中国特色的现代家训文化体系。

文化需要守成，更需要创新变革。在创新的基础上传承中华优秀家训文化的可行通途，便是实现优秀传统家训文化与社会主义核心价值观的有机融合，让现代家训及其文化在培育和践行社会主义核心价值观的实践大潮中，成功地训育出担当民族复兴大任的一代代贤子孙。"要充分认识自己的历史和传统，认识一种文化得以延续的根和种子，传统文化要在创新和融合中赋予传统更加现代的意义。"① 说明传承和创新传统家训文化，一定要结合时代特征，才能激活其真正的生命力。而我国新时代特征中最具代表性的核心精神，无疑是社会主义核心价值观。如果说与中国古代自给自足的自然经济相适应的是以"礼"为代表的传统道德规范，而传统家训文化育人中最为突出的社会核心价值观培育和践行形式，就是对既有道德准则的认可和自觉遵循；那么，在倡导和弘扬民主、自由、平等与法制的今大，我们依然有必要从传统家训文化中汲取思想精华，让传统家训在当代焕发出新的生机与活力。社会主义核心价值观在国家、社会和个人三个关乎国家发展、社会进步、个人成长的层面为中国人指出了努力的方向，也与传统文化中的"修身、齐家、治国、平天下"的治世理想完全相通，理所当然地成为现代家庭建设、家庭教育和家训文化传承创新的重要内容。

社会主义核心价值观是进行社会主义精神文明建设的重要依据和内容，是社会主义核心价值体系的高度凝练和集中表达。进入新

---

① 费宗惠、张荣华编：《费孝通论文化自觉》，内蒙古人民出版社 2009 年版，第 25 页。

时代，我国正处在社会加速转型的关键时期，面临着许多价值观的冲突与矛盾，诸如代际之间的价值观冲突、传统与现代的意义冲突、利益与道德的取向冲突、公平与效率的制度冲突等。如何成功引导未来社会的建设者——当下家庭教育的重要对象，正确认识和处理这些矛盾，不仅是家长们需要关注的首要问题，而且也成为社会主义核心价值观培育和践行的努力方向。从家训和家庭教育的维度分析，生活化的家庭教育本来就惯常地展现和化解着这些冲突，即使家长们不是在特意进行价值观教育，但作为天生爱模仿成人的受教者——儿童，长时间同处家庭这一情境场域之中，他们在感受家长所具备的社会主义核心价值观素养的同时，便会自觉将其内化而形成自己的社会道德准则。正是从这个意义上讲，无论是家长有意识的价值观培育，还是无意识的言行熏育，家长们便自觉不自觉地将社会主义核心价值观通过家训传授给了孩子。因此，新时代的家训和家庭教育，更应该注重发挥桥梁和纽带作用，将优秀传统家训文化与社会主义核心价值观培育有机结合起来，以千千万万好家训好家风促进社会主义核心价值观培育。

附　　录

附录一　中华优秀传统家训文化传承创新
　　　　　访谈提纲

非常感谢您能够接受我们的造访！

为了弘扬中华优秀传统文化精神，探寻中华传统家训文化的历史流变和在当今社会的传承创新情况，为增强中国文化自信、创新现代家庭德育，需要每一个中国人的自觉行动。您的支持和参与，就是对我们莫大的鼓舞！

一　个人信息

1. 您的年龄？（年龄段即可，无须准确数据，性别可目测，不需问）

2. 您与家族的关系？（第几代？）

3. 能否谈谈您的职业、教育背景？（请被访者简单描述其职业生涯）

4. 能否谈谈您的婚姻状况及基本家庭成员情况？（如，是否有孩子、父母是否健在、从事什么工作等）

5. 您认为自己所处的阶层是？（上层，中上层，中层，中下层，下层）

二　家训的形成过程

1. 您是否知道家训是谁在什么时间什么地方因为什么原因初步形成了本家族的家训？它是怎样被记录下来的？（书面？碑文？口口相传？）

对于家训古本（最早成形的），您是怎么看的？

2. 您能否谈谈家训的演变过程？（根据其所陈述的情况决定是否追问以及追问什么问题）

3. 您家族的家训形成过程中有哪些关键性的时间点、影响人物、事件、原因？

4. 历史上，您家族传承过程中遇到的大的困难有哪些？（战争、特殊历史时期等）这些困难是怎样被克服的？

三　家训在当代的影响和表现

1. 一年中，家族内有哪些重要的家族仪式？（集会、祭祀等）家训对这些仪式产生了怎样的影响？（深描，再现这些仪式）

2. 家训目前的表现形式有哪些？这些家训（成书？碑文？口头？电子版？）的演变过程是怎样的？最新的是哪种形式？

3. 询问被访者学习家训的过程。

（1）您最早是什么时候了解到家训的？是因为什么事了解到的？是以什么形式了解到的？

（2）在您个人成长过程中，是怎样不断学习家训的？是否会有困难、疑惑、反复等情况？如果有，是在什么时候因什么事产生的？您又是怎样解决的？

4. 在您个人生命历程中，有哪些较为重大的事件是受家训影响的，它们又是如何影响这些事件的？

5. 询问被访者如何使用家训教育后代。

（1）您使用什么方式教育自己的孩子？（可列举某一事件说明）

（2）您认为这种教育方式的效果怎么样？（有没有用？起多大作用？）

（3）（如果没有孩子）在您有了孩子后，是否有用家训教育孩子的打算？

6. 在婚丧嫁娶等活动的仪式中，家训是怎样发挥其作用的？对这些仪式产生了什么样的作用？（深描，再现这些仪式）

7. 您的家族内有哪些名人？您以为这是必然的吗？您认为是什么造就了这些人的成功？

8. 您认为家训对家族外成员的价值观念、行为活动等产生了什么影响？

四　家训的生命力

1. 您的家族成员内部有没有人做家训方面的研究？（写书、文章等）对其他人创作的有关您家族及家训的书、文章、影视作品等，您熟悉吗？您是怎么看的？

2. 您认为现在您的家族是否遇到了家训传承发展方面的困难？

（1）困难表现在哪些方面？

（2）这些困难对家训的生命力是否产生了影响？对此您有怎样的预期？

（3）这些困难能否被解决？怎样解决？

附录二 《颜氏家训》传承与家教创新
情况调查问卷

尊敬的颜氏宗亲：

您好！为了弘扬祖德、继承传统，了解《颜氏家训》传承和现代颜氏宗亲家庭道德教育情况，特进行此次调查。本调查所涉及的个人信息仅有统计意义，请您如实填写。除极个别问题需要书写外，您只需按照题目要求在自己认可的选项编号上画"√"即可。

个人信息：您的性别 A. 男　 B. 女；您的年龄＿＿＿＿；您的学历＿＿＿＿；您的职业＿＿＿＿；您的常住地＿＿＿＿国 ＿＿＿＿省（市、自治区）＿＿＿＿县（区、市）

1. 您对颜氏家族的发展历史了解程度是？

A. 非常了解　　 B. 比较了解　　 C. 一般　　 D. 不太了解

E. 根本不了解

2. 作为颜氏后裔，您是否有一种家族自豪感？

A. 有　　 B. 没有　　 C. 没考虑过这个问题

3. 您认为颜氏宗主的权威来自？（可多选）

A. 复圣公嫡长孙的血统和地位　　 B. 宗长风范、德高望重

C. 遵从先祖的惯例而自愿服从　　 D. 政府有关部门的认可

E. 其他

4. 您对颜氏后裔在个人修养和为人处世等方面的总体评价是？

A. 非常好　　 B. 比较好　　 C. 一般　　 D. 比较差

E. 非常差

5. 您认为颜氏后裔的优秀品格是否源自先辈或颜氏家训的教导？

A. 是　　 B. 不是　　 C. 不清楚

6. 您认为一个人事业的成功与个人道德修养的关系重大吗？

A. 非常大　　　B. 比较大　　　C. 一般　　　D. 不太大

E. 二者没有关系

7. 您认为目前颜氏宗亲对子女的家庭教育做得怎么样？

A. 非常好　　　B. 比较好　　　C. 一般　　　D. 比较差

E. 非常差

8. 您在家教育子女最多的是什么？

A. 学业知识　　　B. 个人修养　　　C. 交往能力

D. 生活起居　　　E. 某种技能　　　F. 其他＿＿＿＿＿＿

9. 如有极个别颜氏后裔的言行给祖先和宗亲丢脸了，您会怎样做？

A. 远离和疏远他（她）　　　B. 耐心帮助，教育劝导

C. 联合族人教育惩戒　　　D. 不闻不问，听凭社会舆论谴责

10. 您了解"颜氏家训"吗？

A. 非常了解　　　B. 比较了解　　　C. 一般

D. 不太了解　　　E. 根本不了解（若选 D 或 E 项，请跳到 20 题继续作答）

11. 您是从哪里了解到"颜氏家训"的？

A. 从祖辈和宗亲那里了解　　　B. 自己看书学习了解

C. 从媒体报道了解　　　　　　D. 从其他社会成员处了解

E. 其他途径了解

12. 您对"颜氏家训"的认同度如何？

A. 非常高　　　B. 比较高　　　C. 一般　　　D. 比较低

E. 非常低

13. 您认为"颜氏家训"的真正价值是什么？（可多选）

A. 颜子文化精华　　　B. 颜氏传家宝　　　C. 颜氏家风门风

D. 家教文化遗产　　　E. 过时无用

14. 您认为"颜氏家训"在当前各宗亲的家庭教育中所起的作用如何？

A. 非常大　　　B. 比较大　　　C. 一般　　　D. 比较小

E. 不起任何作用

15. 您对"颜氏家训"的未来发展有怎样的预期？

A. 家训将与时俱进，继续发挥在家庭教育方面的重要职能

B. 家训只能停留在少数学者学习、研究的层面

C. 家训作为祖辈留下来的文化遗产只能放进文史展馆供人们参观，而无须再去继承

D. 家训的作用、价值会随着时代的变迁走向没落，无人问津

16. 您认为是什么原因导致部分颜氏宗亲对"颜氏家训"了解程度的淡化？（可多选）

A. 历史久远　　　B. 祖辈和家族不重视

C. 忙于生计，无暇顾及　　　D. 缺乏了解的渠道和工具

E. 时过境迁，没有什么实用价值，不值得再去了解和关注

17. 您所知道的"颜氏家训"的存在形式有哪些？（可多选）

A. 口头形式　　　B. 碑刻　　　C. 纸质书卷

D. 电子版　　　E. 其他_____

18. 您是否详细阅读过至少一种版本的"颜氏家训"？

A. 阅读过　　　B. 没有阅读过

19. 您认为"颜氏家训"的古版本好还是做了注释的新版本好？

A. 古版本好，因为它最本源、最能反映家训制定者的意图，而且在历史上曾经起过重要作用，语言文字凝练

B. 新版本好，因为它简明、通俗易懂，适合现代人阅读，便于复制携带，而且排版新颖，往往穿插故事情节、图片，寓教于乐，观赏性强

20. 您认为从古到今"颜氏家训"变化不大的原因是什么？

（可多选）

A. 为了恪守古训、尊重先祖

B. 当时的家训在体例、内容、语言等方面都已尽善尽美，无须改变

C. 后人对家训的重要性认识逐渐淡化，创新者更少

D. 后人多停留在翻译、注释、学习的层次，没有能力超越前人而加以修改、完善和创新

E. 其他 _____

21. 您听说过祖辈因违反家训而受到处罚的事例吗？

A. 听说过　　B. 没听说过

22. 您认为"颜氏家训"对颜氏宗族外的人的家庭教育方面产生的影响怎样？

A. 非常大　　B. 比较大　　C. 一般　　D. 比较小

E. 没有影响

23. 您认为如何解决"颜氏家训"传承中所遇到的问题？（可多选）

A. 加大学习、宣传家训文化的力度

B. 对古版家训进行注释、整理

C. 积极用家训中的典范教育子孙后代，重树家训在现代家庭教育中的地位

D. 与时俱进，用现代教育理念、教育方式对传统家训进行必要的修改和变通，使之与现代家庭教育相适应

24. 您认为现代社会是否还应该普遍运用"颜氏家训"来教育子女？

A. 应该　　B. 不应该

25. 您家的家训有无情况是？

A. 祖传家训　　B. 后来新作　　C. 没有家训

26. 您认为您的家庭教育对您影响如何？

A. 很好，使我懂得了仁义礼智、忠孝廉耻等这些大道理

B. 比较好，家庭教育让我学会了为人处世的道理

C. 一般，家庭教育对我影响不深

D. 不好，本人所受的家庭教育与社会所倡导的东西相违背

E. 根本没有影响

27. 记忆中您的祖父母（爷/奶）、父母等长辈有没有利用家训教育过你？

A. 有　　B. 没有

28. 您认为颜氏家族的家风是什么？（可多选）

A. 以"颜氏家训"教育后人　　B. 维护显族德艺世家

C. 学颜子安贫乐道　　　　　D. 兴百业适者生存

E. 互帮助天下颜氏一家亲　　F. 世风日下家风不在

G. 其他_____

29. 您认为颜氏家风属于以下哪一个类型？

A. 热爱祖国型　　B. 勤俭节约型　　C. 踏实做人型

D. 实干创业型　　E. 世故圆滑型　　F. 其他_____

30. 您认为颜氏家风应当好好传承的原因是？（可多选）

A. 重视子女家庭教育，促进后代成长成才

B. 改善社会风气，减少社会矛盾

C. 沿袭家族传统，弘扬颜子美德

D. 减少宗亲矛盾，促进家庭和谐

E. 是推进精神文明建设的主要方面

F. 可以保留家庭独特的文化

G. 没什么作用，不用传承

31. 您认为颜氏家风能给人带来的最大影响是什么？

A. 奠定世界观、人生观、价值观　　B. 为人处世的基本依据

C. 人的思想精神支柱　　　　　　　D. 对人没有什么影响

E. 不清楚

32. 您觉得家风门风的形成依赖于什么？

A. 祖传　　B. 先辈品格　　　C. 先祖功勋　　　D. 族人维护

E. 历史绵长　　F. 人际交往　　G. 社会认同　　　H. 不清楚

33. 您认为家风对于家庭文化建设有多重要？

A. 非常重要　　　B. 比较重要　　　C. 无关紧要

D. 不重要　　E. 根本没影响

34. 您觉得什么人可能对孩子成长当中的人生观影响最大？

A. 父母　　B. 老师　　C. 同事　　D. 同学　　E. 朋友

F. 反面角色、坏人　　G. 其他_____

35. 您认为影响子女社会公德意识的主要因素是什么？（可多选）

A. 社会环境　　B. 家庭陶冶　　C. 学校教育

D. 家长及其他成人表率　　E. 社会舆论导向　　F. 影视作品

G. 网络传媒　　H. 其他_____

36. 您是否阅读过其他家庭（族）的家训？

A. 读过　　B. 没读过

37. 对于教育子女做人（修德）与做事（从业），您更看重哪个方面？

A. 做人　　　B. 做事　　　C. 二者同等重要

D. 二者均不重要

38. 您认为影响一个人道德品行的主要因素是什么？

A. 个人素质　　　B. 文化水平　　　C. 舆论引导

D. 教育宣传　　　E. 法制建设　　　F. 家风家训

39. 在您心目中占比最大的价值观念是什么？

A. 国家强盛　　　B. 社会公正　　　C. 个人自由平等

D. 经济收益　　　E. 才气学识　　　F. 权力地位

G. 其他_____

40. 您认为导致当前人们道德缺失的原因是什么？

A. 社会风气　　B. 生活方式　　C. 信仰缺失

D. 政治冷漠　　E. 舆论混杂　　F. 网络

41. 您认为以下三者对于个人品德培养所起的作用最大的是哪个？

A. 学校　　　　B. 家庭　　　　C. 社会

42. 您觉得在学校有必要将古代家训文化传授给学生吗？

A. 非常有必要　　　B. 有必要　　　C. 可有可无

D. 没必要

43. 您认为下列德育内容哪些是当前在学校教育中亟须解决的？（可多选）

A. 集体主义　　B. 爱国主义　　C. 心理健康

D. 行为习惯　　E. 劳动锻炼　　F. 理想信念

G. 环境保护　　H. 法规常识　　I. 自我保护

J. 人际交往

44. 您认为传统美德在现代社会所起的作用如何？

A. 非常大　　　B. 比较大　　　C. 一般　　　D. 比较小

E. 不起任何作用

45. 如果是家长，在教育子女方面您认为自己起到了模范或榜样作用吗？

A. 是　　B. 否

46. 您教育自己的孩子在家做家务吗？

A. 是　　B. 否

47. 您教育自己的孩子经常锻炼身体吗？

A. 是　　B. 否

48. 您在家教育自己孩子的最常用方式是什么？

A. 讲道理　　　 B. 以身示范　　　 C. 责骂　　　 D. 体罚

E. 让孩子自己反省

49. 您在家奖励孩子取得成绩的最常用方式是什么？

A. 口头表扬　　　 B. 给钱购物　　　 C. 不置可否

D. 设饭局奖赏　　　 E. 一起出旅　　　 H. 其他_____

50. 您认为颜氏宗亲大会的召开对于族人的教育意义如何？

A. 非常重要　　 B. 比较重要　　　 C. 一般　　 D. 不太重要

E. 根本不重要

51. 对颜氏宗主、与会宗亲的号召和决定，您的态度是？

A. 非常支持　　　 B. 一般支持　　　 C. 不置可否

D. 不太支持　　　 E. 根本不支持

52. 您对家训（家风）传承与家庭教育创新还有什么好的意见或建议？

_____

（答题结束，真诚感谢您的配合！）

参考文献

一 著作类

檀作文译注：《颜氏家训》，中华书局 2007 年版。

翟博主编：《中国人的教育智慧：家训版》，教育科学出版社 2007 年版。

袁采、朱用纯等撰：《增广贤文 朱子家训 袁氏世范》，余淮生注，黄山书社 2007 年版。

翟博：《中国家训经典》，海南出版社 2002 年版。

王利器：《颜氏家训集解》，中华书局 1993 年版。

《曾国藩家训》，中国纺织出版社 2004 年版。

［日］井上徹：《中国的宗族与国家礼制》，钱杭译，上海书店出版社 2008 年版。

［美］洛夫兰德等：《分析社会情境：质性观察与分析方法》，重庆大学出版社 2009 年版。

章恺主编：《犹太家训》，中国戏剧出版社 2005 年版。

耿有权：《儒家教育伦理研究》，中国社会科学出版社 2008 年版。

朱义禄：《儒家理想人格与中国文化》，复旦大学出版社 2006 年版。

解光宇：《薪火相传承文明——中国儒学的流变》，安徽大学出版社 2005 年版。

徐少锦、陈延斌：《中国家训史》，陕西人民出版社 2003 年版。

牟宗三撰、罗义俊编：《中国哲学的特质》，上海古籍出版社 2008
　　年版。

李湘、李军、李方泽等：《儒教中国》，中国社会出版社 2004 年版。

冯尔康等：《中国宗族史》，上海人民出版社 2009 年版。

Sumner, *William Graham*：*Folkways*：*A Study of The Sociological Im-
　　portance of Usages, Manners, Customs, Mores and Morals*, The
　　Athenaum Press, Ginny and Company, 1906.

朱明勋：《中国家训史论稿》，巴蜀书社 2008 年版。

袁桂林：《当代西方道德教育理论——德育理论丛书》，福建教育出
　　版社 2005 年版。

陈晓龙：《中国传统文化概论》，陕西师范大学出版社 2009 年版。

[英] 约翰·洛克：《教育漫话》，成墨初、蒙谨编译，武汉大学出
　　版社 2014 年版。

费宗惠、张荣华：《费孝通论文化自觉》，内蒙古人民出版社 2009
　　年版。

马镛：《中国家庭教育史》，湖南教育出版社 1997 年版。

杨国荣：《善的历程》，华东师范大学出版社 2009 年版。

杨仁忠：《公共领域论》，人民出版社 2009 年版。

[英] 大卫·休谟：《人性论》，江西教育出版社 2014 年版。

潘懋元：《多学科观点的高等教育研究》，上海教育出版社 2001
　　年版。

邓佐君：《家庭教育学》，福建教育出版社 2013 年版。

孙俊三：《家庭教育学基础》，教育科学出版社 1991 年版。

朱锦富：《朱氏家训》，广东人民出版社 2009 年版。

李泽厚：《说文化心理》，上海译文出版社 2012 年版。

[日] 滋贺秀三：《中国家族法原理》，张建国、李力译，法律出版

社 2003 年版。

张国华主编:《中国家庭史》,人民出版社 2013 年版。

邱伟光、张耀灿:《思想政治教育学原理》,高等教育出版社 2011 年版。

[美] 琳达·艾尔:《塑造儿童的价值观》,黎晴译,高等教育出版社 2009 年版。

[法] 福禄贝尔:《儿童心理的研究》,吕亦士译,世界书局 1931 年版。

徐梓:《家范志》,载《中华文化通法》第 5 卷,上海人民出版社 1998 年版。

葛兆光:《中国思想史》第 2 卷,复旦大学出版社 2001 年版。

费孝通:《乡土中国·生育制度》,北京大学出版社 1998 年版。

(清) 刘禺生:《世载堂杂忆》,辽宁教育出版社 1997 年版。

陈寅恪:《隋唐制度渊源略论稿》,中华书局 1963 年版。

郑杭生:《社会学概论新修》,中国人民大学出版社 1999 年版。

冯契:《人的自由和真善美》,华东师范大学出版社 1996 年版。

范文澜:《中国通史》第 1 卷,人民出版社 1996 年版。

杨萍译注:《尚书·无逸》,北京出版社 1996 年版。

李逸安译注:《三字经·百家姓·千字文·弟子规》,中华书局 2009 年版。

蔡元培:《中国伦理学史》,商务印书馆 1999 年版。

樊浩:《伦理精神的价值生态》,中国社会科学出版社 2001 年版。

[英] 爱德华·泰勒:《原始文化》,连树生译,广西师范大学出版社 2005 年版。

二 论文类

翟博:《树立新时代的家庭教育价值观》,《教育研究》2016 年第

3 期。

黄雪梅：《青少年校园欺凌行为养成与家庭教育、人格特质关系探
　　究》，《教育观察》2018 年第 16 期。

于浩宇：《古代家训及其现实意义》，《紫光阁》2007 年第 2 期。

王双梅：《中国古代家训中德育资源探析》，《船山学刊》2005 年第
　　5 期。

谢益民：《论教育场域中的话语权与教育人本精神的回归》，《求
　　索》2013 年第 2 期。

李泽厚：《论中华文化的源头符号》，《原道》2006 年第 6 期。

熊和妮：《家庭教育"中产阶层化"及其对劳动阶层的影响》，《教
　　育理论与实践》2017 年第 3 期。

姜大仁：《〈家庭、私有制和国家的起源〉三主题解析》，《贵州大
　　学学报》（社会科学版）2001 年第 5 期。

陈延斌：《〈袁氏世范〉的伦理教化思想及其特色》，《道德与文明》
　　2000 年第 5 期。

廖小平：《改革开放以来中国社会价值观变迁之基本特征》，《哲学
　　动态》2014 年第 8 期。

江晓敏：《家庭结构与青少年犯罪的关系及其影响》，《群文天地》
　　2011 年第 12 期。

卢美松：《中国古代家训溯源》，《福建史志》2017 年第 5 期。

徐秀丽：《中国古代家训通论》，《学术月刊》1995 年第 7 期。

陈延斌：《中国古代家训论要》，《徐州师范大学学报》（哲学社会
　　科学版）1995 年第 3 期。

马云志、王永祥：《〈颜氏家训〉论说》，《理论学刊》2017 年第
　　1 期。

张学智：《〈颜氏家训〉与现代家庭伦理》，《中国哲学史》2003 年
　　第 2 期。

王玲莉：《〈颜氏家训〉的人生智慧及其现代价值》，《广西社会科学》2005 年第 10 期。

蔡卫东：《我国古代道德教育对当今学校道德教育的启示》，《山东教育科研》1999 年第 11 期。

张玉梅、齐娜、陈威威：《当今成功家庭教育具有的七大共同特点——以内蒙古自治区成功家庭教育经验为依据》，《内蒙古师范大学学报》2018 年第 12 期。

黄钊：《德育的创新与发展应当从中外德育比较研究中吸取营养》，《思想政治教育》2010 年第 3 期。

陈新专、符得团：《传统家训道德培育的当代启示》，《甘肃社会科学》2011 年第 5 期。

陈晓龙、赵兴虎：《古代个体品德培育的价值目标及实现理路》，《甘肃社会科学》2011 年第 5 期。

陈苏珍、潘玉腾：《马克思恩格斯的家庭教育观及其当代价值——纪念马克思诞辰 200 周年》，《学术交流》2018 年第 2 期。

符得团：《〈颜氏家训〉对古代个体品德培育基本道德规范的具体化》，《甘肃社会科学》2011 年第 5 期。

陈晓龙：《非正式制度在古代个体品德培育中的作用》，《甘肃社会科学》2010 年第 4 期。

刘旭东：《论教育对生活世界的回归》，《安徽师范大学学报》（人文社会科学版）2004 年第 6 期。

符得团：《论民间规约在古代个体品德培育中的作用》，《西北师范大学学报》2011 年第 2 期。

陈延斌：《论传统家训文化对中国社会的影响》，《江海学刊》1998 年第 2 期。

郑雪岚：《"互联网＋幼儿家庭教育"现状调查研究——以重庆市沙坪坝区为例》，硕士学位论文，重庆师范大学，2017 年。

谢益民：《论教育场域中的话语权与教育人本精神的回归》，《求索》2013 年第 2 期。

朱明勋：《中国传统家训研究》，博士学位论文，四川大学，2004 年。

刘烨：《现代思想政治教育过程研究》，博士学位论文，武汉大学，2004 年。

许晓静：《由〈颜氏家训〉看南北朝社会的世族风气》，《历史研究》2008 年第 2 期。

谢雄飞：《〈颜氏家训〉家庭伦理内涵的现代阐释》，《传承》2008 年第 11 期。

秦元：《〈颜氏家训〉的说理方式初探》，《临沂师范学院学报》2008 年第 2 期。

郭明月：《从〈颜氏家训〉看当代中国家庭教育的弊端》，《教育广角》2008 年第 11 期。

罗迪：《文化认同视角下的大学生社会主义核心价值观教育》，《思想教育研究》2014 年第 2 期。

李景文：《中国古代家训文化透视》，《河南大学学报》1998 年第 6 期。

郭雪萍等：《〈颜氏家训〉对现代家庭教育的启示》，《中国科技创新导刊》2008 年第 20 期。

王东生：《〈颜氏家训〉伦理思想解析》，《重庆科技学院学报》（社会科学版）2008 年第 8 期。

曾凡贞：《传统家训及其现代意义》，《广西师范大学学报》1998 年第 4 期。

梁益梦：《〈颜氏家训〉对儿童教育的意义》，《当代教育论坛》2008 年第 8 期。

程尊梅：《〈颜氏家训〉文化研究综述》，《百家论坛》2004 年第

5 期。

戴素芳：《论传统家训伦理教育的实践理念与当下价值》，《学术界》2007 年第 2 期。

陈天旻：《〈颜氏家训〉与颜氏家族文化研究》，《长春大学学报》2005 年第 3 期。

三 网络类

《中华文明探源成果公布 考古实证中华 5000 年文明》，http：// news. cctv. com/2018 - 05 - 29。

《莫言谈家风：身教重于言传》，http：//www. chinawriter. com. cn/ 2014 - 03 - 11。

习近平：《在 2015 年春节团拜会上的讲话》，http：//www. people. com. cn/2015 - 02 - 18。

《政府派遣"超级保姆"》，http：//hzdaily. hangzhou. com. cn/2010 - 01 - 19。

习近平：《在联合国教科文组织总部的演讲》，http：//politics. people. com. cn/2014 - 03 - 27。

习近平：《推动形成社会主义家庭文明新风尚》，http：//news. xinhuanet. com/2016 - 12 - 12。

温家宝：《第十一届全国人民代表大会第五次会议政府工作报告》，http：//www. china. com. cn/2012 - 03 - 05。

教育部：《中华人民共和国教育法》，http：//www. moe. edu. cn/ 2017 - 07 - 09。

国家统计局：《2010 年第六次全国人口普查主要数据公报（第 1 号）》，http：//www. stats. gov. cn/2011 - 04 - 28。

《习近平念念不忘"修身齐家"说明了啥》，http：//guancha. gmw. cn/2016 - 02 - 02。

《对女性来说最危险的地方是哪？是在自己家里》，http：//m. people. cn/2018 – 11 – 27。

《人民微评：谁来管管女德班》，http：//china. com/2018 – 12 – 08。

《道德模范风采》，http：//www. hbwmw. gov. cn/2015 – 06 – 19。

《十八大以来，习近平这样谈"家风"》，http：//newsxinhecanet. com/2017 – 03 – 29。

国家统计局：《中华人民共和国 2016 年国民经济和社会发展统计公报》，http：//www. stats. gov. cn/2017 – 02 – 28。